Prof. Dr. C. Isenkrahe

# Untersuchungen über das Endliche und das Unendliche

mit Ausblicken auf die philosophische Apologetik

ZWEITES HEFT:

Die Lehre des hl. Thomas vom Unendlichen, ihre Auslegung durch Prof. Langenberg und ihr Verhältnis zur neuzeitlichen Mathematik

A. MARCUS & E. WEBERS VERLAG / BONN 1920

Otto Wigand'sche Buchdruckerei G. m. b. H., Leipzig.

# Vorwort.

Als hochragende Leuchte der Wissenschaft steht Thomas von Aquin vor unseren Augen da, und selbst grundsätzliche Gegner können ihm diese Anerkennung nicht versagen. Eine schier unerschöpfliche Fundgrube von theologischer und philosophischer Weisheit bilden vor allem seine beiden „Summen“: kein Wunder also, daß Jünger dieser beiden Wissenschaften sich immer wieder von neuem hinein vertiefen, teils um ihr Wissen und Erkennen an den Schätzen des Aquinaten zu bereichern, teils aber auch, um ihre eigene Geistesschärfe mit der seinigen kämpfend zu messen. Viel eher wird man es auffallend finden, wenn ein Mathematiker Anlaß nimmt, dem hl. Thomas eine Studie zu widmen. Und so war mir denn auch in dem halben Jahrhundert, seitdem die mathematische Literatur mich anzieht, meines Gedenkens nie eine fachwissenschaftliche Arbeit zu Gesichte gekommen, welche die einschlägigen Leistungen des „Doctor angelicus“ sich zum besonderen Vorwurf genommen hätte. Da stieß ich mit nicht geringer Überraschung im „Philosophischen Jahrbuch der Görresgesellschaft 1917“ auf eine Abhandlung von Langenberg über „Des hl. Thomas Lehre vom Unendlichen und die neuere Mathematik“. — Noch um so mehr erregte ihr Inhalt meine Aufmerksamkeit, als darin vielfach und mit erkennbarer Deutlichkeit Bezug genommen war auf Ausführungen, die ich selbst zwei Jahre vorher in meinem Buche über „Das Endliche und das Unendliche“ (Münster 1915) der Öffentlichkeit vorgelegt hatte. Manchen von mir geäußerten Gedanken fand ich bei Langenberg wieder, konnte mich aber dem Eindruck nicht verschließen, daß seine Darlegungen unter einer Einseitigkeit litten, die den Kern der Sache nicht klar ins Licht treten ließ. Dieser Umstand legte mir den Zweifel nahe, ob nicht etwa auch die Vorführung der thomistischen Lehre von dem gleichen Mangel mitbetroffen sei. Und so kam ich zu dem Entschlusse, bei gelegener Zeit auf Thomas zurückzugreifen und, so gut ich es vermochte, seine Lehre aus der Quelle selbst zu schöpfen. In der Tat lohnte sich die darauf verwandte Mühe reichlich. Namentlich konnte ich die Beziehungen zwischen den Gedanken des Aquinaten und der neueren Mathematik, beispielsweise durch Hervorhebung einiger Sätze Killings, erweitern, konnte bestimmte Punkte deutlich machen, wo Thomas stehen geblieben, während Neuere auf dem eingeschlagenen Wege weitergewandert waren, konnte schließlich auch hier und da auf Mängel hinweisen, die gewissen thomistischen Begründungen erkennbar anhaften. Namentlich aber glaube ich bei Langenberg in sehr wichtigen Punkten auf durchaus einwandfreie Art Fehlgänge nachgewiesen zu haben. Ob und inwieweit mir das gelungen, bitte ich den Leser genau und mit aller Unbefangenheit prüfen zu wollen. Es handelt sich dabei um Gegenstände, die nicht bloß die Philosophie an sich, insbesondere die Naturphilosophie betreffen, sondern auch die christliche Apologetik nahe angehen.

In methodischer Hinsicht legte ich — entsprechend der Art, wie es auch in meinen sonstigen Schriften geschah — den Hauptnachdruck auf die Herausschälung der Grundlagen, nämlich auf die bestimmte Formulierung der von Thomas bzw. von Langenberg aufgestellten Definitionen und Axiome. Das ist ja doch der Brunn und Quell, aus dem alle Beweise in letzter Instanz ihre ganze Kraft schöpfen. Nachdrücklich wurde die Bedeutung dieses Umstandes in einer besonderen „Einleitung" hervorgehoben. —

Das „Problem des Unendlichen" hat menschliches Denken und Grübeln seit Jahrtausenden beschäftigt, und des Streitens war kein Ende abzusehen, weil die drei durchaus verschiedenen Deutungen der Worte und entsprechend der Fragen, die das Problem enthielt und in sich barg, nicht auseinandergehalten wurden. Aber auch noch so, wie scharfe Scheidung es geklärt hat, wird es im einzelnen und als Ganzes niemals sterben, solange unser Leben sich im dunkeln Geheimnis von Zeit und Raum vollzieht, wird nie voll und ganz gelöst sein, bis einmal unser Forschen in Schauen übergeht, und wir jenes „Seienden" inne werden, der selber allzeitlich oder unzeitlich, allräumlich oder unräumlich, selber „unendlich" ist.

Trier, im April 1920.

# Inhaltsverzeichnis.

# Einleitung.

## Erörterung der Frage: Was gilt in der Wissenschaft ein Name?

Übersicht:

Johannes Chrysostomus. Gregor von Nazianz. Thomas von Aquin. Otto Zimmermann.

Der Sinn der in der Überschrift genannten Frage läßt sich auch folgendermaßen wiedergeben: In welchem Falle ist es von ganz besonderem sachlichen Wert, ob über einen in Betracht gezogenen Gegenstand dieser oder jener Mann diese oder jene Aussage [1]) gemacht hat?

Indem ich hier den „sachlichen Wert" betone, stelle ich ihn in Gegensatz zu dem, was man ein „lediglich historisches Interesse" zu nennen pflegt. Die Geschichte jeder Wissenschaft hält es immer für mehr oder weniger wichtig, festzustellen, ob eine gewisse Aussage von einem Manne $M_1$ oder $M_2$ herrührt, und namentlich spielen dabei die sogenannten „Prioritätsfragen" eine erhebliche Rolle. — Wo immer es sich um Mitteilungen über tatsächliche Dinge oder Ereignisse handelt, ist es selbstverständlich von hervorragender Bedeutung, wer dieser Mitteilende ist. Betrifft der Gegenstand aber Beweisführungen auf Gebieten, in denen die durchschlagenden Argumente nicht in solchen Mitteilungen, Berichterstattungen, Beschreibungen u. dgl. bestehen, sondern in Verstandesgründen, so könnte man wohl

---

[1]) Selbstverständlich wird hier abgesehen von Aussagen, die als Glaubensquellen (Bibel und Tradition) in Betracht kommen, sowie auch von Erklärungen des kirchlichen Lehramts in Glaubens- und Sittensachen.

denken, die Überzeugungskraft eines solchen Beweises sei unabhängig von der Person dessen, der die Argumente aufgestellt bzw. zusammengefügt hat. Allein diese Meinung ist in gewisser Hinsicht doch irrig, und das ergibt sich schon aus dem Umstande, daß kein „Beweis" geführt werden kann, ohne daß man dabei gewisse Voraussetzungen macht, daß daher jedem „Beweise" in letzter Instanz Voraussetzungen zugrunde liegen, die selber unbewiesen sind. Diese letzten „unbewiesen hingestellten Beweis-Unterlagen" bestehen einerseits in gewissen Grundbegriffen und den auf diese mit Hilfe von Definitionen gestützten Arbeitsbegriffen, andererseits in Aussagen, die solche Begriffe gedanklich miteinander verknüpfen. Letztere pflegt man meistens „Axiome" [1]) zu nennen. Sie tragen auf ihrer Schulter den ganzen Beweis, sie sind für dessen „objektive Evidenz" oder „Überzeugungskraft" durchschlagend, und gerade sie sind es auch, bei denen die Frage, ob dieser oder jener Mann die betr. Aussage als ein ihm ohne Beweis zugkräftig scheinendes Argument hingestellt hat, von „hervorragendem sachlichen Wert" ist.

Schon bei einer früheren Gelegenheit [2]) habe ich auf diesen Umstand hingewiesen, als ich unter der besondern Überschrift „Methode des Gegenprinzips" (S. 12) folgendes ausführte:

> „Darunter verstehe ich nicht etwa die Berufung auf Leute, die das Gegenteil von dem ausgesagt haben, was der Apologet behauptet hat und als richtig nachweisen will. Darauf kommt es hier gar nicht an, sondern nur auf die Prüfung der Prinzipien, solcher Aussagen also, die ohne Beweis als selbstverständlich richtig unterstellt werden. — Hat der Apologet bei

[1]) Da das Wort „Axiom" nicht immer genau in diesem Sinne aufgefaßt wird, so habe ich in meiner Broschüre „Zum Problem der Evidenz" (Kempten 1917, S. 36) für die unterscheidende Kennzeichnung aller „unbewiesen hingestellten Beweis-Unterlagen" den durch Zusammenfügung der Wortanfänge entstehenden Kurznamen „Uhbunt-Satz" vorgeschlagen.

[2]) In der „Einleitung" meines Buches „Über die Grundlegung eines bündigen kosmologischen Gottesbeweises" (Kempten 1915).

seiner Argumentation ein gewisses „Prinzip“, eine beweislose Aussage zugrundegelegt, und läßt sich dann zeigen, daß reife Männer, deren Kenntnisse, Verstandesschärfe und lautere Gesinnung gar nicht in Zweifel gezogen werden können, hochangesehene, heilige Kirchenlehrer z. B., eben diesen selben Satz als nicht einleuchtend oder gerade das Gegenteil, das „Gegenprinzip“, als einleuchtend hingestellt haben, dann ist diese Beweisunterlage des Apologeten zweifellos unbrauchbar.“ —

Ein tatsächliches Vorkommnis möge die Sache erläutern:

Von der „Methode des Gegenprinzips“ wurde in der „Grdl. d. k. Bew.“ Anwendung gemacht bei Besprechung des „Satzes vom Grunde“ in seiner Anwendung auf ungewordene Wesen und bei der „Ens-a-se-Frage“. Ich sagte dort (S. 165) u. a.: „Was Männer wie Heinrich von Gent, Gregor von Nazianz (ὁ θεόλογος), Basilius der Große und der hl. Bernard geleugnet haben, eben dasselbe ohne weiteres als wahr einzusehen, kann kein Apologet von seinem Durchschnittsleser verlangen.“

Da haben wir also eine Probe, inwiefern bei wissenschaftlichen Argumentationen der „Name“, die Person eine entscheidende Geltung haben kann. Ich durfte an die vorstehende Darlegung die wichtige Folgerung anschließen: „Beim kosmologischen Beweise ist es nicht gestattet, als eine unmittelbar einleuchtende Wahrheit den Satz aufzustellen und zu benutzen, man könne einem ungewordenen Wesen die Existenz nicht zuschreiben, ohne ihm dabei auch den Besitz eines ‚Prinzips‘ zuzuschreiben.“

Bezüglich der „Ens-a-se-Frage“ hatte ich sodann unter einer ganzen Reihe verschiedener Auffassungen auch (S. 277) die Stelle bei Johannes Chrysostomus vorgeführt, wo er mit den Worten: „Οὐ γὰρ δέχεται λογισμὸς εἰδέναι πῶς οἷόν τε οὐσίαν εἶναι, μήτε παρ᾽ ἑαυτῆς μήτε παρ᾽ ἑτέρου εἶναι ἔχουσαν“ [1])

[1]) Migne gibt (Patrol. Gr. XLVIII, col. 704) diese Stelle lateinisch wieder mit dem Satze: Neque humana ratio capere valet, quomodo possit esse substantia, quae nec a se ipso, nec ab alio quopiam esse acceperit.“ — Christian Pesch („Theologische Zeit-

in Abrede stellt, daß Gott „von sich“ oder „aus sich“ sein Sein habe, sein Sein besitze, wo jener Kirchenvater also die Aussage, daß Gott „a se“ sei, verneint.

Ferner wies ich hin auf die Stelle, in der Gregor von Nazianz sagt: „Ἄναρχος οὖν ὁ Πατήρ· οὐ γὰρ ἑτέρωθεν αὐτῷ, οὐδὲ παρ᾽ ἑαυτοῦ τὸ εἶναι.“ Die lateinische Übersetzung lautet bei Migne (Patr. Gr. XXXV, col. 1072/74): „Principii expers est Pater; nec enim aliunde, nec a se ipso esse habet.“ Der Vater hat das Sein weder anderswoher, noch von sich selbst. Ich fügte (a. a. O. S. 278) bei: Christian Pesch zieht („Theol. Zeitfr.“ I, S. 166) gegen Schell die Folgerung, daß Gregor von Nazianz mit obigen Worten die „Selbstverursachung“ Gottes ausschließe. Das ist richtig, aber nicht genug! Denn es ergibt sich — was allen Vertretern der „positiven Aseität“ widerspricht — daß auch diese „Aseität“ durch den Ausdruck: „οὐδὲ παρ᾽ ἑαυτοῦ“ mit genau derselben Bindekraft ebenfalls ausgeschlossen worden ist.“ Außerdem wies ich (a. a. O. S. 132) hin auf Thomassinus, den Pesch „einen der bedeutendsten Vertreter der positiven Theologie“ nennt, und dessen Ausspruch: „Wir dürfen die Gottheit nicht als sich selbst hervorbringend oder aus sich selbst hervorgebracht bezeichnen.“ —

Nun finde ich in einer von Otto Zimmermann in den „Monatsblättern für den kathol. Religionsunterricht“ (1916, S. 225 ff.) veröffentlichten Abhandlung (Fußnote von S. 231) u. a. gesagt: „Daß Chrysostomus einmal Gott als οὐσία μὴ παρ᾽ ἑαυτοῦ τὸ εἶναι ἔχουσαν bezeichnet, macht den Sprachgebrauch [!] der zahlreichen andern nicht verdächtig.“ —

---

fragen“, Freiburg i. Br. 1900, S. 140) übersetzt: „Denn durch keine Beweisführungen läßt sich klar machen, auf welche Weise ein Wesen existiert, das weder von sich selbst noch von einem andern das Dasein empfangen hat.“ Bemerkenswert ist, daß die beiden von mir unterstrichenen Worte „accipere“ und „empfangen“ sich bei Chrysostomus gar nicht vorfinden. Auf die Bedeutung dieses keineswegs unwichtigen Umstandes habe ich an der angegebenen Stelle meines Buches aufmerksam gemacht.

Für den (aus guten Gründen anzunehmenden) Fall, daß diese Äußerung Zimmermanns zu den Erörterungen meines Buches in Beziehung steht, möchte ich bemerken, daß bei mir nicht die Rede davon ist, ob der Satz des Chrysostomus den „Sprachgebrauch" irgend eines andern Schriftstellers „verdächtig" mache, sondern es wird betont — und darauf kam es gerade an — daß der Sinn, den jener Satz nach seinem bestimmten Wortlaut dem Leser offen darbietet, in Widerspruch [1]) stehe zu der bei anderen Apologeten häufig benutzten Aussage, jedes Wesen müsse entweder ein „ens ab alio" oder ein „ens a se" sein, und Gott sei das „ens a se".

Über den Ausspruch des Nazianzeners schreibt Zimmermann weiterhin: „Eine ähnliche Stelle bei Gregor von Nazianz stellt im Zusammenhang eine trinitarische Selbstzeugung des Vaters in Abrede, wie die Theologen häufig sagen: Pater est a nullo [!], womit sie aber nichts [!] über die Aseität [!] des absoluten Seins sagen, die ja auch im Sohn und Heiligen Geist trotz des relativen ab alio [!] statthat." [2])

Gab es „Theologen", die den Ausdruck „a nullo" gebrauchten und glaubten, sie hätten damit das „a se" nicht verneint, so war das in Anbetracht des bestimmten Sinnes, den das Wort „nullus" sonst (von alters her und immer noch) hat, dem Lehr-Zwecke jener Theologen gewiß nicht förderlich. Und sollte es unter den modernen „Theologen" welche geben, die für den vorliegenden Fall eines zu erbringenden Beweises den Ausdruck „a nullo" ebenso angewendet haben, so

---

[1]) Derjenige „Sprachgebrauch", um den es sich genau genommen hier handelt, ist einzig und allein der „Gebrauch", den der hl. Joh. Chrysostomus von dem Worte „nein" macht. Nun gehört die Sinnunterlegung der Worte „ja" und „nein" doch sicherlich zu denen, die, seitdem überhaupt zum Ausdruck von Gedanken „Sprachen" benutzt werden, am allerfestesten stehen. Solange aber der Sinn des griechischen „μή", des lateinischen „non" feststeht, enthält die Aussage „μὴ παρ' ἑαυτοῦ", „non a se" einen bestimmten Widerspruch gegen das „a se".

[2]) Ich darf wohl diesen Satz Zimmermanns in all seinen Einzelheiten dem Nachdenken des Lesers ganz besonders empfehlen.

kann man ihnen im Interesse wirksamer Apologetik meines Erachtens nur dringendst anraten, ihm fürderhin doch lieber zu vermeiden und das Wort „nullus“ nur in seinem „sensus communis“ zu gebrauchen.

Man frage sich doch, frage sich einmal ganz vorurteilslos, ob mit dem „a nullo“ nach dessen „sensus communis“ denn wirklich nichts ausgesagt sei über das „a se“! —

Beispiele: Wer in der gegenwärtigen Kriegszeit bezüglich der Nahrungsmittel „Selbstversorger“, „a-se“-Versorger ist, würde mit dem Ausspruch: „Ich werde ‚a nullo‘ versorgt, entschieden und sträflicherweise die Unwahrheit sagen. —

Man denke an die Türken und deren vielerwähnten Schwur „beim Bart des Propheten“. Die Seins-Erhaltung dieses berühmtesten aller Bärte hatte ihren Grund darin, daß Mohammed mit Recht behaupten konnte: Der Bart wird mir „a nullo“ abgeschnitten. Mit diesen Worten ist offenbar nicht bloß das „ab alio“, sondern zugleich das „a me“ deutlich verneint. —

Wenn bei Gelegenheit eines Leichenfundes der beamtete Arzt nach genauer und vollständiger Untersuchung des Körpers seine Erklärung abgibt in der Form: „Nullus, Keiner, Niemand hat den Mann getötet“, so heißt das, es sei weder „ab alio“, noch „a se“ geschehen. Und wer den ärztlichen Ausspruch für voll zutreffend hält, wird auf Grund desselben nicht bloß den Fremd-Mord, sondern auch den Selbstmord verneinen, so daß letzterer z. B. kein Hindernis bildet gegen ein kirchliches Begräbnis oder etwa gegen die Auszahlung einer Lebensversicherung. —

Der für den Gottesbeweis wichtige Kern der „a se“- bzw. „ab alio“- bzw. „a nullo-Frage“ [1]) liegt aber, wie schon bemerkt,

[1]) Zimmermann findet es auch „verfehlt, diese Termini [esse a se, ab alio, a nullo] ohne philosophiegeschichtliche Rücksichten an der Hand von Schulgrammatiken und Wörterbüchern erklären und kritisieren zu wollen“. — Wenn aber in der Tat ein deutscher Leser solche lateinischen Termini ohne die „Geschichte der Philosophie“

in ihrer nahen Beziehung zum „Satze vom Grunde". Wer bei einem Gestorbenen als verantwortlicher Bescheidgeber das „a nullo" hinstellt, will in Betreff des Sterbens die Beteiligung eines Töters, das Vorliegen eines Totschlags oder Mordes ver-

---

selbst mit allem sprachlichen Rüstzeug nicht zu „erklären" vermag, wie ganz und gar „verfehlt" ist es dann doch, diese „Termini" ohne den zum genügenden Verständnis nötigen Apparat blank aufzutischen! Noch gar sie aufzutischen in einer Apologetik, die für „Gebildete aller Stände" bestimmt ist! — Das überlege sich der gewissenhafte Apologet reiflich!

Ob es nicht manchem „katholischen Religionslehrer" beim Durchlesen des Zimmermannschen Artikels schon sofort eingeleuchtet hat? — Mancher mag vielleicht auch bei sich erwägen, daß die übereinstimmenden, unabhängigen, aber für gewisse Zwecke unbequemen Aussagen zweier Kirchenväter bzw. -lehrer doch wohl kaum genügend außer Kraft gesetzt werden können durch die Dekretierung: Hier gilt die Grammatik nicht! Und was die Präpositionen παρά mit dem Genetiv und a mit dem Ablativ sonst allgemein bedeuten, das bedeuten sie hier nicht! — —

Mit der „historischen Entwicklung" einer Wissenschaft und deren Inbetrachtkommen bei deduktiven Beweisen hat es übrigens eine eigenartige Bewandtnis, die von manchen der praktischen Pädagogik mehr oder weniger Fernstehenden meines Erachtens mitunter nicht so ganz richtig beurteilt wird. Gewiß ist die „historische Entwicklung" eine höchst interessante und für viele Fragestellungen durchaus entscheidende Sache. Ein deduktiver Beweis aber bildet eine — durch seinen Lehr-Zweck bestimmte — Angelegenheit von besonderer Art. Er muß nach den Anforderungen einer gesunden Didaktik methodisch so ausgestaltet sein, daß er allein schon vermittelst der darin benutzten Begriffsdefinitionen und grundlegenden Sätze die Überzeugung des in Aussicht genommenen Durchschnittslesers hervorbringen kann. Und das muß er können — so bin ich's gelehrt worden, so habe ich's als richtig erprobt und stets selber gelehrt — sogar „in statu nascendi", d. h. er muß es zu leisten vermögen, wenn er in der Seele des Beweisenden während des Vortrags überhaupt erst geboren würde und vorher gar keine „Entwicklungsgeschichte" durchgemacht hätte!

Kümmert das Allerweltsmuster Euklid sich viel um die historische Entwicklung seiner Deduktionen? Für seinen Zweck war es

neinen. Hätte er das in Wirklichkeit nicht verneinen wollen, so war es sehr unrecht von ihm, daß er „a nullo" sagte. Etwaige schlimme Folgen fallen auf ihn. — Analog darf man annehmen: Wer beim (ungeworden) Seienden das „esse a nullo" behauptet, der will in Betreff des Seins die Beteiligung eines Gründers, das Vorliegen oder Obwalten eines Seins-„Grundes" verneinen. Hätte er das in Wirklichkeit nicht verneinen wollen, so war es sehr unrecht von ihm, daß er den Ausdruck „a nullo" wählte. Etwaige schlimme Folgen fallen auf ihn.

---

jedenfalls nicht nötig! — Manch ausgezeichnetes Lehrgebäude in den exakten Wissenschaften wurde und wird errichtet ganz ohne „historische" Zutaten, oder man verweist letztere — wie u. a. Heinrich Weber es bei seiner „Enzyklopädie der Analysis" tut — höchstens in die Fußnoten. —

Schon einige ältere Philosophen haben ernstlich nach der Einführung solch einer (sog. „rein axiomatischen") Methode in den Betrieb ihrer Fachwissenschaft gestrebt, und in neuerer Zeit ist dieses Streben wieder zu erheblicher Stärke auferwacht. Als das allererste und allernotwendigste Mittel zur Förderung dieses Zieles ist aber schon längst erkannt worden die **Disziplin der Sprache.** Das auf den Stoff zugeschnittene „Wörterbuch" muß Geltung haben als „Kodex" von Stammbegriffen und scharfen Definitionen. Die „Grammatik" muß regieren als „Kodex" der logisch grundgelegten sprachlichen Satzungen! Und wenn bei Zitaten, die etwas beweisen sollen, in der ersten oder zweiten Hinsicht erhebliche, nicht gerade allbekannte Unterschiede obwalten zwischen damals und jetzt, so muß der Zitierende im Anschluß an das Zitat diese Unterschiede dem Leser bemerklich machen! — Wer sich an diese didaktischen Notwendigkeiten nicht gebunden erachtet, mag „philosophische Archäologie" treiben und auf eigene Hand in die Breite und Tiefe grübeln und philosophieren, aber praktisch zu lehren, d. h. dauerhaft überzeugende Deduktionen zu bauen und sie der begehrenden Mitwelt zu übermitteln, wird ihm schwerlich gelingen.

Das von Gott dem Menschen verliehene Verständigungsmittel ist die **Sprache.** Wer Verständigung ernstlich erstrebt, nehme seine Sprache in Zucht, hüte seine Worte nach Wahl und Verknüpfung; denn Wortleser sind wir hienieden nur, wo nicht etwa der Blick schon ausreicht. Wer rühmt sich, frei von Blick und Wort, Gedankenleser zu sein?

Für „Theologen" gelte das ausnahmsweise nicht: das möchte doch wohl niemand behaupten!

Wie also sind Zimmermanns Zumutungen einzuschätzen? Sicherlich schon nicht leichten Herzens und nur unter dem Drang einer Notlage wird man einem ernsthaften „Theologen", der für seine theologischen Belehrungen nach Inhalt und Form sich der Verantwortlichkeit vor Gott und der Welt bewußt ist, schuldgeben, er habe an einer Stelle von fundamentaler Wichtigkeit dort, wo er „a se" meint, „a nullo" gesagt! Aber darüber noch erheblich hinaus geht das, was Zimmermann dem Kirchenvater Chrysostomus und dem Kirchenlehrer Gregor Nazianzenus zumutet. Diese beiden Männer sollten nämlich klipp und klar ausgesagt haben, Gott habe das Sein „*οὐχ ἑτέρωθεν αὐτῷ, οὐδὲ παρ' ἑαυτοῦ*", „nec aliunde, nec a se", sollten aber trotzdem innerlich der Überzeugung gewesen sein, sollten gar nicht leugnen wollen, er habe es dennoch „a se"! Beide hätten also nicht etwa statt dieses „a se" bloß den verkehrten Ausdruck „a nullo" gesetzt, sondern sie hätten — womit sie dem Leser doch gar keinen Zweifel mehr übrig ließen — das „a se" noch ausdrücklich und eigens ausgeschlossen! — Stark, sehr stark wäre das!

Viele würden einen „Vater" oder „Lehrer", der bei seiner Unterweisung glatt „nein" sagt, wo er „ja" meint, wahrscheinlich für einen wenig verläßlichen „Lehrer" halten. Je größer also ihr Vertrauen auf diese Männer ist, um so weniger werden sie an einen Gegensatz zwischen Wort und Sinn oder Absicht glauben. Soviel der Mann gilt, soviel gilt auch — lieb oder leid — sein Wort, wie er es blank hingestellt hat. —

Da die hier in Rede stehenden Worte für den philosophischen Gottesbeweis von erheblicher Wichtigkeit sind, so erkennen wir deutlich, inwiefern für abstrakte Beweisführungen die Person, die diesen oder jenen Ausspruch getan, von großem sachlichen Werte sein kann. Nicht zum wenigsten trifft das nun auch zu bei demjenigen Gegenstande, der in meiner vorliegenden Abhandlung in besonderem Hinblick auf den hl. Thomas von

**A q u i n** erörtert werden soll, also auf **einen der größten Denker und Lehrer, die je gelebt haben.**

Was dabei vor allem in Betracht kommt, das sind, wie bereits erwähnt, die untersten, unbewiesen hingestellten Fundamente aller Beweise, also die G r u n d b e g r i f f e, die mit Verwendung derselben geformten D e f i n i t i o n e n und die Grundsätze oder „A x i o m e". Ihnen werden wir besondere Aufmerksamkeit schenken.

Erste Abteilung.

# Der unkörperliche Raum.

## I. Die Definition des Begriffs „Grenze“ bei Aristoteles[1]) und Thomas.

### Übersicht:

Thomas setzt bei seiner ersten Definition des Unendlichen, die in der einfachen Verneinung der Endlichkeit besteht, den Begriff des „finitum“ als bekannt voraus. Nach Langenberg hat er dabei eine von Aristoteles gegebene Definition des πέρας zugrunde gelegt.

Bei der zweiten Definition des Unendlichen wird die Eigenschaft der Unerschöpflichkeit als Kennzeichen hingestellt.

Langenbergs Meinung über die Definition „einfacher Begriffe“.

In voller Übereinstimmung mit dem vorhin Erörterten kann man Herrn Prof. G. Langenberg, der im Philos. Jahrbuch der Görresgesellschaft einen längeren sehr lesenswerten Aufsatz über „des hl. Thomas Lehre vom Unendlichen und die neuere Mathematik“ [2]) veröffentlicht hat, durchaus beipflichten, wenn er

---

[1]) In der Fußnote auf S. 145 des „Ersten Heftes“ sind die Erörterungen der hier folgenden Kapitel schon im voraus kurz angekündigt. — Der Umstand, daß meine „Untersuchungen über das Endliche und das Unendliche“ in mehrere Einzelhefte verteilt werden mußten, ergab die Notwendigkeit, gewisse Gedankengänge, die aus besonderen Anlässen bereits im ersten Hefte erwähnt wurden, zum Teil (und in anderen Zusammenhängen) nochmals darzulegen für solche Leser, denen das erste Heft nicht zur Hand ist.

[2]) Im Jahrgang 1917 nimmt er die Seiten 79—97 und 172—191 ein. Ich finde bei Langenberg eine Reihe von Gedanken wieder, die schon in meinem Buche über „Das Endliche und das Unendliche“ (Münster 1915) vorgetragen worden sind.

ihn abschließt mit dem Satze, diese scholastische Lehre verdiene „doch mehr als das archäologische Interesse, welches man einer jeden Ausgrabung entgegenzubringen pflegt."

Daß Langenberg den bei Thomas weit ausgedehnten, in mehrere theologische Themata[1]) eingelagerten Stoff sammelt und wieder in einzelne Gruppen gliedert, verdient Beifall; recht bemerkenswert ist dabei auch die Art, wie er thomistische Gedanken mit gewissen Theorien der neuzeitlichen Mathematik verknüpft. Hoffentlich gelingt es mir, im folgenden noch weitere derartige Beziehungen klarzustellen, so namentlich schon gleich in betreff des untersten Fundaments, auf dem das vorliegende Problem ruht, nämlich des Begriffs „finis" oder „terminus".

Eine Anheftung an diesen Begriff vollzieht sich bei Thomas sofort schon da, wo er das Unendliche zuerst definiert. Solcher Definitionen findet Langenberg bei Thomas zwei verschiedene vor, die er (a. a. O. S. 80) folgendermaßen nebeneinander stellt:

„Infinitum dicitur aliquid ex eo, quod non est finitum(1 c)[2]).

Infinitum est, ‚cuius quantitatem accipientibus semper est aliquid extra sumere', ut dicitur Phys. lib. III, cap. 6 (5, 1)."

Dann heißt es auf S. 85 ferner noch:

> „Der Begriff ‚unendlich' wird zunächst nicht weiter erklärt als durch die Wortdefinition: Infinitum dicitur aliquid ex eo, quod non est finitum; unendlich heißt soviel wie nicht endlich. Die zweite Definition, die von Aristoteles stammt, erscheint erst in Art. 5; sie liefert das Kriterium der Unendlichkeit für unser Erkenntnisvermögen und wird in den Artikeln 3 und 4 über die Existenzweise

---

[1]) „De infinitate Dei", „De scientia Dei", „De motu locali angelorum", „De scientia beata animae Christi".

[2]) Über die Art, wie Langenberg den hl. Thomas hier zitiert, sagt er (a. a. O. S. 79): „Die Summa Theologica behandelt nämlich das Unendliche ausführlich in sieben Artikeln: 1, q. 7, a. 1 bis 4; 1, q. 14, a. 12; 1, q. 53, a. 3; 3, q. 10, a. 3. Im folgenden einfach mit den Ziffern 1—7 zitiert." — Bei der Angabe der sechsten Stelle vermute ich übrigens den Druckfehler 3 statt 2

des Unendlichen nicht verwertet.... Mit der ersten Definitionsweise können wir uns vorläufig begnügen, denn der Unendlichkeit entgegenstehend und sie ausschließend ist nur der finis, das Ende bzw. der Terminus, die Grenze.... In ein Ding Grenzbestimmungen (gewöhnlich allseitig) einführen, heißt dementsprechend determinare, wofür uns eigentlich eine ‚bestimmte‘ Übersetzung fehlt. — Alle diese Begriffe werden von Thomas als bekannt vorausgesetzt. Übrigens würde mit einer Definition auch nicht viel erreicht werden [!], denn einfache Begriffe können nur noch durch negative Umschreibungen definiert werden, so daß die unbedingte Jagd auf ein genus proximum und eine differentia specifica erfolglos bleibt oder auch auf Abwege führt.“

In einer Fußnote fügt Langenberg noch bei:

„Zum Begriff der ‚Grenze‘ sei die Aristotelische Definition vorgeführt, die wir bei Thomas wohl voraussetzen dürfen: *Πέρας λέγεται τὸ ἔσχατον ἑκάστου καὶ οὗ ἔξω μηδὲν ἔστι, λαβεῖν πρώτου, καὶ οὗ ἔσω πάντα πρώτου* (Metaph. V, c. 17; 1002 a): ‚Grenze heißt das Äußerste eines Dinges, das, außerhalb dessen nichts von ihm zu finden ist, und innerhalb dessen alles von ihm sich befindet, beidemale das Äußerste im ursprünglichen Sinne genommen‘ (Rolfes). — Über die Definition Isenkrahes vgl. Philos. Jahrb. XXIX (1916), 71 f., 313 ff.“

Hier haben wir in der Tat eine Stelle, wo noch eine weitere Verknüpfung scholastischer Auffassung mit der modernen Mathematik sehr wohl möglich erscheint. Darüber im folgenden Kapitel. Zunächst aber eine Vorbemerkung:

„Einfache Begriffe können, so schreibt Langenberg, nur noch durch negative Umschreibungen definiert werden.“ — Welches Erkennungsmittel haben wir denn dafür, daß ein vorgelegter Begriff ein „einfacher“ sei? — Als der „einfachste“ Begriff wird häufig das allgemeine „Etwas“ hingestellt, so daß dieses als „genus“ immer zur Verfügung steht, also eine „unbedingte Jagd“ überflüssig macht. Um von ihm aus zu einem genus propius und genus proximum zu gelangen, wird es nach Kategorien unterschieden, und man pflegt anzunehmen, daß jeder beliebige Gegenstand entweder einer schon bestehenden Kategorie eingegliedert werden könne oder für sich eine neue, von allen vorhandenen durch Begriffe und Worte unterscheidbare Kategorie bilde.

Was sodann die Kennzeichnung eines Gegenstandes durch „negative" Aussagen betrifft, so gibt es Fälle — und wir werden bald auf einen solchen stoßen — wo negative Aussagen zugleich auch einen positiven Bestandteil in sich schließen, so daß Negation und Position miteinander verbunden eine „differentia specifica" bilden.

Langenberg sagt, daß Thomas die Begriffe finis = Ende und terminus = Grenze „als bekannt" betrachtet, und daß wir bei ihm „die aristotelische Definition wohl voraussetzen dürfen". Nun fragt sich also, ob das, was Aristoteles zur Definition der Grenze benutzt hat, wirklich so „einfache Begriffe" seien, daß zu weiterer Zurückführung bzw. Vereinfachung keine Möglichkeit mehr vorliegt. Ich bin der gegenteiligen Meinung und will versuchen, sie im folgenden darzulegen und zu begründen.

## II. Zuschärfung und Weiterentwicklung der aristotelischen Grenzdefinition durch Killing.

Übersicht:

A. Das Wort ἕκαστον in der aristotelischen Definition weist darauf hin, daß bei A. nur die Rede ist von der „Grenze" eines für sich betrachteten einzelnen Gegenstandes. — Zergliederung dieser Definition. — Durch die neuere Mathematik wird sie weiter entwickelt und ausgedehnt auf „Grenzen", die mehreren Dingen gemeinschaftlich sind.

B. Das Wort ἔσχατον der aristotelischen Definition wird erklärt und eine darin liegende Ungenauigkeit durch Zuschärfung beseitigt.

C. Die räumlichen Dimensionen sind durch die neuere Mathematik in engsten Zusammenhang mit dem Begriff der „Grenze" gebracht worden. — Ein Gedanke, der schon für Thomas zum Greifen nahe gelegen, wurde erst von Killing klar ausgesprochen.

D. An den Begriff „Teil" knüpft sich ein weiterer, auf die Anzahl der Dimensionen bezüglicher Satz Killings. Im engen Anschluß an diesen stellte ich meine Definition des Grenzbegriffs auf.

Indem Aristoteles den Begriff „πέρας“, der wie τέλος im Lateinischen durch „finis“ oder „terminus“, im Deutschen durch „Ende“ oder „Grenze“ wiedergegeben wird, auf die vorhin angeführte Weise definierte, bediente er sich einerseits des Ausdrucks: „τὸ ἔσχατον ἑκάστου — das Äußerste eines jeden Dinges“, andererseits der Worte „ἔξω — außerhalb“ und „ἔσω — innerhalb“. Daß aber hiermit doch noch nichts Letztinstanzliches geleistet war, zeigt die — insbesondere auf Killing zurückzuführende — Weiterentwicklung der Definition in der „neueren Mathematik“. Um diese recht klar darzulegen, knüpfe ich zunächst an

A. Das Wort ἕκαστον

an. Durch dieses Wort ist der in Rede stehende Begriff auf „ein jedes“ (für sich einzeln in Betracht genommene) Ding bezogen. Daß nun aber ein und dasselbe „πέρας“ bzw. „Ende“ ein „ἔσχατον“, ein „Äußerstes“ sein könne auch für mehrere Dinge zugleich, ist mit den von Langenberg angeführten Worten des Aristoteles nicht behauptet und nicht geleugnet, vielmehr einfach außer Betracht gelassen. In dieser Hinsicht hat die neuere Mathematik jene frühere Auffassung ergänzt, und gerade mit dieser Ergänzung verband sich eine weitere wichtige Zuschärfung, die das ἔξω und das ἔσω angeht.

Fassen wir irgend ein dem vorgelegten Ding D angehöriges Etwas E ins Auge und stellen die Frage: Woran ist zu erkennen, ob E ein „Ende“ von D ist? —

Aristoteles antwortet: E muß ein „Äußerstes“ von D sein. —

Woran erkennen wir denn, ob E ein Äußerstes von D ist? —

Nach Aristoteles daran, daß wir „ἔξω — außerhalb E“ **nichts** von D und „ἔσω — innerhalb E“ **alles** von D vorfinden.

Zur Feststellung dieses Unterschieds wird also verlangt, es müsse bei dem Ding D überhaupt ein „Innerhalb“

von einem „Außerhalb“ genau erkennbar unterschieden sein, es müsse das *ganze* D „innerhalb“ liegen, also unser Fragegegenstand E das Ding *völlig* umfassen, es *rings* umgeben und so das ἔσω vor dem ἔξω *allseitig*[1]) scheiden.

Nun ist zu überlegen, wie diese ganze Anschauung sich weiter entwickelt und ausgestaltet, im Falle das fragliche Ende E in Betracht genommen wird als ein „Äußerstes“ **für mehrere Dinge zugleich.**

*Aristoteles* fußt auf den Begriffen „innerhalb“ und „außerhalb“, deren Ursprung — wie an einer früheren Stelle schon bemerkt wurde — in der *räumlichen* Anschauung liegt; wählen wir also zur Erläuterung ein räumliches Beispiel:

Ein Kreis sei durch die Sehne S zerlegt in zwei Abschnitte $A_1$ und $A_2$, sowie entsprechend in die Peripherieteile $P_1$ und $P_2$. Dann stellen S und $P_1$ miteinander ringsherum das „Äußerste“, also die „fines“ bzw. „terminos“ von $A_1$ dar. Ebenso verhält es sich mit S und $P_2$ bezüglich des Abschnitts $A_2$. Somit ist die Sehne S ein „Äußerstes“ von $A_1$, ist ein „Äußerstes“ aber auch

---

[1]) An einer vorhin mitgeteilten Stelle sagt *Langenberg*: „In [!] ein Ding Grenzbestimmungen einführen, heißt dementsprechend determinare“, und er macht dabei vor dem Worte „Grenzbestimmung“ die Klammer-Einschaltung: „gewöhnlich allseitig“. Diese Bemerkung stimmt mit der aristotelischen Auffassung in einer Hinsicht überein, in einer andern Hinsicht aber nicht. — Wenn die Grenzbestimmungen „allseitig“ angebracht werden, so ist das eine einfache Folge von der Scheidung zwischen „innerhalb“ und „außerhalb“, sowie von der kategorischen Forderung, die sich in den Worten „alles“ bzw. „nichts“ ausspricht. Denn „allseitig“ muß doch das Gehege abgeschlossen dastehen, damit man *feststellen* könne, ob vom Eingehegten „alles drinnen und „nichts“ draußen befindlich ist. Diesem bestimmten Zwecke und auch der ausdrücklichen aristotelischen Forderung des „ἔσχατον“, des „Äußersten“, entspricht es jedoch, die „Grenzbestimmungen“ *rings* um das Ding anzubringen, nicht aber, wie *Langenberg* sich ausdrückt, sie „**in** das Ding einzuführen“. Letzteres hat, wie wir sehen werden, die „neuere Mathematik“ unternommen. Sie ist es, die das, was „Grenze“ heißt, tatsächlich auch „**in** ein Ding einführt“ und in diesem Falle von der „Allseitigkeit“ absehen kann.

von $A_2$, und die Mathematik drückt diesen Sachverhalt aus mit den Worten: S bildet die gemeinschaftliche Grenze von oder zwischen $A_1$ und $A_2$ (Fig. 1). Damit ist nun schon in Hinsicht auf den aristotelischen Begriff, wie obige Definition mit ihrem ἔξω und ἔσω ihn aufgefaßt hat, eine erste Fortentwicklung gegeben. Denn jetzt kann man die Lage der Abschnitte $A_1$ und $A_2$ nicht bloß betrachten in bezug auf ihre „fines“ im allgemeinen, wie sie ihnen auch eigen sein könnten, wenn sie

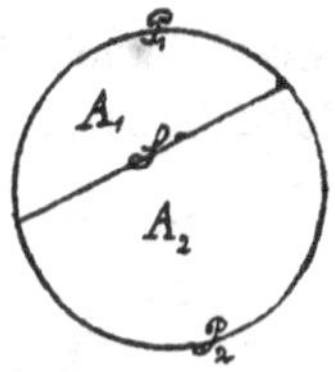


Fig. 1.

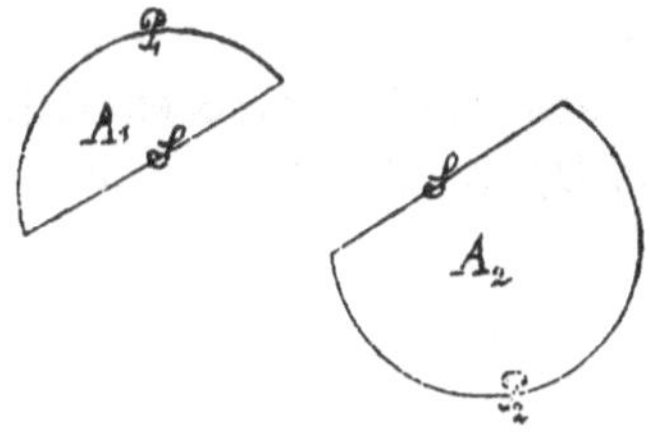


Fig. 2.

weit auseinander lägen (Fig, 2), sondern außerdem noch eigens in bezug auf jenen besondern Teil der Umgrenzung, der beiden Abschnitten gemeinschaftlich ist. Das allgemeine ἔξω und ἔσω wird dabei nicht zerstört, wird nicht unrichtig, tritt aber aus dem Gesichtskreis heraus. Die Lagebezeichnung von $A_1$ und $A_2$ in ihrem besondern Bezug auf die gemeinschaftliche Sehne wird jetzt gekennzeichnet durch den Gegensatz — nicht von „innerhalb“ und „außerhalb“ — sondern von „diesseits“ und „jenseits“.

Nach dieser Weiterbildung und Ergänzung könnte die aristotelische Definition zunächst etwa folgendermaßen lauten:

Das Wort „πέρας“ bzw. „finis oder terminus“ bzw. „Ende oder Grenze“ bedeutet einerseits, im Falle es auf ein für sich allein betrachtetes Ding D bezogen wird, dasjenige Etwas E, welches ein Allgemeingebiet derart zerschneidet, daß ein Teilbereich „innerhalb“ E liegt und das ganze Ding D ausmacht, während der andere, der „außerhalb“ E liegende Teilbereich nichts von E in sich enthält.

Dasselbe Wort bedeutet aber andererseits, im Falle es auf zwei Dinge $D_1$ und $D_2$ zugleich bezogen ist, dasjenige Etwas E, welches ein Allgemeingebiet so in zwei Teile teilt, daß $D_1$ sich von „diesseits", $D_2$ sich von „jenseits"[1]) bis zu E erstreckt.

Von dem hiermit erreichten Punkt braucht die Überlegung nur mehr einen kleinen Schritt weiter zu gehen, dann bietet sich von selbst der Gedanke dar, jenen „Einerseits"-Fall, den Aristoteles durch das Wort „ἕκαστος = jedes Ding für sich" kennzeichnete, dem Gesichtspunkt des zweiten Falles einzugliedern.

Das kann nämlich geschehen, indem man einfach das ἔσω-Gebiet als $D_1$, das ἔξω-Gebiet als $D_2$ in Betracht zieht (Fig. 3).

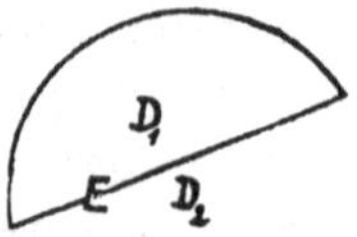


Fig. 3.

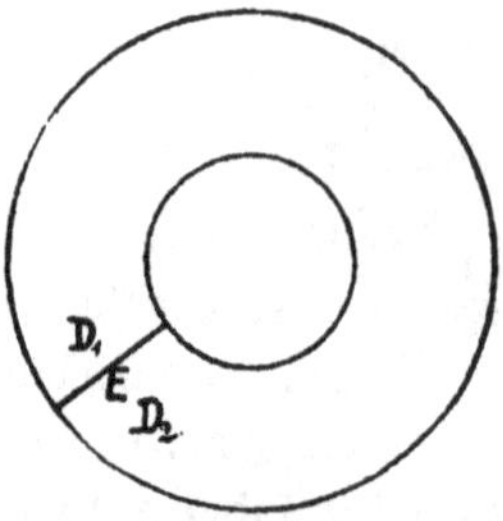


Fig. 4.

Dann ist das aristotelische „πέρας" ohne weiteres die gemeinschaftliche Grenze zweier Teilbereiche namens „ἔσω" und „ἔξω", „Inneres" und „Äußeres". Beide erstrecken sich bis an das πέρας. Das ἔσω-Gebiet liegt diesseits desselben, das ἔξω-Gebiet jenseits, oder je nach dem gewählten Standpunkt auch umgekehrt. Ist auf solche Weise der „Einerseits"-Fall in den zweiten Fall eingegliedert, so bleibt nur der ihn umschließende letztere in der „Definition" übrig. —

Nachdem die mathematische Auffassung vermittelst dieser Eingliederung das „inner- und außerhalb" durch „dies- und jenseits" ersetzt hatte, war sie weiterschreitend auch in der Lage,

---

[1]) So wie Aristoteles bei seiner Definition die Begriffe „ἔσω und ἔξω", „innerhalb" und „außerhalb" als durch die räumliche Anschauung gegebene benutzt, geschieht es hier mit den Begriffen „diesseits" und „jenseits".

die Einschnürung „πάντα = alles bzw. ganz“ etwas zu lockern. Man darf nämlich sagen, ein Etwas E bilde ein gemeinschaftliches ἔσχατον, ein gemeinschaftliches „Ende“, eine gemeinschaftliche „Grenze“ für zwei Dinge $D_1$ und $D_2$ schon dann, wenn beide Dinge mit gewissen just in besondern Betracht genommenen Teilbereichen diesseits bzw. jenseits von E liegen; die Lage der übrigen Erstreckungen darf dabei außer Erwägung bleiben. Wird z. B. durch einen Ring (Fig. 4) irgendwo eine Querebene E (es dürfte eine Lötstelle sein) hindurchgelegt, so ist E die gemeinschaftliche „Grenze“ zwischen Nachbarteilen des Ringes, wobei es auf die Lage der übrigen Teile gar nicht besonders ankommt, das „Diesseits“ und „Jenseits“ geht dann eben nur die in Betracht genommene „Grenze“ an, und als $D_1$ und $D_2$ gilt nur das beiderseits Anstoßende. Diese zugespitzte Auffassung macht es unnötig, den Ring vollends in zwei Teile zu zerlegen, um zwei „allseitig umgrenzte Dinge“ zu erhalten, derart, daß man bei jedem (ἑκάστῳ) derselben das μηδὲν ἔξω und πάντα ἔσω noch erst feststellen müßte.

Mit Recht darf man also wohl sagen, daß die neuere Mathematik den aristotelischen Begriff weiter entwickelt[1]) hat. Dies ist nun aber auch noch nach anderer Richtung geschehen, nämlich in besonderem Bezug auf:

### B. Das Wort „ἔσχατον“,

das „Äußerste“. Der dahin führende Gedankenweg ist leicht übersehbar.

Zur Vereinfachung der Vorstellungen fassen wir jetzt nur ein einziges ausgedehntes Ding D und ein ihm angehöriges Etwas E ins Auge. Was wird verlangt, damit E ein „Äußerstes“ von D sei? —

[1]) Daß die „Weiterentwicklung“ in gewisser Hinsicht auch eine Schranken-Durchbrechung bedeutet, liegt in der Natur der Sache; es ermöglicht und kennzeichnet den Fortschritt. Ganz dasselbe hat sich ja in der Geschichte der Wissenschaften bei so vielen andern Begriffen: Zahl, Element, Materie, Akt, Spannung usw. usw. gezeigt.

Wählen wir den bequemsten Fall, indem wir uns unter D eine Strecke AB denken, auf der sich irgendwo ein Punkt C befindet. Das Etwas E (Fig. 5) möge den Abstand des

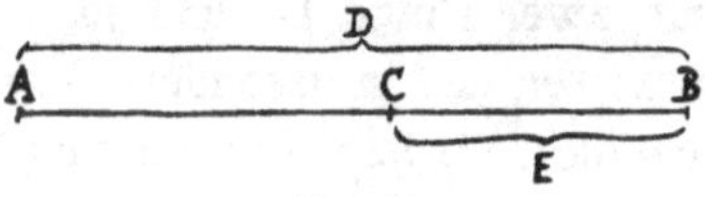

Fig. 5.

Punktes C von B bedeuten: Falls nun dieser Abstand CB von Null verschieden ist: hat E dann Anspruch darauf, ein „Äußerstes", also ein „πέρας", ein „finis"', eine „Grenze" von D zu sein?

Wenn ja, dann wäre offenbar diese „Grenze von D" etwas Beliebiges, etwas ganz Willkürliches, da ja jedermann den Punkt C auf AB anbringen kann, wo immer er mag!

Auch in bezug auf Größe oder Kleinheit liegt in diesem Falle nichts „Äußerstes" vor. Die äußerste Größe ist erst erreicht, wenn man C auf A legt. Dann aber wäre das, was „Grenze von D" heißt, identisch mit dem ganzen Ding selber! Davon wird man natürlich absehen. Somit kann als ein „Äußerstes" nur die „äußerste Kleinheit" in Betracht gezogen werden. Jede von Null verschiedene Größe ist aber noch nicht „äußerst klein"; sie kann noch verkleinert, z. B. halbiert werden. Hieraus wird man schließen, daß E, sofern es der „Willkür" entzogen sein und als etwas „Äußerstes von D" gelten soll, erst dadurch erhalten wird, daß man C auf B rückt. Dann aber ist E mit B und C identisch[1]), d. h.:

Die „Grenze" einer Strecke ist ein Punkt.

---

[1]) Den Worten, zwei Punkte seien „identisch" bzw. „nicht identisch", wird durchweg ein landläufiger, mit einer bestimmten Vorstellung verbundener Sinn beigelegt. Dieser Sinn entspricht derjenigen Raumanschauung, die man wohl die „realistische" nennt, und die im alltäglichen Leben sowie auch im Betriebe der Naturwissenschaften die üblichste ist. Daher glaubte ich sie hier und im folgenden zunächst und ohne Beeinträchtigung des Verständnisses gebrauchen zu dürfen. (Man vgl. dazu u. a. die empfehlenswerten Schriften von Al. Müller über: „Das Problem des absoluten Raumes und seine

In diesem Ergebnis liegt eine Übereinstimmung vor zwischen dem Aristotelischen ἔσχατον und der mathematischen Auffassung, bei der die letztere zugleich als formale Zuschärfung und Steigerung der Genauigkeit zu bewerten ist.

### C. Räumliche Dimensionen.

Von dem hiermit erreichten Ziele aus hat nun aber die neuere Mathematik noch zwei weitere wichtige Schritte getan, indem sie den Begriff der „Grenze" enge verband einerseits mit dem Begriff der „Dimension", andererseits mit dem Begriff des „Teiles". Auch an diesen beiden Erweiterungen ist Killing wesentlich beteiligt.

Das soeben abgeleitete Ergebnis, wonach das „ἔσχατον" das „Äußerste", der „finis" einer Strecke ein Punkt ist, führt den Mathematiker schon ganz von selbst zur unmittelbaren Gedankenverknüpfung des „Grenz"-Begriffs mit dem Begriff der Dimension. Die Strecke nämlich ist ein eindimensionales, der Punkt hingegen ein nulldimensionales räumliches Objekt. Es zeigt sich also die Tatsache:

> Beim Übergang vom „Begrenzten" zur „Grenze" nimmt die Anzahl der räumlichen Dimensionen um (mindestens) eine Einheit ab.

Prüft man die Sache bei zwei- und dreidimensionalen Gebilden, so kommt man zu ganz dem nämlichen Ergebnis.

Auf Grund dieser Erwägungen hat Killing (vgl. „Endliches und Unendliches" S. 15 f.) zunächst den allgemeinen Satz aufgestellt: „Eine Raumform hat n Dimensionen, wenn in ihr Grenzgebilde von der ersten bis zur n ten Ordnung, aber nicht solche

---

Beziehung zum allgemeinen Raumproblem", und von E. Study über: „Die realistische Weltansicht und die Lehre vom Raume". Vieweg & Sohn. Braunschweig 1911 bzw. 1914.) Inwiefern die Aussagen über Identität und Nichtidentität von Punkten aber noch ein fundamentales Rätsel in sich schließen, gedenke ich später noch besonders zu erörtern.

von einer höheren Ordnung enthalten sind, wenn also das Grenzgebilde n ter Ordnung unteilbar ist." Daran knüpfte er sodann den entscheidenden Zusatz:

„Wenn irgendeine Raumform n Dimensionen hat, so hat ein darin enthaltenes Grenzgebilde mter Ordnung nicht n, sondern nur n—m Dimensionen."

Wird in diesem Ausdruck beispielsweise n = 3 gesetzt, so haben wir die uns geläufige dreidimensionale Euklidische Raumform vor uns. Für m = 1 erhalten wir dann als das darin enthaltene „Grenzgebilde erster Ordnung" die zweidimensionale Ebene. Für m = 2 das in dieser, sowie im dreidimensionalen Raume enthaltene Grenzgebilde zweiter Ordnung, die eindimensionale Gerade. Für m = 3 ergibt sich das in der Geraden, in der Ebene und im Raume enthaltene Grenzgebilde dritter Ordnung, der nulldimensionale Punkt.

Die Beziehung zwischen Gerade und Punkt betreffend finde ich bei Thomas (S. Th. I, qu. 11, art. 2) die Stelle: „Definimus punctum, cuius pars non est, vel principium lineae." Das leider so vieldeutige Wort „principium" könnte zwar „Entstehungsgrund" heißen, weil die (gerade oder krumme) „Linie" manchmal aufgefaßt wird als „entstanden" durch Bewegung eines „Punktes". Wahrscheinlicher ist aber doch wohl, daß „principium" hier im Sinne von „initium", d. h. von „Anfang" gebraucht ist. Der „Anfang" einer Linie ist aber zugleich auch „Grenze" derselben.

Eine für die Deutung principium = Anfang = Grenze sprechende Stelle lautet (S. Th. I, qu. 85, art. 8): „Linea enim, ut Euclides dicit, est longitudo sine latitudine, cuius extremitates sunt duo puncta."

Diese „extremitates" sind dasselbe wie die ἔσχατα des Aristoteles. Zum Greifen nahe hätte nun schon für Thomas hier der Gedanke [1]) gelegen, sofort darauf aufmerk-

[1]) Ich habe mich nach einer Aussprache desselben bei Th. umgesehen, sie aber nicht gefunden.

sam zu machen, daß die „extremitas“ namens „punctum“ sowohl „sine longitudine“, als auch „sine latitudine“ ist, woraus dann doch unmittelbar sich ergibt, daß in diesem Falle die Anzahl der „Dimensionen“ [1]) sich beim Übergang zur „extremitas“ um eine Einheit verringert. Anschließende Proben hätten nunmehr unverzüglich dargetan, daß das sich immer so verhält, daher hätte der Killingsche Satz auch für Thomas wohl schon auf der Hand gelegen — abgesehen natürlich vom Begriff des n-dimensionalen Raumes, der ja wesentlich modern ist und dem Aquinaten noch fremd sein mußte.

D. Der Begriff „Teil“.

Der auf die Dimensionenzahl bezüglichen Weiterentwicklung schließt sich die den Begeiff Teil betreffende glatt an.

Für die Beziehung zwischen den Objekten namens „Grenze“, „Dimension“ und „Teil“ kann bei Thomas zunächst die Stelle (S. Th., qu. 53, a. 2) in Betracht gezogen werden, worin es heißt: „Inter quaelibet duo puncta sunt infinita puncta media, cum nulla duo puncta consequantur se invicem sine medio.“

Der darin ausgesprochene Gedanke, daß niemals zwei Punkte unmittelbar aufeinanderfolgen, sondern daß zwischen zwei ganz beliebigen Punkten noch unendlich viele Zwischenpunkte „sunt“, entspricht durchaus der modernen Mathematik. Nun baut letztere auf dieser Grundlage weitere Schlüsse in folgender zwingenden Weise:

Weil niemals zwei Punkte A und B unmittelbar aufeinanderfolgen, so haben sie stets einen Abstand AB voneinander, einen Abstand, „cuius extremitates sunt duo puncta“ A und B. Das Gebilde aber, dessen Grenzen durch zwei Punkte dargestellt werden, ist eine „linea“, und es steht also fest, daß man in dieser Linie zwischen A und B immer noch ein „punctum medium“, einen mittleren, einen Teil-Punkt C einschieben kann.

---

[1]) Was wir räumlich „Dimensionen“ nennen, bezeichnet Thomas häufig durch das Wort „modi“. So wird der thomistische Ausdruck „infinitum omnibus modis“ von Langenberg (a. a. O. S. 176) übersetzt: „nach allen Dimensionen“.

Wenn nun Thomas in bezug auf den Begriff des „Teilens“ (S. Th. I, qu. 30, a. 3) sagt: „Est autem duplex divisio. Una materialis, quae fit secundum divisionem continui... Alia est divisio formalis, quae etc.“, so liegt in unserem Falle offenbar (obschon es sich nicht um ein „materielles“ Etwas handelt) eine „divisio materialis“, eine Zerlegung des „Kontinuums“ AB in die beiden Teile AC und CB vor. Und nun hat jeder von diesen beiden Teilen „extremitates“, jeder ist selber eine Linie, ist ein eindimensionales räumliches Gebilde, jeder kann also weiter eingeteilt werden in eindimensionale räumliche Gebilde, kurz: Durch das Geschäft des „Teilens“ kommt man aus der Dimension (hier der linearen) nicht heraus, kommt also auch nie und nimmer zu nulldimensionalen Objekten, zu Punkten[1]). — Ganz ebenso führt die Teilung eines zweidimensionalen Gebildes stets zu zweidimensionalen, die eines dreidimensionalen stets zu dreidimensionalen Teilen. Dieses Ergebnis kann man auch ausdrücken in der Form: Für die Beziehung zwischen einem

[1]) Ob Langenberg an einer gewissen Stelle seines Aufsatzes dieses Ergebnis genügend in Betracht gezogen, ist mir wegen des dort vorfindlichen Wortes „oder“ einigermaßen zweifelhaft. Er sagt (a. a. O. S. 182): „Die Teile oder [!] Punkte eines Kontinuums, z. B. des Weges, den ein Punkt eines Pendels zurücklegt, sind ja keine Dinge, die der Empirie unterliegen.“ — Von der physikalischen Bedenklichkeit dieser Aussage, z. B. von Pendelpunkten, die (ich erinnere an das als Seismograph benutzte Horizontalpendel von Zöllner und von Ehlert-Rebeur) ihren „Weg“ und dessen „Teile“ insgesamt in dauernder Niederschrift gewissermaßen selber „der Empirie unterbreiten“, oder von der kinematographischen Photographierbarkeit beliebiger „Teile“ einer Pendelbewegung will ich hier nicht mit Betonung reden, aber die unmittelbare Verbindung: „Teile oder Punkte“ erscheint mir verfänglich, falls sie den Gedanken ausdrücken soll, daß „Teile“ (d. h. Ergebnisse eines Teilungsaktes) jemals „Punkte“ (im eigentlichen Sinne dieses Wortes) sein könnten. Der Mathematiker pflegt, selbst wenn er eigens von „Punkt-Mengen“ spricht, den Punkt im Rahmen seiner strengsten Terminologie nicht als „Teil“, sondern als „Element“ dieser „Menge“ zu bezeichnen. — Von Langenbergs Nebeneinanderstellung der Begriffe „Teil“ und „Punkt“ muß im folgenden noch mehrfach die Rede sein, auch von einer tiefer bohrenden „Punkt“-Frage (vgl. die Anmerk. zu S. 20 f.).

ausgedehnten Ganzen und seinen Teilen ist die Anzahl der „Dimensionen“ eine „Invariante“. Eben dieser Gedanke ist es, den Killing (vgl. „Endliches und Unendliches“ S. 16) einkleidete in die Worte:

„Wir dürfen jedesmal nur Gebilde gleicher Ordnung, also von gleicher Anzahl von Dimensionen, zusammenstellen, nur von solchen Gebilden dürfen wir sagen, daß sie Teile [d. h. „Divisions“-Ergebnisse] eines einzigen Gebildes sind, und daß sie aneinander grenzen.“

Hiernach erscheint es sehr klar, daß und inwiefern die beiden Killingschen Sätze Weiterentwicklungen sind aus grundlegenden Gedanken, die man schon bei Aristoteles bzw. Thomas vorfinden kann.

Indem ich sodann meinerseits die Sätze Killings benutzte und miteinander verknüpfte, ergab sich mir für den Begriff der „Grenze“ ganz von selbst eine Definition, worin ausgesagt wird, sie sei ein Gebilde, das in irgendeinem Seins- oder Vorstellungsgebiete enthalten ist, und zwar in der eigenartigen Weise, daß es zweien Teilbereichen dieses Allgemeingebietes zugleich angehört, aber weder vom ganzen „Gebiet“, noch von den beiden „Bereichen“ einen **Teil** ausmacht.

Hier liegt nun auch, worauf im früheren schon hingewiesen wurde, der Fall vor, daß die Aussage: A „ist enthalten in“ B und bildet doch „keinen Teil“ von B als Verknüpfung einer Negation mit einer Position die Rolle der „differentia specifica“ spielt. — Beiläufig sei noch angemerkt, daß die Außerachtlassung des von der Mengenlehre (vgl. Hessenbergs Darlegung in Auerbach-Rothes „Jahrbuch“, 1913, S. 70) festgesetzten Unterschieds zwischen „enthalten“ und „umfassen“ mitunter, wenn es sich um die „Elemente einer Menge“ handelt, zu schlimmen Fehlern verleitet.

## III. Endliches und Unendliches im unkörperlichen Raume. Weiterbau auf der von Thomas benutzten Grundlage.

Übersicht:

A. Langenbergs Zusammenfassung der Anschauungen des Thomas. — Zulässigkeit einer unendlichen Ausdehnung bei ein- und zweidimensionalen räumlichen Gebilden. Bezüglich des dreidimensionalen Raumes wird die Zulässigkeit von Thomas nicht eigens erörtert.

B. Der unkörperliche dreidimensionale Raum. Systematische Ausfüllung der von Thomas gelassenen Lücke Schritt vor Schritt auf Grund seiner eigenen vier Axiome. — Jeder neu beigezogene „Punkt" kann die Anzahl der erzielten „Dimensionen" steigern. — Beifügung eines fünften Satzes.

C. Weitere Fragestellungen. — Läßt sich dem fünften noch ein sechster Satz zugesellen? — Unzulänglichkeit unserer menschlichen „Anschauungen". — Die moderne Relativitätstheorie.

A. Langenberg faßt (a. a. O. S. 173) „die Anschauungen des hl. Thomas in folgender Weise zusammen":

„a) Eine unendliche Ausdehnung ist im Gebiete der reinen Geometrie nach einer oder nach zwei Dimensionen möglich; die betreffenden Gebilde sind in wenigstens einer Beziehung unendlich. Dazu gehören Strahlen, Halbstrahlen, Winkelflächen oder andere Flächen, die nach einer Seite hin offen sind, die Ebene ohne nähere Bestimmung, körperliche Ecken u. dgl., während der eigentliche mathematische Körper als allseitig geschlossenes Objekt begrenzt ist; der unkörperliche dreidimensionale Raum wird nicht eigens behandelt.

b) Die Ausschließung des Prädikats ‚unendlich' hängt einzig und allein von der Feststellung einer Grenze nach allen in Frage kommenden Dimensionen ab. Allseitige Grenzen sind aber gegeben durch die geschlossene Gestalt (figura) oder dadurch, daß ein Ding Individualexistenz besitzt."

Unter diesen Aussagen stimmt mit der Auffassung der modernen Mathematik überein zunächst der eigentlich ganz selbstverständliche Satz, daß ein Objekt — von „geschlossener Gestalt" zufolge seiner „allseitigen" Begrenzung nicht als un-endlich (im eigentlichen Sinne dieses Wortes) gelten könne. Das trifft natürlich auch solche Gebilde, die mit dem Namen „mathematische Körper" meist bezeichnet zu werden pflegen. — Übereinstimmung besteht ferner bezüglich der Aussage, daß es bei eindimensionalen und bei zweidimensionalen räumlichen Gebilden zulässig sei, ihnen eine „unendliche Ausdehnung" zuzuschreiben. Einer besondern Besprechung wäre daher nur noch zu unterziehen erstens der Umstand, daß Thomas „den unkörperlichen dreidimensionalen Raum nicht eigens behandelt" und zweitens die Bedeutung seiner „Anschauungen" für körperliche „Dinge". — Im vorliegenden Kapitel soll uns nur der erste Punkt beschäftigen; der ganz besonders wichtige zweite Punkt wird im späteren eingehend erörtert werden.

B. Thomas „behandelt den unkörperlichen dreidimensionalen Raum nicht eigens". Wie erklärt sich das? — Langenberg fragt (S. 176): „Sollte dieses einem Systematiker wie Thomas entgangen sein? Schwerlich; namentlich in den Beispielen in 7 ad 3[1]) lag dieses letzte Glied der logischen Möglichkeiten auf der Hand. Indessen da der absolute Raum weder als Träger noch als Eigenschaft eines Trägers subsistiert, so konnte er ihn nicht aufzählen."

Inwiefern dieser letzte Satz eine triftige Grundangabe enthalte, entzieht sich leider meiner Einsicht, und jedenfalls hat die

---

[1]) Hierauf bezieht sich vermutlich die Stelle bei Langenberg (a. a. O. S. 95): „Ad tertium (nämlich auf das Scheinargument ‚infinito non potest aliquid esse majus') dicendum, quod id, quod est infinitum omnibus modis, non potest esse nisi unum. So, wie der Satz dasteht, möchte man ihn zunächst und ausschließlich auf das infinitum simpliciter sive per essentiam beziehen, also auf Gott. Trotzdem geht er weiter und wird, wie der Zusammenhang lehrt, auch auf das zweite Anwendungsgebiet, die Ausdehnung, bezogen. Die Gesamtheit der modi dieser besteht in der Dreizahl der Dimensionen. In der ein- und zweidimensionalen Ordnung kann es demnach beliebig viele [!] unendliche Dinge geben, ein dreidimensionales kann aber nur in der Einzahl bestehen."

Sachlage an sich viele heutige und frühere Philosophen und Mathematiker durchaus nicht abgehalten, die Endlichkeit bzw. Unendlichkeit des unkörperlichen dreidimensionalen Raumes „eigens zu behandeln". Ich finde sogar, wie gerade die Betrachtungsweise des hl. Thomas einen gangbaren Weg weist, um die (nach Langenberg) übrig gebliebene Lücke der Raumbetrachtung auszufüllen und — auf der von Th. benutzten Unterlage weiterbauend — das Ganze abzurunden. Das sei in folgender einfachen, Schritt für Schritt fortgesetzten Weise versucht. —

Zunächst muß darauf hingewiesen werden, daß Langenbergs kurze Formulierung (a. a. O. S. 95): „In der ein- und zweidimensionalen Ordnung kann es demnach beliebig viele unendliche Dinge geben" vier verschiedene Aussagen enthält, die er dem hl. Thomas zuschreibt, und die nun als axiomatische Beweisunterlagen für unsern Zweck Dienste leisten können.

Diese Sätze lauten:

1) Eindimensionale Raumgebilde dürfen als unendliche in Betracht gezogen werden.
2) Unendliche eindimensionale Raumgebilde dürfen in beliebiger Anzahl in Betracht gezogen werden.
3) Zweidimensionale Raumgebilde dürfen als unendliche in Betracht gezogen werden.
4) Unendliche zweidimensionale Raumgebilde dürfen in beliebiger Anzahl in Betracht gezogen werden.

Haben wir hiermit eine taugliche Unterlage gewonnen, so kommt es nun auch noch darauf an, für die ganze Gedankenentwicklung den richtigen Ausgangspunkt festzustellen. In dieser Hinsicht ist zu bemerken, daß die in obigen Sätzen behandelten „Ordnungen", nämlich die Gebilde von einer und von zwei „Dimensionen" den eigentlichen und gebräuchlichsten Anfangspunkt einer „systematischen" Inbetrachtnahme noch gar nicht treffen. Und man kann mit einer gewissen Berechtigung behaupten, daß die „Gesamtheit der Modi“ bei räumlichen Objekten nicht in der Dreizahl der Dimensionen besteht, sondern mindestens in deren Vierzahl, wobei aber das noch gar nicht miteinbezogen ist, was man heutzutage so oft mit dem Namen der „vierten Dimension“ bezeichnet. Wie verhält sich die Sache?

Hilbert sagt im ersten Paragraphen seiner klassischen „Grundlagen der Geometrie“: „Die Dinge des **ersten** Systems nennen wir **Punkte** ... Die Punkte heißen auch die Elemente der linearen Geometrie“ usw.

Geht man nun zum Zweck eines streng „systematischen“ Aufbaues von diesen „Elementen“ aus, so ist die Anzahl der beim sogenannten „ebenen Euklidischen Raume“ in Betracht zu ziehenden „Dimensionen“ gegeben durch die vier Ziffern: 0, 1, 2, 3. — Den natürlichen Anfang der Betrachtung bildet demgemäß der null-dimensionale einzelne Punkt. Ein solcher sei mit $P_1$ bezeichnet. Was ist über seine „Endlichkeit“ bzw. „Unendlichkeit“ auszusagen? —

Hier tritt der Unterschied in der Anwendung der Worte „sein“ und „haben“ hervor. Ein „Ende“ sein (bzw. beim Fortschritt der Betrachtung ein „Ende“ werden), das kann der Punkt. Aber nicht läßt sich von ihm aussagen, er habe ein „Ende“. Der Punkt hat weder Ende noch Anfang, obschon er beides sein kann. Dabei darf man aber dennoch nicht etwa behaupten, er sei „unendlich“! Dieser eigenartige Sachverhalt ist begründet eben in dem Umstande, daß dem Punkte das, was Dimension, Ausdehnung, Erstreckung heißt, überhaupt fehlt [1]. Das Substantivum „Ende“ läßt sich affirmativ mit dem Begriff „Punkt“ verknüpfen nur durch das Verbum „sein“.

Der nächstfolgende Schritt im „systematischen Aufbau“ besteht nun darin, daß wir dem Punkte $P_1$ einen zweiten Punkt $P_2$ zugesellen, der mit $P_1$ nicht identisch ist (man beachte S. 20 f., Anmerkung).

---

[1]) Vgl. hierzu „Das Endl. u. d. Unendl.“ S. 171.

Dieser Akt hat das höchst bemerkenswerte Ergebnis zur Folge, daß er die Anzahl der in Betracht zu ziehenden „Dimensionen“ um eine Einheit erhöht.

Er führt die Betrachtung von den nulldimensionalen Gebilden von selbst hinüber zu eindimensionalen und hat die Bildung neuer wichtiger Begriffe zur Folge. Unter diesen ist der nächstliegende der Begriff der Linie. Genetisch ableiten aus dem Begriff zweier nichtidentischen Punkte könnte man den Begriff der Linie etwa dadurch, daß man die Nichtidentität zur Identität überleitet, also die Vorstellung eines Punkt-Weges benutzt, d. h. eines Vorgangs, der $P_1$ mit $P_2$ zusammenbringt[1]).

Beide Ausgangspunkte können, solange sie nichtidentisch bleiben, für die Kennzeichnung der „Linie“ (im besonderen Falle des „Punktweges“) zwar schon eine Angabe bilden, ein Unterscheidungs- oder Bestimmungsstück, aber sie „bestimmen“ die „Linie“ damit noch keineswegs genügend, keineswegs einzählig. Die Vielzähligkeit ist vielmehr vorerst noch un-

---

[1]) Wo hier von „Punkt-Wegen“ die Rede ist, handelt es sich um Abstraktionen, die hergeleitet sind von den beobachteten „Bewegungen“ der greifbaren Materie. — Jeden Punkt im Weltenraume erachten wir für befähigt, als Aufenthalt von Materie zu dienen, so daß Materie, wenn sie sich bewegt, ihn zeitweise einnehmen, zeitweise verlassen kann. Thomas hat — wovon später die Rede sein wird — dafür die Bezeichnungen „subintrare“ bzw. „deserere“. Bei solcher „Bewegung“ mag der Raumpunkt also bald leer, bald besetzt sein, nicht aber ist er etwa selber „bewegt“. Darum können zwei Raumpunkte, die „nichtidentisch“ sind, die einen „Abstand“ voneinander haben, diesen Abstand überhaupt nicht verändern, und keine Menschenmacht ist imstande, sie „zusammenzubringen“. Wird daher gesagt, $P_1$ solle mit $P_2$ zusammengebracht werden, so ist das eine abgekürzte Form für den Gedanken: Eine materielle Besetzung von $P_1$ führe irgendeine „Bewegung“ aus, zufolge der sie an den Punkt $P_2$ gelangt (vgl. den Zusatz zu Kap. X). In der abstrakten Geometrie pflegt man von den materiellen Besetzungen der Raumpunkte abzusehen und kurzerhand von „Punkt-Wegen“ zu sprechen. Sehr muß man dabei aber auf der Hut sein vor Gedankenfehlern.

beschränkt, kann aber sehr verringert werden, z. B. durch Einführung des Begriffs der „Richtung". Mit Rücksicht auf die Vertauschbarkeit beider in Betracht genommenen Punkte wird sie damit jedoch immer noch nicht einzählig, denn man erhält zwei Richtungen, die von $P_1$ nach $P_2$ und die von $P_2$ nach $P_1$. Die genaue Einzähligkeit wird erst erzielt durch die Schaffung des Begriffs der „Geraden", so daß man wohl sagen kann, die Gerade $G_{1\,2}$[1]) ist durch die Punkte $P_1$ und $P_2$ einzählig oder eindeutig bestimmt. Aber das trifft auch wiederum nur unter gewissen Vorbehalten zu, zu deren Auseinandersetzung hier der Ort nicht ist[2]).

In diesem Stadium der „systematischen" Entwicklung setzt Thomas ein mit der vorhin angeführten Aussage Nr. 1:

„Eindimensionale Raumgebilde dürfen als unendliche in Betracht gezogen werden."

Hiernach sind wir nicht behindert, die Gerade $G_{1\,2}$ als unendliches Gebilde in Dienst zu stellen, und können nunmehr auch den vorhin erworbenen Begriff der „Richtung" an einen einzelnen Punkt $P_1$ oder $P_2$ und gleichzeitig an $G_{1\,2}$ anknüpfen. Dann erhalten wir diejenigen Gebilde, von denen Thomas sagt, sie seien in einer Hinsicht, d. h. nach einer „Richtung" hin (ebenso wie $G_{1\,2}$) unendlich, in anderer Hinsicht, d. h. nach der andern Richtung hin aber endlich, weil der Punkt $P_1$ oder $P_2$ auftritt in der bestimmten Rolle, die als „ἔσχατον, finis oder terminus, Ende oder Grenze" bezeichnet wird. Diese zugleich begrenzten und unbegrenzten eindimensionalen Gebilde heißen „Strahlen" oder „Halbstrahlen".

---

[1]) Von den Ziffern der Zahl 12, desgleichen auch der nachher noch zu benutzenden andern zwei- bzw. dreistelligen Zahlen bedeutet jede (wie es in der mathematischen Zeichensprache z. B. bei Determinanten üblich ist) für sich einzeln einen „Index".

[2]) Auch die genauere Analyse der Begriffe: Bewegung, Weg, Linie, Gerade, Richtung, Abstand, Krümmung usw. usw. sowie deren gegenseitige Beziehungen muß einem anderen Anlasse vorbehalten bleiben.

Um schließlich in dem „Modus“ der Eindimensionalität auch noch ein Gebilde herzustellen, welches endlich ist ohne zugleich unendlich zu sein, teilt man beiden Punkten $P_1$ und $P_2$ miteinander die Rolle der „Grenze“ zu. Das auf diese Weise erhaltene Objekt heißt „Strecke“ und sei mit $S_{12}$ bezeichnet. „Endlich“ ist $S_{12}$ in dem Sinne, daß es linear, eindeutig und doppelt begrenzt ist; um mit aller Vorsicht über seine „restfreie Ausmeßbarkeit“ — der Begriff des „Messens“ birgt überhaupt Schwierigkeiten — etwas Sicheres aussagen zu können, müssen noch andere Erwägungen angestellt werden, auf die wir hier nicht einzugehen brauchen. —

Nunmehr können wir weiterschreiten und die vorhin unter Nr. 2 angeführte Aussage des hl. Thomas beiziehen, die dahin geht, daß

„unendliche eindimensionale Raumgebilde in beliebiger Anzahl in Betracht genommen werden dürfen“.

Dieser Satz befugt uns, die bisher benutzten beiden Punkte um einen neuen zu vermehren, d. h. einen frei gewählten, weder mit $P_1$ noch mit $P_2$ identischen Punkt $P_3$ hinzuzunehmen. Dann hat dieser Akt wiederum dasselbe bemerkenswerte Ergebnis, das schon bei der erstmaligen Hinzunahme eines neuen Punktes eintrat, nämlich, daß sich

die Anzahl der in Betracht zu ziehenden Dimensionen wiederum um eine Einheit erhöht. —

Wir setzen den neu erworbenen Punkt $P_3$ mit $P_1$ und mit $P_2$ einzeln in Beziehung, dann wiederholt sich alles vorhin über die Gerade $G_{12}$ und die Strecke $S_{12}$ Entwickelte nunmehr für zwei neue Gerade $G_{13}$ bzw. $G_{23}$ und für zwei neue Strecken $S_{13}$ bzw. $S_{23}$. Den Geraden $G_{13}$ und $G_{23}$ dürfen wir nach Thomas' Aussage Nr. 1 das Prädikat der Unendlichkeit beilegen und nach Nr. 2 auch annehmen, daß sie mit $G_{12}$ nicht identisch zu sein brauchen. Ob sie mit ihr identisch sind oder nicht, entscheidet der Mathematiker bekanntlich scharf durch das Verschwinden des aus den Strecken $S_{12}$, $S_{13}$, $S_{23}$ gebildeten Heronischen Produkts (oder einer aus den Koordinaten der drei Punkte hergestellten Determinante dritten Grades). Abgesehen von diesem Einzelfall liefert der Tripel der Punkte ein Kennzeichen für ein zweidimensionales Raumgebilde, und wenn letzteres durch diesen Tripel einzählig gekennzeichnet sein soll, so ist der Begriff der „Ebene" erzielt[1]). Diese möge in ihrer bestimmten Einzähligkeit durch das Symbol $E_{123}$ bezeichnet werden.

Jetzt greifen wir zur dritten Aussage des hl. Thomas, die uns gestattet, der Ebene $E_{123}$ die „Unendlichkeit" zuzuschreiben. Hierfür liegt aber nicht etwa bloß eine Erlaubnis, sondern vielmehr die unausweichliche Notwendigkeit vor. Denn die nach Thomas schon vorher als unendlich angenommene Gerade $G_{12}$ könnte von $E_{123}$ gar nicht beherbergt werden, wenn letztere nicht unendlich wäre. Das eindimensional (gerade) Unendliche kann in einem zweidimensional (ebenen) Endlichen offenbar keine hinlangende Unterkunft finden.

Wie nun in der unendlichen Geraden $G_{12}$ die endliche Strecke $S_{12}$ dadurch hergestellt wurde, daß wir die Punkte $P_1$ und $P_2$ in der Rolle der „Enden" oder „Grenzen" auftreten ließen, so können wir in der „unendlichen" Ebene $E_{123}$ den Strecken $S_{12}$, $S_{13}$, $S_{23}$ die gleiche Aufgabe übertragen, dann erhalten wir als Ergebnis ein rings begrenztes zweidimensionales Raumgebilde, ein Dreieck $D_{123}$[2]), und dieses ist „endlich" im Gegensatz zu der un-

[1]) So im euklidischen Raume. In den verschiedenen nichteuklidischen — auf die aber hier nicht näher eingegangen zu werden braucht — liegt die Sache anders.

[2]) Zur Vermeidung gewisser Mißverständnisse, die hier leicht entstehen könnten, ist in doppelter Hinsicht eine Zuschärfung notwendig. — Der Gebrauch des Heronischen Produkts als „Kriterium" setzt den Begriff des Messens (allgemeiner den der Strecken-Vergleichung) voraus, einen Begriff, der zwar bei Zugrundelegung des Newtonschen Axioms vom „absoluten Raum" auf einem altgewohnten Fundamente ruht, dieses aber beim Übergang zur „Relativitätstheorie" verliert und somit auf einer neuen Unterlage eigens

endlichen Ebene $E_{123}$. Über die restlose Ausmeßbarkeit von $D_{123}$ müssen noch andere, hier aber nicht in Betracht kommende Fragen entscheiden.

Nunmehr führen wir die „Systematik" an der Hand des hl. Thomas wiederum weiter, indem wir als Wegweiser dessen Satz Nr. 4 benutzen, der besagt:

---

abgeleitet werden muß. — Sodann ist über ein- und zweidimensionale Gebilde noch etwas Besonderes zu sagen.

Jedesmal, wenn das Heronische Produkt nicht verschwindet, entsteht durch die Strecken $S_{12}$, $S_{23}$, $S_{31}$ ein Dreieck. Das Wort Dreieck aber bedeutet zweierlei, entweder ein flächenhaftes oder ein linienhaftes Etwas. Offensichtlich ist ersteres zweidimensional; wie aber verhält es sich mit letzterem? — Die Behauptung, es sei eindimensional, ist landläufig, aber sehr anfechtbar, und in der Tat erscheint sie mehr falsch als richtig. Richtig ist, daß der Umfang eines Dreiecks sich zusammensetzt aus eindimensionalen Gebilden, daß er restlos übertragbar ist auf eine Gerade, und daß sein Ausmaß also dargestellt werden kann durch das Vielfache einer eindimensionalen Einheit. Falsch hingegen ist, daß der Umfang des Dreiecks als Ganzes gelagert sei in einem eindimensionalen Gebilde, daß zur Ausgestaltung des für ihn kennzeichnenden Daseins eine einzige Raumdimension ausreiche. Und eben, weil für seine Eigenart als Dreiecksumfang **eine** nicht ausreicht und **zwei** Raumdimensionen unentbehrlich sind, erscheint es sachlich zutreffender, diesen Umfang als **zweidimensionales** Gebilde in Betracht zu nehmen.

Ganz dasselbe gilt ferner auch dann, wenn man die Eckpunkte $P_1$, $P_2$, $P_3$, anstatt durch die gebrochene Linie, welche den Umfang des Dreiecks bildet, durch eine ebene Kurve miteinander verbindet. In diesem Falle gibt sich die Zweidimensionalität des Gebildes sofort dadurch zu erkennen, daß der Mathematiker für die analytische Darstellung der Kurve eine Gleichung mit zwei Variabeln zu verwenden pflegt. Und so läßt sich auch der Begriff der Krümmung einer Linie ableiten, indem man sagt: Eine Linie ist gekrümmt, wenn die geraden Abstände irgend dreier der Linie angehörenden Punkte die Eigenschaft haben, daß das Heronische Produkt nicht verschwindet. Hinzusetzen kann man dann noch den Satz: Durch das Krümmen eines bislang bloß eindimensionalen Gebildes wird die Dimensionenzahl seiner Maßeinheit nicht geändert, aber die Anzahl der für die Gestaltung des Objekts erforderlichen Dimensionen erhöht sich um mindestens eine Einheit.

„Unendliche zweidimensionale Raumgebilde können in beliebiger Anzahl in Betracht gezogen werden."

Durch diese Erklärung wird uns die Möglichkeit gegeben, die Zahl der in Betracht gezogenen Punkte nochmals um eine Einheit zu vermehren, also den drei bis jetzt behandelten noch einen vierten, mit keinem vorherigen identischen Punkt $P_4$ zuzugesellen. Dann stellt sich auch hier wieder das nämliche, schon zweimal betrachtete Ergebnis ein, daß mit Zuziehung eines neuen Punktes die Anzahl der in Betracht kommenden „Dimensionen" sich um eine Einheit erhöht. —

Zunächst ist ersichtlich, daß wir auf die schon erörterte Weise zu drei neuen unendlichen Geraden $G_{14}$, $G_{24}$, $G_{34}$, zu drei neuen Strecken $S_{14}$, $S_{24}$, $S_{34}$, drei neuen unendlichen Ebenen $E_{124}$, $E_{134}$, $E_{234}$, drei neuen Dreiecken $D_{124}$, $D_{134}$, $D_{234}$ gelangen. In einem Einzelfall, der von der Mathematik durch das Verschwinden einer aus den sechs Strecken gebildeten Determinante fünften Grades (vgl. Wellstein, Enzyklopädie" II, S. 583) gekennzeichnet ist, sind die vier Ebenen identisch, so daß das ganze Gebilde in nur zwei Dimensionen verbleibt. In allen andern Fällen reichen zwei Dimensionen zur Aufnahme der vier Ebenen nicht aus. Läßt nun Thomas diese letzteren nach seinem obigen Satze Nr. 4 unendlich sein, so ist damit entschieden, daß ihre Herberge, ihr Aufenthalt, ihr Behälter, nicht endlich sein kann. Die etwaigen „Grenzen" des letzteren würden ja auch die ersteren, sowie nicht minder die darin vorfindlichen unendlichen Linien abgrenzen[1]). Contra hypothesin!

C. Auf die dargelegte Weise läßt sich also aus den von Langenberg wiedergegebenen Sätzen des hl. Thomas

[1]) Eines Domes Pfeiler (bzw. deren Achsen) und Wände (bzw. deren Oberflächen) können nicht höher hinaufreichen, als der Dom selber reicht. Das gilt gleicherweise von körperhaften wie von gedachten Domen, Pfeilern und Wänden. Himmelhohe Pfeiler in einen niedrigeren Dom hineinzusetzen, würde selbst das Märchen wohl kaum wagen.

durch eine systematische Entwicklung (die ich natürlich nicht als etwas Neues hinstellen will, obschon ich mich nicht erinnere, sie schon irgendwo gefunden zu haben) dartun, daß, im Falle jene Sätze richtig sind, auch der **dreidimensionale** Raum die Eigenschaft der „Unendlichkeit" in demselben Sinne besitzen muß, in dem ein- und zweidimensionalen Gebilden diese Eigenschaft zugeschrieben wird.

Damit erscheint „der unkörperliche dreidimensionale Raum", den Thomas (gemäß der Aussage Langenbergs) „nicht eigens behandelt hat", auf speziell thomistischer und wiederum auch auf modern mathematischer Grundlage in bezug auf die Beeigenschaftung der Unendlichkeit „systematisch" erledigt.

Nun könnte man wohl fragen: Muß denn der „systematische Aufbau" überhaupt hier stillstehen, da doch den vier schon benutzten Sätzen des hl. Thomas nunmehr ein fünfter angereiht werden kann des Inhalts, daß auch die Dreidimensionalität eines Raumgebildes kein Hindernis bildet, um ihm Unendlichkeit zuzuschreiben? — Könnte man also in dem erprobten Stile nicht einfach weiter bauen, einen Punkt $P_5$ heranziehen und den auf die gleiche Art verwerten, wie vorhin $P_2$, $P_3$, $P_4$ verwertet worden sind? —

Dem steht nichts im Wege, und es würde sich dadurch nach Analogie auch wieder dasselbe Ergebnis ableiten lassen, was die Zuziehung eines neuen Punktes vorhin jedesmal begleitet hat, nämlich, daß die Dimensionalzahl um eine Einheit erhöht [1]) wird,

---

[1]) Auf seiten der Mathematik kommt dann auch die Möglichkeit in Betracht, ähnlich wie es beim Übergang aus der ersten in die zweite Dimension durch das Verschwinden der Heronischen Wurzel, beim Übergang aus der zweiten in die dritte Dimension durch das Verschwinden der Wellsteinschen Determinante geschieht, so auch beim etwaigen Übergang von der dritten in die vierte Dimension mit Hilfe irgendeines Algorithmus ein Kriterium herzustellen behufs Entscheidung der Frage, ob $P_5$ im dreidimensionalen Raume befindlich sein kann oder nicht. Ein Weg dazu ist aber meines Wissens noch nicht gebahnt. Hier ließen sich als Fortsetzung der Anmerkung zu S. 34 noch Erwägungen anschließen über die Krümmung der Flächen und die betr. Erhöhung der Dimensionenzahl.

wenn obigem fünften Satz ein sechster beigefügt werden dürfte, der besagt:

Unendliche dreidimensionale Raumgebilde können in beliebiger Anzahl in Betracht gezogen werden.

Hier aber stockt die Sache. Thomas erklärt, das gehe nicht an, ein solches Raumgebilde könne es nur in der Einzahl geben, „non potest esse nisi unum" (vgl. S. 27, Anm.).

Warum? — Weil mit den drei Dimensionen alle „Modi" erschöpft sind, „est infinitum omnibus modis" [1]).

Woher weiß man das denn?

Aus der Anschauung. Wir haben eine Anschauung nur von einer dreifachen Mannigfaltigkeit im Raume.

Entspricht unsere Anschauung dem wirklichen Sachverhalt denn immer? Haben wir keine Proben vom Gegenteil?

---

[1]) Auch noch in einer anderen Richtung läßt sich die Raumbetrachtung auf Grund eines Thomistischen Satzes fortentwickeln. Wenn Thomas nämlich, wie bereits angeführt, erklärt: „Nihil prohibet aliquid esse infinitum uno modo, quod est alio modo finitum", so leitet dieser Gedanke uns bei eindimensionalen Gebilden zum Begriff des Halbstrahls, bei zweidimensionalen zum Begriff der Halbebene, des Parallelstreifens und des Winkelfeldes. Jedes dieser Objekte ist ein „aliquid uno modo infinitum, alio modo finitum"; jedes von diesen kann nach Thomas in der Einzahl und in der Mehrzahl in Betracht gezogen werden. Nun braucht man von solcher Mehrzahl aber bloß drei passend gewählte Winkelfelder auf geschickte Weise zu vereinigen, dann bilden sie eine Ecke und umschließen ein dreidimensionales Raumgebilde, welches seinerseits auch wiederum aufgefaßt werden kann als ein „aliquid uno modo infinitum, alio modo finitum". Wenn nun die Stereometrie von solchen Gebilden um ein und denselben Eckpunkt herum beliebig viele konstruiert, deren keines in das Gebiet irgendeines anderen hineinragt, so hat sie die thomistischen Vorstellungen erweitert mit dem Ergebnis, daß auch dreidimensionale Raumgebilde als unendlich und dabei doch in beliebiger Anzahl denkbar sind. — Ähnliches läßt sich von einer Mehrheit unendlicher prismatischer Räume entwickeln. Immerhin gilt das Gesagte aber offenbar nur von solchen dreidimensionalen Gebilden, die „zugleich endlich und unendlich" sind.

Allerdings haben wir solche Proben. So z. B. entnahmen die Menschen das Stillestehen einer scheibenförmigen Erde, die Starrheit des „Firmaments“, die Schwerlosigkeit der Luft usw. Jahrtausende hindurch der Anschauung, bis gewisse Tatsachen der Erfahrung sie überzeugten, daß die Anschauung täuscht.

Könnte also die Anschauung, daß der Raum nur drei (von null verschiedene) „Modi“ darbiete, nicht auch irrig sein?

Freilich, aber wer dafür keine genügend beweisenden Proben hat, bleibt bis auf weiteres dabei. Dieser Umstand bildet jedoch kein Hindernis, verstandesgemäß auch gewisse Folgen zu untersuchen, die sich aus einer Vermehrung der Raumdimensionen erschließen lassen, also einen 4-, 5-, n-dimensionalen Raum der logischen Betrachtung zu unterziehen. — Von hervorragender physikalischer Wichtigkeit ist in dieser Beziehung noch besonders die vierdimensionale „Relativitätstheorie“, deren Besprechung ich mir für einen andern Anlaß vorbehalten möchte.

Zweite Abteilung.

# Die Körperwelt.

## IV. Der physikalische Körper und seine Endlichkeit nach Thomas.

Übersicht:

Fortschritt vom unkörperlichen Raum zum physikalischen Ding.

A. Über die Eigenart einer von Langenberg behaupteten Abhängigkeit. Die Ausschließung des Prädikats „unendlich" soll nach L. von der Feststellung gewisser Grenzen abhängen. Was ergibt sich daraus für den Fall, daß überhaupt keine Grenzen festgestellt sind? — Beispiele. — Erkennungsmittel.

B. Bezugsetzung zwischen den Begriffen „figura" und „corpus naturale" bei Thomas. — Eine Thomasstelle und Peschs Zitat derselben weisen Unterschiede auf. — „Figura" bedeutet Grenzbehaftung. Ob auch allseitige, steht noch dahin.

C. Bezugsetzung zwischen den Begriffen „superficies" und „corpus naturale" bei Thomas. Der in Betracht kommende Satz des Th. läßt ungewiß, ob er als Definition von der „superficies" oder des „corpus naturale" gelten soll. — Muß die „superficies" eine geschlossene Fläche sein? — Beispiele. — Zwei physikalische Axiome des Thomas.

D. Die physikalischen Axiome des Th. und die neuzeitliche Physik. — Die Aggregatzustände der Materie im Hinblick auf die superficies. — Beide thomistischen Axiome erscheinen heutzutage unzuverlässig. — Langenberg stellt als zweite Sicherung für die Endlichkeit eines Objekts dessen „Individualexistenz" hin.

Im Gegensatz zum vorigen Kapitel, das sich mit Gebilden im unkörperlichen Raume befaßte, soll nunmehr der materiell erfüllte Raum, das „physikalische Ding" Gegenstand der Erörterung sein. Hierfür kommt von der auf S. 26 mitgeteilten Stelle, in der Langenberg „die Anschauungen des hl. Thomas zusammenfaßt", vornehmlich der zweite Abschnitt in Betracht, der lautete:

„b) Die Ausschließung des Prädikats ‚unendlich' hängt einzig und allein von der Feststellung einer Grenze nach allen in Frage kommenden Dimensionen ab [!]. Allseitige Grenzen sind aber gegeben durch die geschlossene Gestalt (figura) oder dadurch, daß ein Ding Individualexistenz besitzt."

Dieser Satz Langenbergs umfaßt vielerlei und gibt Anlaß zu einer Reihe von Erwägungen.

### A. Über die Eigenart der von Langenberg behaupteten Abhängigkeit.

Hängt die Ausschließung des Prädikats „unendlich" von der Feststellung gewisser „Grenzen" ab, so ist von vornherein sehr klar, daß in bezug auf jede einzelne räumliche Erstreckung, bei der das Vorhandensein einer „Grenze" festgestellt ist, das Prädikat „unbegrenzt" bzw. „unendlich" sich verbietet. Wie aber — und das erscheint als die wichtigere Frage — verhält sich die Sache, wenn in bezug auf irgendeine räumliche Erstreckung keine Grenze festgestellt ist? —

Offenbar wäre es unvernünftig, die Nichtfeststellung der Endlichkeit bereits als „Erkennungsmittel der Unendlichkeit" betrachten und verwerten zu wollen. — So vermochte z. B. die Naturbeobachtung des Altertums nicht, ein „Ende" des die Erde überlagernden Luftmeeres als vorhanden festzustellen, aber meines Wissens hat doch niemand diesen Umstand als hinreichend erachtet zur kategorischen[1]) Aussage, das Luftmeer sei endlos. Daß wir heutzutage dessen Begrenztheit be-

[1]) Thomas schreibt (S. Th. I, q. 14, a. 12) allerdings: „Dato enim, quod essent aliqua infinita actu . . . secundum quantitatem continuam, ut si esset aër infinitus, ut quidam antiqui dixerunt, tamen etc." Von wem, auf welchen Grund hin und mit welcher Bestimmtheit diese Behauptung von jenen „Alten" auf-

haupten (mit gewissen Einschränkungen), geschieht auf Grund anderweitiger, dem Altertum noch unbekannter Beobachtungen.

Beim Fehlen einer Grenzfeststellung steht also die Endlichkeit oder Unendlichkeit des betr. Objektes zunächst noch dahin und wir müssen zusehen, ob es für diesen Fall ein „Erkennungsmittel der Unendlichkeit" überhaupt gibt.

Langenberg nennt ein solches, indem er (a. a. O. S. 89) anknüpfend an den Ausspruch des Thomas: „Infinitum transiri non potest neque a finito neque ab infinito" (S. Th. I q. 14, a. 12) schreibt: „Die Unmöglichkeit des transire ist Kennzeichen für das Unendliche." Das stimmt überein mit der früheren Stelle (S. 85), wo der Gedanke des „transiri non potest" in einer andern Form ausgedrückt ist und wo Langenberg bemerkt, die Definition: „Infinitum est, cujus quantitatem accipientibus semper est aliquid extra sumere" stamme von Aristoteles her und liefere das Kriterium der Unendlichkeit für unser Erkenntnisvermögen" (vgl. S. 12).

Nun gibt es allerdings „Mengen" von einer ganz besondern Art, bei denen dieses „Kriterium der Unendlichkeit" in der Tat benutzbar ist und zum Ziele führt (wir werden später davon zu reden haben), aber wenn es sich, wie bei der hier vorliegenden Erörterung, noch gar nicht um eine Menge von Dingen, sondern vorerst um das „Ding für sich allein" handelt, so ist uns mit diesem „Kriterium" nicht endgültig geholfen; denn man wird sofort fragen: Welches Erkennungsmittel haben wir denn dafür, daß ein in Erwägung gezogenes ausgedehntes Objekt überhaupt „non potest transiri"? Oder dafür, daß es bei ihm „semper aliquid extra sumere" gibt? — Hier liegt eine noch unbehobene Schwierigkeit vor.

Wenden wir uns also wieder zurück zu der Erklärung Langenbergs: „Allseitige Grenzen sind gegeben durch die

---

gestellt worden sei, darüber finde ich bei Thomas keine Mitteilung. Daß sie mit dem Ptolemäischen System von übereinandergelagerten Kugelschalen nicht in Einklang steht, sieht man leicht.

geschlossene Gestalt, die figura", einem Satze, dem ja auch die physikalischen Objekte unterliegen sollen. Welche Förderung erwächst daraus für den vorliegenden Zweck?

### B. Bezugsetzung zwischen den Begriffen „figura" und „corpus naturale" bei Thomas.

Eine solche Bezugsetzung scheint unmittelbar hervorzugehen aus einer Stelle bei T. Pesch („Instit. logic." II 2, p. 321), worin aus Thomas angeführt wird:

„Omne corpus naturale aliquam formam substantialem habet determinatam; quum igitur ad formam substantialem consequantur accidentia, necesse est, quod ad determinatam formam consequantur determinata accidentia, inter quae est quantitas. Unde omne corpus naturale habet determinatam qualitatem [1]) et in majus et in minus. [!] Unde quum forma quanti, inquantum hujusmodi, sit figura, oportebit, quod habeat aliquam figuram. S. Th., Summ. theol. I, q. 7 a. 3."

Dieses Zitat verknüpft, wenn man seinen Anfang und sein Ende beachtet (so wie Pesch es bringt), den Begriff des „corpus naturale" unvermittelt mit dem Begriff „figura". Bei Thomas selbst hingegen stellt sich die Sache etwas anders dar. An der von mir durch ein Ausrufungszeichen angedeuteten Stelle fährt Thomas gemäß dem mir vorliegenden Texte nicht mit Peschs Worten: „Unde quum etc." fort, sondern er folgert zunächst: „Unde impossibile est, aliquod corpus naturale infinitum esse." Dann macht er mit der Wendung: „Hoc etiam ex motu patet etc." einen Abstecher auf ein ganz anderes Gebiet, nämlich auf das Problem der Bewegung eines Körpers im Raume (ich gedenke später darauf zurückzukommen), verläßt diesen Gedanken aber wieder und wendet sich im Gegensatz zu dem vorhin besprochenen „corpus naturale" dem „corpus mathematicum" zu, indem er sagt:

„De corpore etiam mathematico eadem ratio est, quia si imaginemur corpus mathematicum existens actu, oportet, quod imagine-

---

[1]) In der Forzanischen Ausgabe der „Summa Theologica" steht an dieser Stelle das Wort „quantitatem".

mur ipsum sub aliqua forma, quia nihil est actu, nisi per suam formam."

Und nachher erst, unmittelbar anschließend also an die Betrachtung des „corpus mathematicum", folgt Peschs Text:

„Unde, quum forma quanti, inquantum hujusmodi, sit figura, oportebit, quod habeat aliquam figuram."

Thomas fügt noch bei: „et sic erit finitum; est enim figura, quae termino, vel terminis comprehenditur." Aus diesem Schlußsatz kann man nun wieder den allgemeineren, für das „corpus mathematicum" und das „corpus naturale" zugleich geltenden Gedanken entnehmen, daß unter der „figura" ein Etwas zu verstehen sei, das aus einer oder aus mehreren Grenzbehaftungen erfaßt werde. Dabei bleibt aber immer noch die Frage übrig, ob einem Betrachtungsobjekt auch dann der Besitz einer „figura" zugeschrieben werden darf, wenn es zwar in gewisser, aber doch nicht in jeder Hinsicht Grenzbehaftung erkennen läßt. Mit andern Worten, wenn es zu den von Thomas zugelassenen Objekten gehört, die er nennt: „aliquid uno modo infinitum, alio modo finitum." — Diese Frage ist eigentlich die wichtigere, und sie bleibt einstweilen noch offen.

### C. Bezugsetzung zwischen den Begriffen „superficies" und „corpus naturale" bei Thomas.

Über diese findet sich S. Th. I, q. 7 a. 3 die Stelle:

„Sed contra. Omne corpus superficiem habet: sed omne corpus superficiem habens est finitum, quia superficies est terminus corporis finiti; ergo omnis corpus est finitum. Et similiter potest dici de superficie, et linea; nihil [!] est ergo infinitum secundum magnitudinem." [1])

---

[1]) Thomas fährt hier fort: „Respondeo dicendum, quod aliud est esse infinitum secundum suam essentiam, et secundum magnitudinem. Dato enim, quod esset aliquod corpus infinitum [1] secundum magnitudinem, utpote ignis, vel aër, non tamen esset infinitum [2] secundum essentiam, quia essentia sua esset terminata ad aliquam speciem per formam, et ad aliquod individuum per materiam. Et

Zunächst sei bemerkt, daß in dem allgemeinen Begriff des „corpus" der besondere des „corpus naturale" offenbar mit eingeschlossen ist. — Man darf nun aber einigermaßen zweifeln, ob Thomas unter seinem „Sed contra" hier Gedanken und Überzeugungen ausspricht, die er selber teilt und vertritt, und dieser Zweifel wird genährt durch den überkühnen Sprung auf das „nihil", den der Schlußsatz bringt.

Langenberg führt die Stelle (a. a. O. S. 173) an in einem

---

ideo habito ex praemissis, quod nulla creatura est infinita [2] secundum essentiam, adhuc restat inquirere, utrum aliquid creatum sit infinitum [1] secundum magnitudinem." — Höchst bedauerlich ist hier die Mehrdeutigkeit des Wortes „infinitum". Das „infinitum Nr. 1" hat nämlich einen völlig andern Sinn als das „infinitum Nr. 2". Und es wäre, da es sich doch hier um eine Beweisführung handelt, gewiß wünschenswert gewesen, die Verschiedenheit des Sinnes durch eine Verschiedenheit in der Wortwahl zu kennzeichnen. Das „infinitum Nr. 1" ist im ursprünglichen, Nr. 2 hingegen im metaphorischen Sinne aufgefaßt. So könnte man beispielsweise sagen: Wenn Adolf Menzel auch kein großer (1) Mann war secundum magnitudinem, so war er doch ein großer (2) Mann secundum artem pingendi. — Mag solcher Wechsel der Sinnunterlegung in tausend Fällen ohne Schaden sein, so hat man sich doch bei Beweisführungen sehr davor zu hüten als vor einer äußerst gefährlichen Fehlerquelle. — Inwiefern gerade beim „finitum" und „infinitum" der Unterschied zwischen ursprünglicher und übertragener Sinnunterlegung eine wichtige Rolle spielt, habe ich mehrfach schon auseinandergesetzt und muß wegen eines besonderen Falles im folgenden nochmals darauf zurückkommen. —

Thomas fährt übrigens an obiger Stelle noch weiter fort: „Sciendum est igitur, quod corpus, quod est magnitudo completa, dupliciter sumitur, scilicet mathematice, secundum quod consideratur in eo sola quantitas, et naturaliter, secundum quod consideratur in eo materia et forma. Et de corpore quidem naturali, quod non possit esse infinitum in actu, manifestum est. Nam omne corpus naturale aliquam formam substantialem habet determinatam; cum igitur ad formam substantialem consequantur accidentia, necesse est, quod ad determinatam formam consequantur determinata accidentia, inter quae est quantitas. Unde omne corpus naturale (3. Phys. tex. 40) habet determinatam quantitatem et in majus et in minus. Unde impossibile est, aliquod corpus naturale infinitum esse."

Zusammenhange, der die Annahme gestattet, daß er darin in der Tat den Ausdruck thomistischer Anschauungen erblicke. Er bezeichnet sie als „einen kurzen Beweis [der Endlichkeit], welcher für physikalische wie für mathematische Körper gilt".

Schreiben wir dementsprechend die vorgetragenen Gedanken dem hl. Thomas zu, so können wir darin erblicken thomistische Begriffsdefinitionen oder thomistische Axiome physikalischen Inhalts, oder beides zugleich. Reden wir zunächst von den

Begriffsdefinitionen.

Bei solchen sind, wie früher erwähnt, im allgemeinen zu unterscheiden:

Grundbegriffe, die als gegeben benutzt, und

Arbeitsbegriffe, die mit Hilfe jener definiert und dann bei der dialektischen Arbeit in Urteilen und Schlüssen verwendet werden. — Nun aber ist bei den in Rede stehenden Sätzen aus Thomas keineswegs von vornherein klar, welche von den vier Begriffen: „corpus, terminus, finis, superficies" als Grund- und welche als Arbeitsbegriffe zu gelten haben. Werden corpus, terminus und finis als gegebene, als Grundbegriffe genommen, so ist der Satz: „superficies est terminus corporis finiti" eine Definition des Begriffs „superficies". Wenn aber umgekehrt der Begriff superficies als ein aus der Anschauung bekannter vorausgesetzt wird, so darf man den Satz: „omne corpus superficiem habet" als eine Definition des Begriffs „corpus" betrachten in dem Sinne: Was keine „Oberfläche" hat, das nenne ich eben auch nicht „Körper".

Ähnliches drückt Langenberg aus mit dem Satze: „Jeder Körper muß [und zwar] seinem Begriffe nach eine Oberfläche haben." Gleich darauf geht L. jedoch einen bedeutungsvollen Schritt weiter und erklärt: „Das Vorhandensein einer Oberfläche, die ja etwas Geschlossenes [!] ist, ist aber gleichbedeutend mit allseitiger Begrenzung."

Wieso das? — Hier ist eine Zwischenfrage nötig: Muß denn eine „Oberfläche" immer und ohne weiteres „etwas Geschlossenes" sein? —

Daß Erde und Meer eine „Oberfläche" haben, war den Menschen aus der „Anschauung" von jeher geläufig. Daß diese Oberfläche aber nun auch „etwas Geschlossenes" sei, wußten sie darum noch lange nicht! Sie haben es vermutet, haben es wohl bejaht und verneint, aber bis es ihnen gewiß war, sind wohl noch Jahrtausende vergangen. — Der Begriff der Oberfläche fällt freilich, wie überhaupt der Begriff der „Fläche" in seiner Bezugsetzung zum Begriff des Körpers unter den allgemeinen Begriff der „Grenze", aber die „Allseitigkeit" der Grenze, die „Geschlossenheit" der Fläche ist noch eine Sache für sich, ist eine begriffliche Zutat, die als solche hervorgehoben und besonders gekennzeichnet werden muß. Die exakte Wissenschaft nämlich, und zwar nicht bloß die Mathematik, sondern die Naturlehre desgleichen, kennt auch ungeschlossene „Oberflächen". So behandelt die Kristallographie in mehreren Kristallsystemen die sogenannten „offenen Formen" der „Prismen" und „Pinakoide". Die analytische Mechanik untersucht und berechnet genau die Anziehung, die ein „unendlicher hohler Zylinder" sowohl auf einen inneren wie auf einen äußeren Massenpunkt ausübt (vgl. Duhamel-Schlömilchs „Lehrbuch" I, S. 198). — Nebenbei mag hier auch noch an den mehrfach erwähnten unendlich langen „Draht" Gutberlets erinnert und gefragt werden, ob bei ihm der Besitz der Oberfläche „gleichbedeutend war mit allseitiger Begrenzung". —

Der Satz: „omne corpus [naturale] habet superficiem" läßt sich also, insofern man eine Definition[1]) darin findet, auffassen in dem schon erwähnten terminologischen Sinne: Wenn es etwas gibt, das keine (geschlossene) Oberfläche be-

---

[1]) Kurz gefaßt ließe sich diese Definition ausdrücken in der Form: Unter einem Körper versteht man ein Gebilde, das von einer zusammenhängend geschlossenen Fläche umhüllt ist.

sitzt, so gehört es eben nicht zu den Dingen, die Thomas durch das Wort „corpus" kennzeichnet. Ganz dieselbe Terminologie dehnt sich dann von selbst aus auf die Folgerung: „ergo omne corpus est finitum". Gibt es etwas, das seiner Ausdehnung nach nicht „finitum" ist, so gebührt ihm auch nicht der Name „corpus" in der Auffassung des Thomas.

Nun wird man aber keinen Augenblick zweifeln, daß mit solcher „Nominaldefinition" die Absicht des Aquinaten nicht erschöpft ist, daß also auch Aussagen von physikalischem Inhalt darin erblickt werden müssen, Aussagen, die wir — da sie ohne Beweisbeifügung hingestellt sind — bezeichnen dürfen als

Physikalische Axiome.

Deren können mit Rücksicht einerseits auf die Bezeichnung corpus naturale, andererseits auf das vorangesetzte „omne" zwei inhaltlich verschiedene aufgezeigt und voneinander getrennt werden, nämlich:

I. In der materiellen Welt (im „Kosmos") gibt es Dinge $D_1$, $D_2$, $D_3$ usw. von der kennzeichnenden Eigenschaft, daß jedes für sich („Körper" genannt) bloß innerhalb einer zusammenhängend geschlossenen Raumfläche Dasein hat.

II. Dinge, denen das Kennzeichen der D nicht eigen ist, gibt es im Kosmos nicht.

### D. Die physikalischen Axiome des hl. Thomas und die neuzeitliche Physik.

Über die Beziehung der thomistischen Aussage zur Welt der Dinge sagt Langenberg:

„Thomas entscheidet die Frage der Existenz des Unendlichen also, wie man sieht, nicht von einer Definition des Unendlichen aus, sondern untersucht die Objekte der konkreten Wirklichkeit und des Denkens daraufhin, ob in ihnen Grenzen nachweisbar sind, und ob auf Grund des

Befundes die Aussage ‚unendlich' zu verweigern ist oder nicht."

Indem Thomas die „Objekte der konkreten Wirklichkeit untersuchte" und seinen „Befund" erwog, konnte er natürlich nicht hinauskommen über das, was ihm selbst und seinen Zeitgenossen über diese Wirklichkeit bekannt war. Und es ist, ohne daß daraus für Thomas der leiseste Tadel erwüchse, nicht ausgeschlossen, sondern von vornherein sehr wahrscheinlich, daß seit jener Zeit unsere Kenntnisse von den in Betracht kommenden „Objekten der konkreten Wirklichkeit" Fortschritte gemacht haben. —

Bei Benutzung der Worte „corpus" und „superficies" hat Thomas zweifellos vornehmlich an feste, weniger an flüssige oder luftförmige Körper gedacht. Die Physik der sogenannten „Aggregatzustände" und namentlich die Tatsache, daß die drei uns näher bekannten, vielfach ganz ohne sichere Marke kontinuierlich ineinander übergehen können, war dem Altertum und Mittelalter noch unbekannt. Die „superficies" als physikalischer Begriff, als Bezeichnung für eine genau feststellbare Eigentümlichkeit materieller Substanzen, ist daher für uns ins Schwanken gekommen und zur Unterlage einer exakten Definition nicht füglich mehr brauchbar; ihr Wert ist, in aller Strenge genommen, nur noch für die Geometrie in Geltung.

In der Tat: wenn z. B. Zöllner sagt, wo ein Ding wirkt, da ist es auch; seine Gravitationswirkung ist aber unbegrenzt: wo befindet sich dann seine „superficies" [1])? — Wenn der be-

---

[1]) Eine vorsichtige Physik wird Fragen von dieser Art nicht als endgültig abgetane einfach von der Hand weisen. Über Zöllners Behandlung des Grundproblems: „Ubi est corpus" vgl. meine Schrift: „Das Rätsel von der Schwerkraft" (Braunschweig 1879) S. 20 f. Zöllner erwähnt („Erklärung der universellen Gravitation", Leipzig 1882, S. 4) auch einen Ausspruch von Faraday, der lautet: „Das kleinste Atom von Materie auf der Erde wirkt direkt (acts directly) auf das kleinste Atom auf der Sonne, obgleich 95 Millionen (englische) Meilen dazwischen liegen. Denn die Gravitation ist eine Eigenschaft

rühmte Jesuit R. J. Boscowich („Philosophiae naturalis Theoria, redacta ad unicam legem virium in natura existentium", Wien 1759. Vgl. Rosenberger: „Geschichte der Physik", II, S. 331, und Zöllner: „Erklärung der universellen Gravitation", S. 3) lehrt: „Die Materie besteht aus unausgedehnten Punkten", also aus Gebilden, die selber gar keine superficies haben, und aus denen man auch nichts Zweidimensionales, keine Fläche, keine „superficies" zusammensetzen kann: welch genauen Sinn hat dann das Wort „superficies corporis"? — Schwierig wird diese Frage auch angesichts der Monadenlehren von Leibniz, Herbart und Lotze.

Thomas leitet auch schon selber seine Gedanken hin auf physikalische Objekte, bei denen der Besitz einer Oberfläche ungewiß erscheint, nämlich auf „ignis" und „aër" [1]). Das sind

der Materie, welche von einer gewissen Kraft abhängt, und diese Kraft ist es, welche die Materie konstituiert. Nach dieser Anschauung ist die Materie nicht nur wechselseitig durchdringlich, sondern jedes Atom dehnt sich sozusagen durch unser ganzes Sonnensystem aus, wobei es jedoch stets sein eigenes Kraftzentrum behält."

[1]) Diese Andeutung liegt vor in dem vorhin (S. 43, Anm.) angeführten Satze: „Dato enim, quod esset aliquod corpus infinitum secundum magnitudinem, utpote ignis et aër etc." Sehr geschickt hat Thomas hier „Feuer" und „Luft" (deren überaus enger physikalischer Zusammenhang zu seiner Zeit wohl kaum richtig beurteilt wurde) ausgewählt als Beispiele von Naturdingen, bei denen der Besitz einer „superficies" schon damals zweifelhaft erscheinen mochte. Eben die nämlichen Dinge sind nun aber auch geeignet zu einer Betrachtung in betreff gewisser „Oberflächen", deren Annahme überhaupt auf Täuschung bzw. auf Unzulänglichkeit unserer Sinneswahrnehmung beruht. — Es kommt vor, daß man beim „ignis" eine „Oberfläche", und zwar eine „allseitige Begrenzung" glaubt feststellen zu können. So findet sich in den gebräuchlichen physikalisch-chemischen Kompendien eine Beschreibung der „Kerzenflamme", dahingehend, daß sie aus drei deutlich abgegrenzten Teilen bestehe, einem dunklen Kern, einer helleuchtenden Mittelschicht mit spitzem Ende und einer schwachblauen Hülle. In Wahrheit aber ist die scheinbar „ruhende Flamme" nichts anderes als ein unaufhörlicher Wechsel

von den „vier Elementen“, die zu seiner Zeit meist als Grundstoffe galten, deren zwei. Für die beiden übrigen: Erde und Wasser, könnte ihm also die „superficies“ als eine erkennbare Eigentümlichkeit erschienen sein. Heutzutage ist, sogar ganz abgesehen von dem, was „Element“ heißt, unsere Musterkarte von Naturdingen überhaupt reicher. So würde man es wohl als recht zweifelhaft betrachten, ob auf Realitäten, die unter dem Namen: „Strahlung“, „Kraftzentrum“, „elektrische Ladung“, „magnetisches Feld“ u. a. m. in der Physik eine Rolle spielen, der Begriff der „Oberfläche“ anwendbar sei. Auch der „Äther“ dürfte sich einigermaßen spröde zeigen, desgleichen die „Energie“, aus der die sogenannten „Energetiker“ das ganze materielle Universum bestehen lassen. Und die Frage, ob die „Materie“ überhaupt kontinuierlich oder in diskreten Quanten

---

von vibrierenden und strömenden materiellen Substanzen. Was „Flamme“ heißt, täuscht dem Auge eine begrenzende „superficies“ mehr oder weniger deutlich vor, hat diese aber keineswegs!

Über andere Naturdinge (Elektrischer Lichtbogen, St. Elmsfeuer, auch Wolken, Nebel usw.) ließe sich Ähnliches sagen. Objekte, die eine geschlossene „Ober-Fläche“ nicht nur scheinbar, sondern in Wirklichkeit als ein ihnen exakt zukommendes Merkmal besitzen, finden sich in der Natur vielleicht erst da vor, wo der absolute Nullpunkt der Temperatur herrscht, oder etwa bei den Letzt-Bestandteilen der Materie, falls diese ausgedehnt sind. Daß eine „thermische Elektronenemission“ besteht, ist durch Langmuir und Richardson erwiesen („Die Naturwissenschaften“ 1917, S. 674). Welche „Oberfläche“ aber ist einer Raketen-Menge zuzuschreiben, solange ohne Unterlaß Raketen aus ihr aufsteigen? — Weitgehende Emissionstheorien haben in neuerer Zeit wieder sehr an Boden gewonnen, namentlich seitdem die Optik mit der Elektrizitätstheorie eng verknüpft worden ist. Wo wäre denn aber beispielsweise bei der Sonne (oder einem andern „Fixstern“) die „superficies“, wenn sie eine Dingmenge ist, aus der ohne Unterlaß zahllose Projektile herausstürzen, und in die umgekehrt zahllose anderswoher herankommende Flugkörper andauernd von allen Seiten hineindringen? — Wellstein sagt („Enzyklopädie der Elementar-Mathematik“, Bd. II, S. 11, Leipzig 1905) gelegentlich: „Eine Flüssigkeit hat ebensowenig eine bestimmte Oberfläche, wie ein Bienenschwarm eine hat.“

den Raum einnimmt, schwebt ja doch immer noch einigermaßen und spielt hier eine leicht erkennbare wichtige Rolle. —

Wie man sieht, unterliegen die beiden physikalischen Grundaxiome, die wir aus den Äußerungen des hl. Thomas herausgeschält haben — und das zweite wohl mehr noch als das erste — heutzutage nicht unerheblichen Bedenken.

Nun aber hat Langenberg der Sache noch eine Wendung nach einer anderen Richtung dadurch gegeben, daß er seinen zu Beginn des vorliegenden Kapitels angeführten Satz abschloß mit dem Hinweis auf die „Individualexistenz" und behauptete, auch durch eine solche seien „allseitige Grenzen" und damit die Endlichkeit des betr. Objekts gesichert. Mit dieser Bemerkung zieht er unsere Betrachtung auf ein neues, leider sehr holperiges und von jahrhundertelangem Streit der Philosophen zerwühltes Gebiet hinüber.

## V. Die Individualexistenz, ihr Sinn und ihre Tragweite.

Übersicht:

A. Einige Sätze bei Langenberg bezüglich der Individualexistenz. Der Kern der darin enthaltenen Gedanken wird herausgeschält in vier einzelnen Aussagen, in denen die Begriffe „Individuum", „bestimmen" und „Abstand" die wichtigste Rolle spielen.

B. Was bedeutet das Wort „Individuum"? — Thomas, Pesch, Tongiorgi, Stöckl, Lehmen, Geyser. Die „Individualität" eines Objekts ist bedingt durch zwei Forderungen, und zwar: 1. das „Individuum" darf nicht den Charakter einer „Menge" an sich tragen; 2. es muß durch die Gesamtheit aller seiner Merkmale bis zur Unverwechselbarkeit gekennzeichnet sein.

C. Was bedeutet das Wort „bestimmen"? — Gebr. Grimm, Heyne, Sanders, Uphues, Mauthner, Gutberlet, Hagemann-Dyroff, Pesch. — Die „Wesenheit". — Die „Undurchdringlichkeit". — Benno Erdmann. — Physikalische Schriftsteller. — Ein besonderes thomistisches Axiom von der Individualexistenz in verschiedenen Formen. — Die letzte Zuflucht. — Das Problem des Ortes und des Augenblicks.

D. Sprung von der Individualexistenz auf die räumliche Endlichkeit. — Sprachliche Zwischenstufen. — Ist nur bei allseitig begrenzten Objekten Unverwechselbarkeit möglich? — Stellung der Mathematik dazu. — Langenbergs Axiom vom „Abstand". — Rothe, Cantor. Gutberlets unendlicher Draht. — Sprung vom Bestimmtsein zum Begrenztsein.

## A. Einige Sätze Langenbergs bezüglich der Individualexistenz.

Aus den Seiten 173—175 der Langenbergschen Abhandlung will ich zunächst einige Sätze zusammenstellen und die darin vorkommenden Worte von besonderer Wichtigkeit durch Sperrdruck hervorheben.

1. „Allseitige Grenzen sind aber gegeben ... dadurch, daß ein Ding Individualexistenz besitzt." (Der Gedankenzusammenhang erhellt aus dem Zitat auf S. 40.)
2. „Angenommen es gebe einen der Größe nach unendlichen Körper, so wäre er doch der Wesenheit nach endlich, dadurch, daß diese durch die forma substantialis in eine Art eingeordnet und durch die Materie zu einem Individuum gemacht wird, terminata ad aliquam speciem per formam et ad aliquod individuum per materiam (vgl. S. 43, Anm.). — Jeder physikalische Körper hat eine bestimmte (determinierte) forma substantialis. Da die Akzidentien sich nach der Form richten, so müssen der determinierten Form auch determinierte Akzidentien entsprechen, unter welche auch die Ausdehnung des Körpers fällt. Folglich muß jeder physikalische Körper der Ausdehnung nach bestimmt oder begrenzt sein."
3. „Die scholastischen Gedankengänge liegen uns heutzutage nicht besonders, weshalb wir es vorgezogen haben, die Beweise nur zu skizzieren und als Hauptgedanken der Argumente die Individualexistenz herauszuheben. Die Beweiskraft der thomistischen Gedanken hängt nämlich nicht davon ab, ob die Lehre von der forma substantialis begründet ist oder nicht, auch nicht von der Deutung des Individuationsprinzips, es genügt die Tatsache, daß alles, was in der Welt existiert, in Individuen existieren muß, und daß mit der Individualexistenz eine individuelle, abgeschlossene Ausdehnung gegeben ist."
4. „In der Tat gehört die Annahme, daß jedes in der Natur vorkommende Individuum oder eine Sammlung

solcher nach Zahl und Größe in allen Beziehungen objektiv bestimmt sei, zu den allerersten Feststellungen der menschlichen Naturauffassung, sie ist eine Grundvoraussetzung der Naturphilosophie sowohl wie der exakten Wissenschaften, die bei keinem ihrer Objekte ein der Größe, Zahl, Masse, Zeit, Geschwindigkeit nach Unbestimmtes voraussetzen können. Die Individualexistenz mit ihren Folgen müssen wir auch beim Kosmos annehmen. Zwei existierende Massenpunkte können nicht an einem unbestimmten Orte sein; damit hat ihr Abstand einen bestimmten Wert und ist begrenzt. Und was für zwei beliebige Massenpunkte gilt, ist entsprechend auch vom Weltall auszusagen."

Vorderhand haben wir es bloß noch zu tun mit dem „Ding für sich allein"; daher sehen wir von den Aussagen über „eine Sammlung solcher" und über den „Kosmos" einstweilen ab und behalten uns diese für die spätere Betrachtung vor.

Der Gedankenkern der hier zusammengestellten Aussagen läßt sich kurz ausdrücken in folgenden Sätzen:

a) Es ist „festgestellt" als „Tatsache", daß „alles, was in der Welt existiert, in Individuen existieren muß".

b) Dadurch, daß ein Ding als Individuum existiert, ist sein Dasein nach Raum und Zeit bestimmt.

c) Aus dem Umstande, daß das Dasein eines Dinges nach Raum und Zeit bestimmt ist, folgt die „allseitige Begrenztheit" des Dinges.

d) Wenn der „Abstand zweier Massenpunkte" nicht „begrenzt" ist, so befinden sich diese Massenpunkte (oder wenigstens einer derselben) an einem „unbestimmten Orte".

Um den Beweiswert dieser Sätze zu beurteilen, ist es zweckmäßig, erstens den Sinn der neu eingeführten Arbeitsbegriffe „Individuum" und „bestimmt" festzustellen, zweitens die bei der Anwendung dieser Begriffe zugrunde gelegten „physikalischen Axiome" herauszuschälen.

### B. Was bedeutet das Wort „Individuum"?

Thomas definiert (S. Th. I, q. 29, a. 4): „Individuum est, quod est in se indistinctum [1], ab alio vero distinctum [2]."

Demgemäß stellt er für den rechten Gebrauch der Bezeichnung „Individuum" zwei Forderungen auf. Nach der ersten muß das vorgelegte Objekt „in sich ununterschieden" sein. Damit sind namentlich alle Kollektiva, wie: Herde, Gruppe, Schar, Sammlung, Menge usw. einfach ausgeschlossen; denn sie sind „in sich" unterschieden. Das „Universum", das „Weltall", der „Kosmos" ist durch die Forderung Nr. 1 also erst recht ausgeschlossen, insofern diese Worte ein Kollektivum von zahllosen Kollektiven bedeuten.

Nach der zweiten Forderung muß das vorgelegte Objekt von andern Objekten unterschieden sein.

Tillmann Pesch schreibt („Instit. Logic. II 2, S. 84, Anm. 4): „Individuum physicum est, quod est indivisum in se [1] et divisum ab omni alio [2]."

Die „Forderung Nr. 1" wird damit auch von Pesch vertreten. Bemerkenswert an seiner Definition ist erstens die Umwandlung des bei Thomas vorfindlichen Verbums distinguere in dividere, die zwar sprachlich das beim In-dividuum benutzte Stammwort bewahrt, aber tatsächlich den thomistischen Begriff insofern etwas verschiebt, als mit dem Wort „distinguere" vornehmlich der Gedanke des „Unterscheidens auf Grund gegebener Merkmale" verbunden ist, während das Wort „dividere" schon mehr die Vorstellung des „Teilens" und „Trennens" nahelegt. — Bezüglich der Forderung Nr. 2 bedeutet Peschs Beifügung des „omni" äußerlich eine Zuschärfung der Thomistischen „ab alio", die aber jedenfalls auch der Absicht des hl. Thomas nicht widerspricht. Das läßt sich aus dessen gelegentlichen andern Äußerungen entnehmen; so sagt er z. B. (S. Th. I, q. 13, a. 9): „nullum nomen significans aliquod individuum est communicabile multis proprie etc."

In diesem Satze wird die „Forderung Nr. 1“ nicht erwähnt, während das „distinctum“ der Forderung Nr. 2 erläutert ist durch die Worte „non communicabile multis“. Man sieht aus dieser Sinnerklärung, daß auch Peschs „divisum“ (wofern es der Meinung des Thomas entspricht) nicht aufzufassen ist als ein — etwa äußerliches, räumliches — Teilen und Trennen, sondern daß es die „Unterschiedenheit“, die „Nichtübertragbarkeit“, die „Unverwechselbarkeit“ bedeuten soll. Eben diese Sinnerklärung — deren man eingedenk bleiben muß, wenn man mit Langenberg die „Folgen der Individualexistenz“ darlegen will — wird auch von vielen andern Schriftstellern dem Worte „Individuum“ untergelegt.

So findet sich z. B. im 6. Bande der Forzanischen Ausgabe der S. Th. ein „Lexicon, quo explicantur D. Thomae et aliorum scholasticarum verba maxime inusitata etc.“, und darin heißt es (S. 402): „Individuum primo intentionaliter est, cujus proprietates omnes simul sumptae non possunt alteri convenire, ut Petrus. individuum secundo intentionaliter est, quod de uno solo praedicari potest, ut Socrates de se ipso.“ Ähnlich sagt

Tongiorgi („Instit. philos.“ II, p. 52): „Unitas individualis ... est in hoc, quod individuum secundum eam entis rationem qua unum dicitur, non sit communicabile multis tamquam inferioribus.“ — Um deutsche Philosophen anzuführen, so schreibt

Stöckl („Lehrb. d. Philos.“ II$^4$, S. 10): Vom Standpunkte unserer Erkenntnis aus besteht das Prinzip der Individuation in der individuellen Eigentümlichkeit, wodurch die Individuen sich voneinander unterscheiden, weil wir die Individuen in ihrer Individualität nur durch diese individuellen Eigentümlichkeiten oder Bestimmtheiten zu erkennen und voneinander zu unterscheiden vermögen.“

Lehmen drückt sich etwas anders aus. Er sagt („Lehrb. d. Philos.“ I$^3$, S. 375): „Individuum oder Einzelwesen ist somit das, was in der Weise eins ist, daß es nicht vervielfältigt werden kann.“ — Daß hier das „Vervielfältigen“ als Handlung (wie man etwa eine Photographie „vervielfältigt") für unmöglich erklärt wird, ist ein etwas schiefer Ausdruck. Beabsichtigt ist doch wahrscheinlich, das vielfältig Sein als Zustand auszuschließen bzw. zu verneinen.

Geyser schreibt („Grundl. d. Log. u. Erkenntnisl." S. 131): „Individuell aber ist ein Gegenstand, wenn sein Begriff durch neue, synthetische Merkmale nicht so determiniert werden kann, daß ein Gegenstand entsteht, in dem der alte Gegenstand in einer speziellen Form erscheint, neben der andere spezielle Formen desselben ursprünglichen Gegenstandes denkbar sind." — Die von mir unterstrichenen Worte drücken, wie mir scheint, den Gedanken des „non communicabile multis" aus.

Alles zusammengefaßt ergibt sich, daß nach Vorstehendem der Name „Individuum" an sein Objekt zwei Forderungen stellt, nämlich:

erstens: das Objekt darf nicht eine Menge sein;
zweitens: das Objekt darf mit der Gesamtheit seiner Merkmale nicht mehr als einmal existieren, mit andern Worten: es darf nicht verwechselbar sein.

### C. Was bedeutet das Wort „bestimmen"?

Daß mit dem Worte „bestimmen" keineswegs ein scharfer und allgemein feststehender Sinn verbunden ist, beweisen schon die in unsern besten Wörterbüchern gegebenen kürzeren oder längeren Erörterungen, die sich auf die verschiedenartigen, auch in wissenschaftlichen Schriften vorfindlichen Anwendungen dieses Wortes stützen [1]. — Im Betriebe der beschreibenden Naturlehre

[1]) Die Brüder Grimm z. B. zählen fünferlei Bedeutungen des Wortes „bestimmen" auf, geben als lateinische Übersetzungen u. a. die verba: constituere, definire, determinare an, deren Sinn sehr verschieden ist, und bemerken namentlich: „Die höchste, vollendete Determination würde einen durchgängig bestimmten Begriff (conceptum omnimodo determinatum) geben. Kant I, 429." — Heyne und Weigand drücken sich etwas anders aus. Sanders gibt unter

spielt das „Bestimmen" eine große Rolle. So habe ich selbst viele tausend Male allerlei Objekte, Tiere, Pflanzen und Mineralien zu „bestimmen" gehabt und teils mit, teils ohne Benutzung von „Bestimmungs"-Tabellen „bestimmt". In all diesen Fällen heißt „bestimmen" weiter nichts als „unterscheidende" Kennzeichen aufsuchen und das vorgeführte Naturding unter Beilegung eines Namens einem System einordnen. Aber die Forderung des „Bestimmens" kann, hinausgehend über die Feststellung von Familie, Gattung, Art, Unterart, Varietät u. dgl. sich zuspitzen bis zur Festlegung dessen, was „Individuum" genannt worden ist. In diesem Sinne spricht T. Pesch an der vorhin erwähnten Stelle ($II_2$, S. 84) von einem „individuum metaphysicum, quod est ultimum illud in serie categoriae, quo species ultima contrahitur ad individuum", wobei er sich beruft auf „S. Thom., Quaest. disput. q. un. de anima a. 1 und Joan. a. S. Thom., Curs. phil. tom. 3".

Hier aber stoßen wir auf eine Frage, über welche die Philosophen — nicht zum wenigsten scholastische[1]) — unter sich

dreierlei Sinnunterlegungen auch die: „Bestimmen heißt, durch genaue Angaben jedes Schwanken in betreff des Objekts ausschließend, es entschieden feststellen." — Uphues (Psychologie des Erkennens I, 1893, S. 244. Vgl. Eisler I, S. 169) schreibt, ein Etwas sei „bestimmt, wenn es Merkmale aufweist, durch die es von allen oder [!] von einigen andern unterschieden werden kann. Mauthner sagt über „Bestimmung" (a. a. O. I, S. 102): „Merkwürdig ist nun, daß das deutsche Wort — ohne genaue Entsprechung in den romanisierten Sprachen — zu den beiden Bedeutungen auseinandergegangen ist, die sich am deutlichsten durch Determination und Determinismus ausdrücken lassen. Die Determination ist ein logisches Wort und bezeichnet kurz die geistige Tätigkeit, durch die ein weiterer Begriff durch Hinzufügung eines Merkmals zu einem engeren gemacht wird, eingeschränkt wird.... Wird ein logischer Begriff determiniert, so werden die einschränkenden Merkmale enger und enger gezogen, so, daß der sogenannte Umfang ... kleiner und kleiner wird." — Da haben wir also innerhalb der Tätigkeit, die „bestimmen" heißt, eine förmliche Staffelung, bei der Stufe auf Stufe folgt.

[1]) Vgl. u. a. Gutberlet, „Allg. Metaph.", S. 44; Hagemann-Dyroff, „Logik u. Noetik", 8, S. 44; Hagemann-Endres,

sehr uneins sind, nämlich: Worin besteht denn diese „contractio ad individuum"? Was hat man sich darunter zu denken?

Man nehme Beispiele:

Aus der Präge rollen hundert Silbertaler. Kann der eine nicht genau die „proprietates simul sumptas" haben, die der andere auch hat? Sind sie dann nicht „verwechselbar"? Durch welche Merkmale lassen sie sich unterscheiden, läßt sich „feststellen", daß der eine nicht der andere ist?

Man sagt, aus unserem Unvermögen, solche Unterschiede zu erkennen, folgt nicht schon, daß überhaupt keine vorhanden sind! — Einschlägig bemerkt Gutberlet (a. a. O. S. 44): „Wir wenigstens wären vollständig außerstande, viele Menschen von ganz gleicher Beschaffenheit zu unterscheiden; aber auch der englische Verstand, selbst Gott [!] hätte keine Merkmale als Anhaltspunkt, die eine von der andern zu unterscheiden."

Wie gestaltet sich denn aber in diesem heiklen Falle die „contractio ad individuum"? — Gutberlet fährt fort:

„Allerdings wären solche Wesenheiten logisch ganz identisch, d. h. durch keine andere Bestimmung unterschieden, als nur dadurch, daß die eine nicht die andere ist [!]; diese Unterscheidung kommt aber von nichts anderem, als daher, daß jede das ist, was sie ist [!]. Wer also die Dinge erkennt, wie sie sind, unterscheidet auch ohne ein besonderes Abzeichen durch Nichts verschiedene, aber durch ihre ganze Wesenheit[1]) unterschiedene Wesen, wenn es auch uns schwer fallen dürfte, sie zu unterscheiden.

---

„Metaphysik", 7, S. 65, wo es u. a. heißt: „Das Prinzip der Individuation war ein hervorragender Streitpunkt der thomistischen und skotistischen Schule ... Das Ungenügende beider Ansichten wies Suarez nach."

[1]) Über die Dienste, die der unklare, vielumstrittene, „mit mancherlei ärgerlichen Äquivokationen behaftete" (Geyser: „Alte und neue Wege", S. 17) Ausdruck „Wesenheit" zu leisten vermag bzw. nicht vermag, vgl. u. a. in meinem Buche: „Über die Grundlegung eines bündigen kosmologischen Gottesbeweises" die Ausführungen S. 169 bis 181.

Wie ein bereits früher angemerkter, so verdient es ebenfalls der hier vorliegende Text Gutberlets, in all seinen Einzelheiten, namentlich auch betreffs der Gegenüberstellung von „Verschiedenheit“ und „Unterschiedenheit“, der besondern Aufmerksamkeit des Lesers empfohlen zu werden.

Hagemann und Dyroff (der Herausgeber der neuesten Auflage seiner „Logik“) haben sich angesichts der obwaltenden Schwierigkeiten zu der Aussage entschlossen: „Einen Individualbegriff in dem Sinne, daß er dem Einzelobjekte ausschließlich zukomme, kann es also für uns nicht geben.“

Auch Benno Erdmann erkennt die Schwierigkeit an, weiß aber ein Auskunftsmittel, indem er („Logik“ I², S. 146) sagt: „Wir vermögen die Gegenstände vielmehr nur durch die räumlich-zeitlichen oder [auch bloß] zeitlichen Beziehungen, in denen sie stehen, zu individualisieren, jenes bei Gegenständen der sinnlichen, dieses bei solchen der Selbstwahrnehmung. . . . Zwei Gegenstände können nicht zu derselben Zeit an demselben Orte sein: Das ist eine der möglichen Wendungen für den Grundsatz der Individualisierung von Gegenständen. Alle andern Beziehungen, durch die wir gelegentlich einen Gegenstand als einzelnen charakterisieren, wurzeln in seiner Raum- und Zeitlage.“

Konnte denn nicht auch Gutberlet sich dieser „Wendung“ bedienen? —

Das ging schwerlich an; denn er verficht (a. a. O. S. 280) den Satz: „Es liegt kein Widerspruch darin, daß zwei Körper

---

Eine der hübschesten Runddrehungen sieht man vor sich, wenn man folgendes kombiniert:

Frage: Wodurch „unterscheidet“ derjenige, der „die Dinge erkennt, wie sie sind“, solche Dinge voneinander, die „durch nichts verschieden sind“?

Antwort: „Durch ihre ganze Wesenheit“ (Gutberlet S. 45).

Frage: Was ist denn das: die „Wesenheit“ eines Dinges?

Antwort: Sie ist „das, wodurch ein Wesen von allen andern unterschieden ist“ (Gutberlet S. 26).

genau an demselben Orte sich befinden, also sich gegenseitig durchdringen." [1]) — Die letzten Worte beweisen, daß Gutberlet (obschon er es nicht ausdrücklich sagt) auch die gleichzeitige Anwesenheit zweier Körper an ein und demselben Orte widerspruchslos findet.

Gehen wir nun dazu über, aus den thomistischen Äußerungen den eigentlich physikalischen Kern herauszuschälen als physikalische Axiome, so haben wir zwei seiner Äußerungen in unmittelbare Verbindung miteinander zu bringen, nämlich:

---

[1]) Demgegenüber erklärt Lehmen-Beck („Lehrb. d. Philos." II[3], S. 34): „Ein Körper ist undurchdringlich in actu primo, insofern die Teile so geordnet sind, daß sie einen bestimmten Raum ausschließlich für sich fordern; er ist undurchdringlich in actu secundo, insofern er den ihm zukommenden Raum, mit Ausschluß jedes andern Körpers, in Wirklichkeit einnimmt.... Diese Ansicht stützt sich auf folgende Gründe usw." (Die kennzeichnenden Worte habe ich unterstrichen.) — Wie Physiker über die Sache denken, sagt z. B. Börner („Lehrb. d. Phys." [2], S. 7, Berlin 1898) mit den Worten: „Wir legen dem Stoffe die drei Eigenschaften der Ausdehnung, der Form und der Undurchdringlichkeit bei." Ausführlicher erklärt Rosenberg („Lehrb. d. Phys." S. 5, Wien 1906): „Aus den angedeuteten und vielen andern Versuchen entnehmen wir, daß der Stoff eines Körpers seinen Raum derartig ausfüllt, daß an einem und demselben Orte zu gleicher Zeit sich niemals zwei verschiedene Körper befinden können. Diese allen Naturkörpern ausnahmslos zukommende Eigenschaft bezeichnet man als Raumerfüllung und Undurchdringlichkeit." Interessant ist auch die Art, wie der berühmte Leonhard Euler von den 234 Briefen, die er „an eine deutsche Prinzessin über verschiedene Gegenstände aus der Physik und Philosophie" schrieb, deren zwei (Nr. 69 und 70) der Erörterung der „Undurchdringlichkeit" widmete. Darin heißt es (Ausg. von 1773, I[2], S. 233) u. a.: „Unterdessen findet man doch ein allgemeines Kennzeichen, das aller Materie und also auch allen Körpern eigen ist, und dieses ist die Undurchdringlichkeit, oder die Unmöglichkeit, daß zwei Körper zugleich einerlei Ort einnehmen können."

Es fehlt also nicht an entschiedenen und sehr beachtenswerten Gegnern der Gutberletschen Behauptung. Über Zöllner und Faradey vgl. S. 48 f., Anm.

Erstens (vgl. S. 43, Anm. und S. 51): „Essentia sua [i. e. corporis] esset terminata ad aliquam speciem per formam et ad aliquod individuum per materiam.“ — Damit ist gesagt, daß „jeder physikalische Körper“ durch das, was Thomas hier „materia“ nennt[1], „terminiert“ (nach Langenberg „bestimmt“) sei zu irgend einem „Individuum“.

Zweitens (vgl. S. 54): „Individuum est, quod est in se indistinctum, ab [omni] alio vero distinctum.“ — Von diesem Satze kommt hier bloß der Schluß in wesentlichen Betracht.

Aus der Verbindung beider Aussagen ergibt sich als

Thomistisches Axiom
von der Individualexistenz:

Jeder physikalische Körper existiert individuell, d. h. er ist durch irgend etwas unverwechselbar unterschieden von allem, was sonst noch existiert.

In verneinender Form ausgedrückt:

Es gibt im Kosmos kein Ding, das in all und jeder Hinsicht seinesgleichen hätte[2].

Oder auch:

Kein existierendes Ding ist mit einem andern völlig verwechselbar[3].

Um diese Aussage in Einklang zu bringen mit dem Grundsatz der Chemie, daß jeder Letztbestandteil irgend eines „Elements“ mit jedem beliebigen anderen Letztbestandteil desselben „Elements“ vertauschbar sei — einem Grundsatz, auf dem überhaupt die Lehre von den „Elementen“ und

---

[1]) Thomas unterscheidet bekanntlich zwischen einer „materia prima“ und einer „materia secunda“. Hier steht ohne Beifügung einer Nummer einfach „per materiam“.

[2]) Der Satz: „Es gibt Dinge, die ihresgleichen nicht haben“, besagt augenscheinlich etwas ganz anderes und verschlägt hier nichts.

[3]) Man kann den Gedanken auch ausdrücken in der Form: „Die Merkmale, die ein existierendes Ding besitzt, haben, alle miteinander vereinigt, nur einen einzigen Besitzer.

schließlich die ganze heute in Geltung stehende Chemie beruht — wird man natürlich „Ort" und „Zeit" zu Hilfe nehmen und sagen: Die Letztbestandteile ein und desselben „Elements" stimmen in sämtlichen Merkmalen überein, *nur nicht in bezug auf Ort und Zeit*, d. h. in ein und demselben „Augenblick" können deren nicht zwei oder mehrere an ein und demselben „Orte" anwesend sein.

So liegt in dem Umstande, daß überhaupt zunächst einmal „Orte" voneinander verschieden sind, ein hinlangender Anlaß um auszusagen, daß die *sonst völlig unterschiedslosen* „Letztbestandteile" voneinander unterschieden seien. Der Ort Nr. 1 ist nicht der Ort Nr. 2, nicht der Ort Nr. 3 usw. Daraus erfließt die Möglichkeit, unter Zuhilfenahme ein und desselben „Augenblicks"[3]) auch *Elektronen* zu vereinzeln und gedanklich mit Ordinalzahlen: erstes, zweites, drittes Elektron usw. zu belegen. Wer aber die Grundannahme, daß es einen *Raum* mit voneinander wirklich verschiedenen *Orten* gebe, über Bord wirft, mag zusehen, ob er mit der „Individuation" nicht ganz in den Nebel gerät.

### D. Sprung von der Individualexistenz auf die räumliche Endlichkeit.

In dem vorhin formulierten „*Thomistischen Axiom von der Individualexistenz*" ist noch gar nichts ausgesagt bezüglich einer etwaigen räumlichen „Grenze" des in Betracht genommenen Gegenstandes. Darum kann die Behauptung *Langenbergs*: „Allseitige *Grenzen* sind dadurch *gegeben*, daß ein Ding Individualexistenz besitzt", als ein Gedanken-*Sprung* erscheinen.

Wie läßt sich der erklären?

---

[1]) In die Augen springt an dieser Stelle die Wichtigkeit der in der Anmerkung zu S. 20 berührten Frage nach der Bedeutung der *Identität und Nichidentität von Punkten bzw. von Orten im Raume.* Dieselbe Wichtigkeit kommt, wie sich hier deutlich zeigt, auch der *Identität und Nichtidentität von Augenblicken in der Zeit* zu.

Man achte auf die Aufeinanderfolge der drei Vokabeln: distinguere, dividere, terminare oder determinare.

1. Bei Thomas finden wir in seiner grundlegenden Definition des Begriffs „Individuum“ den Ausdruck: „distinctum ab [omni] alio“, der als Hauptbedeutung das „Verschiedensein“ bezeichnet.

2. Bei Pesch steht in der betr. Definition statt dessen schon das Wort „divisum ab omni alio“, welches ebensowohl die Bedeutung des Verschiedenseins, als auch bereits die des räumlichen Getrenntseins erkennen läßt.

3. Bei Thomas hat sich diese Vorstellung schon weiter ausgesponnen, so daß er in der genetischen Erklärung des „Individuums“ das Wort „terminare“ benutzt, dem Langenberg das noch etwas deutlichere determinare zur Seite setzt. In diesen beiden Vokabeln kann zwar wohl immer noch die Bedeutung des „Unterscheidens“ gefunden werden, aber das Unterscheiden ist damit hingestellt als das Ergebnis eines Aktes, der „terminos“, „Grenzen“ setzt, und so liegt in der Vorstellungs-Gruppe: distinguere, dividere, determinare eine Art von Gedankenbrücke [1]), die den erwähnten „Sprung“ in kleinere Schritte zerlegt, ihm dadurch jedoch offenbar noch keine logische Be-

---

[1]) Man könnte sich einen Kettenschluß denken von der Form:
Das Objekt O hat „Individualexistenz“.
Was Individualexistenz hat, ist „völlig bestimmt“.
Was völlig bestimmt ist, ist „determiniert“.
Was determiniert ist, hat „terminos“.
Was terminos hat, ist „räumlich umgrenzt“.
Ergo: Das Objekt O ist räumlich umgrenzt.

Ich will gewiß nicht behaupten, daß der hl. Thomas, noch auch daß Langenberg einen solchen „Sorites“ gebaut und Glied für Glied vorgelegt habe. Gewisse Aussagen des letzteren sind dieser Gedankenverbindung aber doch nahe verwandt, namentlich die bei ihm (a. a. O. S. 173 f.) vorfindlichen Sätze, die ich mit Auslassung einiger Zwischenbemerkungen hier aneinanderfüge, und deren kennzeichnende Worte ich besonders unterstreiche:

„Die [bei Thomas] folgenden Beweise in 3. betonen vor allem die Folgen der Individualexistenz... Jeder physi-

rechtigung verleiht. Eine solche würde gegeben sein, wenn dargetan wäre, daß bei einem in Betracht genommenen Objekte das Fehlen allseitiger Umgrenzung die Verwechselbarkeit zur notwendigen Folge hätte, mit andern Worten: daß das Vorhandensein räumlicher Grenzen eine „conditio sine qua non“ für die Unverwechselbarkeit des Objekts sei.

Und so stellen wir denn hier die genaue Frage: Wenn ein ausgedehntes Etwas nicht als allseitig begrenzt gekennzeichnet wird bzw. werden kann, läßt es sich dann auch nie so genau beschreiben, daß es nicht noch mit etwas anderem verwechselt werden, also mehrzählig existieren könnte? —

Wie die Mathematik auf ihrem Gebiete darüber urteilt, ist früher schon gelegentlich erörtert worden: Durch einen Punkt und eine Richtung, oder durch zwei Punkte, die keineswegs „Grenz“-Punkte zu sein brauchen, ist eine Gerade eindeutig bestimmt. Durch drei nicht auf einer Geraden liegenden Punkte, die nicht Grenzpunkte zu sein brauchen, ist eine Ebene, durch fünf Punkte einer Ebene [1]) ist ein Kegelschnitt — auch wenn er, wie das bei Parabeln und Hyperbeln der Fall, nicht „begrenzt“ ist — stets eindeutig bestimmt. Auf diese Weise wurde ja bei vielen Kometen („in rerum natura“) die parabolische Bahn „individuell“ festgelegt. Und weiterhin sind durch ihre Längsschnitte ja auch die dreidimensionalen Rotationsparaboloide bzw. -Hyperboloide, jedes in der Einzahl, unverwechselbar mathematisch gekennzeichnet, ohne „allseitig begrenzt“ zu sein. Der Begriff des bis zur „individuellen“ Einzähligkeit zugeschärften „Bestimmtseins“, des „Unverwechselbarseins“ enthält sonach die Forderung der „räumlichen Umgrenzung“ noch nicht in sich.

Nun aber nimmt Langenberg, um aus dem „Bestimmtsein“ zum „Begrenztsein“ hinüberzukommen, noch einen anderen

---

kalische Körper hat eine bestimmte (determinierte) forma substantialis.... Folglich muß jeder physikalische Körper der Ausdehnung nach bestimmt oder begrenzt sein.... Mit der Individualität ist eine individuelle, abgeschlossene Ausdehnung gegeben.“

[1]) Vgl. Fort und Schlömilch: „Lehrbuch der analytischen Geometrie“ I, S. 180

Begriff zu Hilfe, nämlich den „A b s t a n d". Er sagt in seinem vorhin (S. 53) schon angeführten Satze Nr. 4 u. a.: „Zwei existierende Massenpunkte können nicht an einem unbestimmten Orte sein; damit hat ihr Abstand einen bestimmten Wert und ist begrenzt."

In diesem kategorischen „damit" ist die a x i o m a t i s c h e Aussage erkennbar:

Wenn von einem gegebenen Raumpunkte A (der einen „Massenpunkt" beherbergt) auf einer gegebenen Geraden nach einer gegebenen Richtung hin ein zweiter Raumpunkt B (der ebenfalls einen Massenpunkt beherbergt) einen unendlichen „A b - s t a n d" hat, dann befindet sich B an einem „unbestimmten Orte", und der Abstand A B hat k e i n e n „bestimmten Wert".

Merzt man hierin das mehrdeutige Wort „bestimmt" durch ein schärferes Ersatzwort aus, so heißt der Nachsatz: „dann ist der Ort B mit andern Orten, und der Wert des Abstandes A B mit anderen Werten „verwechselbar". —

Welche Bedeutung, welche Kraft wohnt diesem Axiom bei?

Ein ohne Beifügung eines Beweises und auch ohne Berufung auf irgendeinen etwa anderwärts gelieferten Beweis blank hingestellter, also als „Axiom" auftretender Satz muß die ganze Überzeugungskraft, mit der er auf den Leser einwirken soll, sozusagen „aus eigenen Mitteln bestreiten". Hinter ihm steht, wie in der Einleitung dargelegt, die Autorität dessen, der (bzw. derer, die) in dem Axiom ihre p e r s ö n l i c h e An- oder Einsicht kundtun. Und da im vorliegenden Falle L a n g e n b e r g sich nicht auf einen deutlichen Ausspruch des hl. T h o m a s beruft, so muß ich es dahingestellt sein lassen, ob die Autorität des letzteren oder die L a n g e n b e r g s hier in Betracht kommt; von noch sonstigen Personen geschieht ja keine Erwähnung.

Meinerseits eine Meinung in dieser Sache zu äußern möchte ich ganz vermeiden und nur bemerken, daß — insofern es sich um b e g r i f f l i c h e Dinge handelt — hier ein „Scheideweg" vorliegt[1]). Sehr namhafte mathematische Autoritäten gehen nicht mit Langenberg, sondern wenden sich nach der entgegengesetzten Seite.

So schreibt Rothe, der vortreffliche Bearbeiter der Mathematik in Auerbachs Taschenbuch (1913, S. 151) gelegentlich:

„Man kann nach beliebiger Annahme dreier Punkte O, E, U jeden vierten durch das Doppelverhältnis x = (P E O U) festlegen... Wählt man speziell nach Festlegung eines Richtungssinnes auf der Geraden für U **den** unendlich fernen Punkt, so ist usw."

Rothe sagt nicht: „einen unendlich fernen Punkt, sondern faßt ihn in der Einzahl auf und gibt ihm den bestimmten Artikel.

Deutlicher drückt sich Georg Cantor in seinen berühmten „Grundlagen einer allgemeinen Mannigfaltigkeitslehre" (Leipzig 1883, S. 2) aus, wo er sagt:

„Daneben [d. h. neben dem „Uneigentlich-Unendlichen"] hat sich in der neueren und neuesten Zeit eine ... ebenso berechtigte Art von Unendlichkeitsbegriffen herausgebildet, wonach es ... notwendig und allgemein üblich geworden ist, sich in der ... Ebene einen unendlich entfernten, aber **bestimmten** Punkt zu denken und das Verhalten der Funktion in der Nähe dieses Punktes ebenso zu prüfen, wie dasjenige in der Nähe irgend eines andern Punktes. Dabei zeigt es sich, daß das Verhalten der Funktion in der Nähe des unendlich fernen Punktes genau dieselben Vorkommnisse darbietet, wie in jedem andern, im Endlichen gelegenen Punkte, so daß hieraus die volle Berechtigung dafür gefolgert wird, das Unendliche in diesem Falle in einen ganz **bestimmten** Punkt verlegt zu denken.... In der ersteren Form, als Uneigentlich-Unendliches, stellt es sich als veränderlich Endliches dar, in der andern Form, wo ich es Eigentlich-Unendliches nenne, tritt es als ein durchaus **bestimmtes** Unendliches auf."

Aus vorstehenden Äußerungen dürfte wenigstens soviel abzunehmen sein, daß man es keineswegs als eine jedem Vernünftigen sofort einleuchtende Sache hinstellen und benutzen darf, die Unendlichkeit eines „Abstandes zweier Punkte" zer-

---

[1]) Über die Bedeutung der „Axiome" als „Scheidewege". Vgl. Isenkrahe: „Zum Problem der Evidenz", S. 69 ff. Kempten-München 1917.

s t ö r e überhaupt schon ohne weiteres das **„Bestimmtsein"** dieses Abstandes. Soll diese Zerstörung nach L a n g e n b e r g aber dann eintreten, wenn diese Punkte Aufenthaltsorte von „Massen" sind, so ist auch das, falls hierfür nicht eigens ein Beweis zugefügt ist, eine a x i o m a t i s c h hingestellte Aussage [1]), die auch wiederum, wie vorhin bemerkt, ihre Über-

---

[1]) Eine genügende Form dafür wäre wohl folgende: „Wenn auf einer unverwechselbaren Geraden ein Massenpunkt A an einem unverwechselbaren Orte, und ein zweiter Massenpunkt B nach einer unverwechselbaren Richtung hin in unendlicher Entfernung von A sich befindet, dann ist der Abstand A B verwechselbar (kann noch gleichwertig v e r t a u s c h t werden, ist n i c h t e i n d e u t i g gekennzeichnet).

Zusätzlich möchte ich hier bemerken, daß L a n g e n b e r g (a. a. O. S. 85) die „unendlich fernen Punkte" unter dem Titel „uneigentliche Gebilde" zu den „r e i n e n Gedankendingen" zählt. — Die von L. betonte „Reinheit" eines Gedankendinges wird doch wohl darin bestehen sollen, daß solch ein Ding rein und allein dann und dadurch Dasein hat, daß es „gedacht" wird, also des Daseins e r m a n g e l t, wenn k e i n Denker es denkt.

Nun hängt die Frage, ob ein Punkt, der von einem genau gegebenen Punkte nach einer genau gegebenen Richtung hin einen „unendlichen", d. h. nicht restfrei meßbaren „Abstand" hat, ein „reines Gedankending" sei, engstens zusammen mit der alten Frage: Ist das, was der realistische Physiker „Raum" nennt, ein „reines Gedankending"? Oder ist es nicht vielmehr ein Etwas, welches — gleich unserm i m Raume vorfindlichen Wandelstern E r d e — zwar G e g e n s t a n d d e s D e n k e n s s e i n k a n n und dann als „Gedankending" Dasein hat, aber ebensowohl auch — wiederum gleich unserer Erde — Dasein hat bzw. hatte und vielleicht auch behalten könnte zu Zeiten, wo es überhaupt nicht zum Gegenstande eines Denkakts gemacht wird, bzw. worden ist, bzw. werden wird? — Jeder von denen, die dem Raume ein vom Denken unabhängiges Dasein zuschreiben und dabei den Gedanken einer „Grenze des Raumes" unvollziehbar finden, wird auch allen b e l i e b i g nahen und b e l i e b i g fernen Punkten des Raumes ein vom Denken unabhängiges Dasein zuschreiben. Zudem fragt sich noch, ob die Aussagen „nah" und „fern" auf „r e i n e" Gedankendinge überhaupt in Strenge anwendbar sind. —

L a n g e n b e r g zieht eine Stelle im „Handbuch" von K i l l i n g - H o v e s t a d t heran, in der von Meinungsverschiedenheiten zwischen Mathematikern bezüglich der „uneigentlichen Gebilde" die Rede ist.

zeugungskraft „aus eigenen Mitteln“ bei jedem Leser betätigen muß, soweit sie es vermag. —

Zur Klarheit in betreff des „unendlichen Abstandes von Massenpunkten“ dürfte es aber förderlich sein, wenn wir uns an den anderwärts mehrfach erwähnten unendlich langen Draht (vgl. Gutberlets „Apologetik“, I, S. 147 ff., Münster 1888, und 1. Heft, S. 177 ff.) erinnern, jenen Draht, auf dem Gutberlet einen Schiebeprozeß unendlich vieler lebender Wesen stattfinden läßt mit der ausdrücklichen Bemerkung, derselbe „könne auch faktisch werden“. — Möge nun dieser Draht in all seinen physikalischen und chemischen Eigenschaften gekennzeichnet, möge sein Querschnitt, sein Anfangsort und seine Richtung im Weltraume genau angegeben sein: ist er dann nicht, trotz seiner Unendlichkeit, dennoch „individuell bestimmt“? — Womit könnte er denn etwa „verwechselt“ werden? —

Die bekannte mathematische Relation $a + \infty = \infty$ tut hier nichts zur Sache; sie besagt nur, daß Gutberlets Draht, wenn man seinen Anfangspunkt (einen Endpunkt hat er nicht) um ein restfrei meßbares Stück verlegt, dadurch nicht aufhört, „unendlich lang“ zu sein. Liegt aber Anfangspunkt und Richtung fest, worin soll da die „Unbestimmtheit“, die „Variabilität“ gefunden werden? [1]) — Keineswegs handelt es sich ja

---

Das Zitat schließt mit den für alle, die über solche Dinge schreiben, sehr beherzigenswerten Worten: „Derartige Beispiele sind wohl geeignet, zur Vorsicht zu mahnen.“ Nicht minder beherzigenswert dünkt mich auch ein Ausspruch von Ernst Eugen Söhner, der sich in „Natur und Offenbarung“ 1906, S. 743 findet und lautet: „Keinen größeren Feind des Fortschritts kennen wir, als das sine argumento behauptete Abgetansein von Problemen.“ „Vorsicht“ zu üben gegen den schlimmen „Feind des Fortschritts“ ist namentlich bei Aussagen über den „Raum“ sehr vonnöten.

[1]) Vielleicht denkt jemand, es sei von einem unverwechselbaren Punkte A aus nach einer unverwechselbaren Richtung hin außer dem schon erwähnten Draht doch etwa noch ein zweiter Draht denkbar, so daß beide (ceteris paribus) zwar „unendlich“, aber doch verschieden sein könnten. Dann bestände die Verschiedenheit darin, daß

bei Gutberlet um einen beliebig verlängerbaren Gegenstand, um das „Indefinite“, um jene Eigenschaft, die Cantor „uneigentlich-unendlich“ nennt, sondern um das „Eigentlich-Unendliche“, um das „Infinite“, also um ein Objekt, das „nicht restfrei meßbar“ ist, ohne daß es überhaupt zu wachsen brauchte.

Da nach unserer eingehenden Darlegung der Begriff der „Individualexistenz“, des „Einzähligen Bestimmtseins“, des „Unverwechselbarseins“ keineswegs die „räumliche Umgrenzung“ als ein zugehöriges wesentliches Merkmal schon „in sich enthält“, so bleibt als Brücke, die von der Individualexistenz zum räumlichen Umgrenztsein hinüberführt, bei Langenberg nur sein „Axiom vom unbestimmten Abstand“ erkennbar. Nunmehr über die Verläßlichkeit dieser Brücke zu urteilen und sich an der dort vorhandenen „Wegscheide“ nach der einen oder anderen Seite zu entschließen, muß jedermanns eigener Überlegung anheimgegeben werden. Wer es vorzieht, bei dieser Wegscheide lieber mit Leuten wie Rothe und Cantor zu gehen, wird urteilen, daß Langenberg von der „Individualexistenz“ zum „räumlichen Begrenztsein“ in der Tat einen „Sprung“ machte. Eben den Sprung, den seine kurze, harmlos klingende Wortverknotung „bestimmt oder begrenzt“ mit Schärfe kennzeichnet, wenn man in dem blassen „oder“ die Absicht eines logisch bindenden „also“ erkennt.

---

der eine länger als der andere wäre. Demgegenüber führt Langenberg (a. a. O. S. 96) aus Thomas an: „Sic igitur, si accipiamus unam lineam infinitam, in illa non est aliquid maius infinito“, und fügt erklärend bei: „Ein Strahl ist in dem Sinne das größte Unendliche, daß in ihm kein größeres Gebilde vorhanden ist, als er selbst. Und wenn wir den Halbstrahl AX in den Punkten B, C... teilen, so sind BX, CX usw. unendlich, aber ein Größeres als das Unendliche AX [etwa AY] kann es in dem angegebenen [von A aus in einer unverwechselbaren Richtung sich endlos erstreckenden] Bereiche nicht geben.“ Damit hat L. den „zweiten Draht“ ausgeschlossen.

## VI. Von dem Versuch, die „Folgen der Individualexistenz" auszudehnen auf Dinge, die keine „Individuen" sind.

Übersicht:

A. Der zweite Gedankensprung. — Vom „Individuum" zur „Sammlung", vom Einzelding zum Kosmos.

B. Ist es Thomas, der den Sprung gemacht hat? Zwei Stellen sprechen dagegen.

C. Welche Brücke führt über die Kluft zwischen Individuum und Kollektivum? — Eine Rückschau über die bislang herausgeschälten Axiome. — Wie dem Langenbergschen Abstandsaxiom widersprochen worden ist. — Eine Brücke vom Individuum zum Kosmos bilden kann dasselbe überhaupt nur mit Hilfe eines Zusatz-Axioms. — Wie dieses wohl in Form zu bringen wäre.

D. Aristotelische und mittelalterliche Anschauungen. — Das Problem des Ortes. — Ganz verschiedene Sinnunterlegungen der in Betracht kommenden Worte.

E. Zweite Art der Überbrückung. Dieselbe soll mit Hilfe des Mengenbegriffs geschehen. — Bei „Mengen" steht das Wort „endlich" immer in „übertragenem" Sinne.

### A. Der zweite Gedankensprung.

In dem auf S. 52 angeführten Langenbergschen Satze Nr. 4 findet sich die überraschende Verknüpfung vor: „Individuen oder eine Sammlung solcher." Darin wird der vorhin behandelten Formel „bestimmt oder begrenzt" ein paralleles „oder" beigefügt. Darf man in diesem zweiten „oder" wiederum einen „Gedanken-Sprung" vermuten? —

Die textliche Umgebung lautet: „In der Tat gehört die Annahme, daß jedes in der Natur vorkommende Individuum oder [!] eine Sammlung solcher nach Zahl und Größe bestimmt sei, zu den allerersten Feststellungen der menschlichen Naturauffassung [1]), sie ist usw." Darin sieht der „Oder"-Zusatz wie etwas

[1]) Von der Ungewöhnlichkeit der L.schen Aussage, daß eine „Annahme" zu den „Feststellungen" einer „Auffassung" gehöre, mag abgesehen sein, doch soll in Betracht des Wortes „Feststellung noch angemerkt werden, daß sein Sinn bezüglich des Wahrheitsgehalts der unter diesem Titel vorzuführenden Aussagen sehr

Unwichtiges und Harmloses aus, so daß man leicht darüber hinweglesen könnte, ohne genügend achtzugeben auf seine ganz hervorragende Bedeutung, die wesentlich darin besteht, daß er den entscheidenden

Übergang vom Einzelding zum Kosmos

einleitet. Wir müssen also fragen: Ist es denn wohl im allgemeinen gestattet, eine Aussage vom Einzelding einfach auf „eine Sammlung solcher" auszudehnen? Gilt etwa, was vom Tropfen, ohne weiteres auch vom Platzregen, was vom Faden, ohne weiteres auch vom Tuch, was vom Kubikmeter, ohne weiteres auch vom Weltenraum usw? Wieso gilt nun die Aussage von der Begrenztheit eines Individuums ohne weiteres auch von „einer Sammlung solcher"? Hier müßte eigens eine besondere Übergangsbrücke geschlagen sein! Da diese Arbeit aber nicht vorangegangen ist, so stellt sich das in Rede stehende „oder" dort, wo es in Langenbergs Satze steht, dar als ein Schritt ohne vorherige Wegbahnung, als ein Sprung. Über nachherige Vermittlungen soll im folgenden noch gesprochen, zunächst jedoch gefragt werden:

**B. Ist es der hl. Thomas, der den Sprung gemacht hat?**

Genauer: Hat Thomas eine „Sammlung von Individuen" dem Einzelindividuum in der Weise gleichgestellt, daß eine Eigenschaft, die gerade aus der betonten „Individualität" sich als Folge ergebe, ohne weiteres auch in bezug auf eine „Sammlung von Individuen" zutreffe? —

---

hohe Ansprüche macht. Ebenso verhält es sich mit dem von L. gleichfalls benutzten Worte „Tatsache". Insbesondere ist hier wohl zu beachten, daß Aussagen, ehe sie als „Feststellungen" ausgegeben werden dürfen, ganz anders und besser gesichert sein müssen, als wenn sie etwa als Festsetzungen vorgeführt würden. Auch ist ja bekanntlich ein großer Unterschied zwischen einerseits dem, was „Festsetzung" oder auch, was „Annahme" oder „Auffassung" heißt, und andererseits dem, was man als „Tatsache" bezeichnen und bei einem bündig sein sollenden Beweise als maßgebende „Tatsache" verwerten darf.

Langenberg hat an der hier in Rede stehenden Stelle keinen bestimmten Hinweis auf einen Ausspruch des hl. Thomas beigefügt. Erst in einem späteren Abschnitt, der die Überschrift trägt: „Das Unendliche in der Menge“, führt er einige Sätze der S. Th. an und bringt sie in Beziehung zur „Individualexistenz“. Wir werden nachher darauf zurückkommen. Vorderhand möchte ich hier nur auf zwei Punkte hinweisen, die bei Thomas gegen die schlechthinnige Ausdehnung der „Folgen der Individualexistenz“ auf eine „Sammlung von Individuen“ sprechen. Da ist zunächst die Definition des Individuums zu beachten, die mit ihrer „Forderung Nr. 1“ (vgl. S. 54) ihren Redegegenstand scharf einschnürt und alles, was „in se distinctum“ ist, mithin alle Kollektiva, alle „Sammlungen“ ausschließt. Dann aber kommt die vorhin (S. 42) schon gelegentlich erwähnte Art in Betracht, wie Thomas das Problem der Bewegung eines Naturkörpers im Raume behandelt. Er schreibt (S. Th., q. 7, a. 2):

„Impossibile est, aliquod corpus naturale infinitum esse. Hoc etiam ex motu patet, quia omne corpus naturale habet aliquem motum naturalem, corpus autem infinitum non posset habere aliquem motum naturalem, nec rectum, quia . . . „ et similiter etiam neque secundum motum circularem, quia etc.“

Diese ganze Überlegung ist lediglich auf einen einzelnen unendlich ausgedehnten und dabei ideal starren Naturkörper zugeschnitten und paßt durchaus nicht auf eine „Sammlung“ von Individuen. Sie verliert auch allen Zweck und Nutzen, sobald man den Kosmos als eine Menge von Einzeldingen auffaßt. Denn es ist doch sofort ersichtlich — und auch Thomas konnte schwerlich daran vorbeisehen —, daß in einer solchen „Sammlung“ (wie z. B. in einem Schwarm von Mücken) noch unzählig viele andere Bewegungen ausführbar sind, als erstens ein „motus rectus“, d. h. eine geradlinig fortschreitende der ganzen Gesamtheit, und zweitens ein „motus circularis“, d. h. eine Kreiselbewegung, bei der (nach Langenbergs Übersetzung) „ein unendlich langer Durchmesser stets in die Lage eines andern gelangt, der mit ihm die Drehungsebene gemein hat". Welchen Nutzen hat es denn also, überhaupt davon zu reden, daß unter zahllosen möglichen Bewegungsarten deren zwei (und dazu noch gerade zwei ideal konstruierte Extremfälle) ausgeschlossen seien! — —

Mag es nun aber hier noch ganz dahingestellt bleiben, ob der hl. Thomas selbst durch irgendeinen Ausspruch, oder ob Langenberg oder aber sonst jemand die obige von einem Individuum handelnde Aussage unvermittelt auf „eine Sammlung solcher" ausgedehnt und damit den Sprung vom Individuum auf das Kollektivum ausgeführt hat, so bleibt doch zweifellos als eine zweite und wichtigere die Frage übrig:

### C. Welche Brücke führt über die Kluft zwischen Individuum und Kollektivum?

Solcher Brücken können zwei verschiedene in Betracht kommen. Da es sich bei Langenberg in letzter Instanz um die Begrenztheit des „Kosmos" handelt, so ist wohl selbstverständlich, daß irgendein kosmisches Axiom den Dienst leisten muß. Die bisher schon herausgeschälten kosmischen Axiome sind folgende (vgl. S. 47):

I. Im Kosmos gibt es Dinge $D_1$, $D_2$ usw. von der kennzeichnenden Eigenschaft, daß jedes für sich — „Körper" genannt — bloß innerhalb einer rings geschlossenen Raumfläche Dasein hat.

II. Dinge, denen das Kennzeichen D nicht zukommt, gibt es im Kosmos nicht.

III. Jeder physikalische Körper existiert individuell, d. h. er ist durch irgendein Etwas unverwechselbar unterschieden von allem, was sonst noch existiert.

Diesen dreien hat nun aber Langenberg in seinem Satze Nr. 4 (vgl. S. 53), und zwar erst, nachdem er Individuum und Kollektivum durch das schlichte „oder" schon verknotet hatte, sein „Abstands-Axiom" beigefügt, dessen Gedankeninhalt (vgl. S. 67, Anm.) war:

„Wenn auf einer unverwechselbaren Geraden ein Massenpunkt A an einem unverwechselbaren Orte, und ein zweiter Massenpunkt B nach einer unverwechselbaren Richtung hin in unendlicher Entfernung von A sich befindet, dann ist der Abstand AB verwechselbar."

Dieser Gedanke wurde zuerst von Langenberg dazu verwendet, aus der „Individualexistenz" eines in Betracht genommenen Etwasses (mit Hilfe der „Bestimmtheit") dessen „Begrenztheit" zu folgern. Er bildete gewissermaßen das „Sprungbrett" von der „Bestimmtheit" (über das erste „oder" hinüber) zur „Begrenztheit" des Individuums.

Scharfer Widerspruch gegen die allgemeine Gültigkeit dieses Axioms lag — schon längst, ehe es von L. ausgesprochen wurde — seitens der Mathematik vor. Wie aber verhält es sich mit der Anwendung des Axioms im vulgären Leben? — In unseren Erfahrungen und Wahrnehmungen finden wir Beispiele genug, die uns der Aussage beistimmen lassen, daß vielerlei, was wir mit dem Namen „Individuum" bezeichnen, etwas räumlich Begrenztes sei. Die ernsten Bedenken gegen die allgemeine Richtigkeit dieser Aussage, sowie auch gegen das Langenbergsche „Abstandsaxiom" pflegen auf den ersten Blick noch gar nicht hervorzutreten. Ganz anders aber liegt die Sache, sobald man das „Abstandsaxiom" und den Gedanken: „bestimmt und daher begrenzt" auf eine „Sammlung" von Individuen und in Verfolg dessen auch auf den Kosmos ausgedehnt findet. Denn dann tritt nicht mehr bloß etwas Einzelnes in unsere Vorstellung; sondern der ganze Weltraum wird Gegenstand des Nachdenkens. Das aber ist ein Objekt, dessen „Begrenztheit" nicht bloß vielerseits, sondern „fast allgemein" geleugnet wird, und eben dadurch verstärkt sich der Widerspruch gegen das Axiom offenbar bedeutend.

Wenn nämlich der „Raum" dem „Kosmos" zum Aufenthalt dient, wenn jeder Raumpunkt einen „Massenpunkt" beherbergen kann, und wenn es dann für Raumpunkte überhaupt keine „Abstands"-Grenze gibt, so gibt es auch für Massenpunkte keine Abstandsgrenze[1]. Falls demgemäß irgend ein aufgestelltes „Axiom", laute es, wie es immer mag, zum gegenteiligen Schlusse führt, so ist dieses Axiom als universeller Satz abzulehnen. Allgemeingültigkeit und strenge Beweiskraft kann somit das „Abstandsaxiom" nicht haben für jemand, der Grenzen des Raumes ablehnt und dem Raume allerwärts die Fähigkeit zuerkennt, „Massenpunkte" zu beherbergen. Soll das Abstandsaxiom daher eine tragfähige Brücke bilden, so muß es noch gestützt werden durch ein ferneres Axiom, welches entweder dem sogenannten „astronomischen Raum" selbst oder doch seiner Fähigkeit, als Aufenthalt von „Massenpunkten" zu dienen, Grenzen vorschreibt. Solange solch ein „Zusatzaxiom" zum „Abstandsaxiom" fehlt, wird die unmittelbare Verknüpfung: „Individuum oder eine (kosmische) Sammlung solcher" als „Sprung" erscheinen; die Kluft vom „Individuum" zum „Kosmos" ist nicht tragfähig überbrückt.

Ein solches „Zusatzaxiom" überhaupt in Form zu bringen, ist schon keine leichte Sache. Versuchsweise könnte man vielleicht einmal sagen:

„Es ist ein vollziehbarer und zutreffender Gedanke, daß der Raum ringsum nicht hinausreiche über ein vorhandenes ‚ἔσχατον', ein Grenze."

Oder sagen:

„Wennschon der Gedanke, daß es eine rings abschließende Grenze des Raumes gebe, nicht vollziehbar ist, so ist doch der Gedanke, daß es eine Grenze desjenigen Raumes gebe, der für ‚Massenpunkte' aufnahmefähig ist, vollziehbar." —

---

[1]) So lehrte u. a. der vorhin (S. 49) schon erwähnte Jesuit Boscowich, daß „die Materie aus ausdehnungslosen Punkten bestehe, die im unendlichen leeren Raume so zueinander gestellt seien, daß ihre Entfernungen wohl unendlich, aber nicht gleich Null werden können" (vgl. Rosenberger, „Geschichte der Physik", II, S. 331).

Wollte jemand das „Zusatzaxiom“ etwa aufstellen in der kategorischen Form:

„Es gibt eine Grenze desjenigen Raumes, der Massenpunkte beherbergt,“

so könnte er wohl die Gegenrede hören: Genau das ist es ja gerade, was noch erst soll bewiesen, also doch nicht schon darf axiomatisch vorausgesetzt werden! Und zudem ist es eine „quaestio facti“: Wer hat dir kühn behauptendem Manne von diesem „Faktum“ denn Mitteilung gemacht? Sag' es! Gib deine Gründe, gib die Quelle dieses deines Wissens an, aber verlange nicht, daß wir einem von dir blank hingestellten Dekret ohne weiteres vertrauen sollen!

Bei Langenberg findet sich eine Stelle, die hier vielleicht in Betracht kommen könnte; sie bezieht sich auf gewisse:

### D. Aristotelische und mittelalterliche Anschauungen.

Seine den Kosmos betreffenden Erörterungen leitet Langenberg (a. a. O. S. 175) ein mit folgenden Sätzen:

> „Nun erhebt sich die Frage, ob die thomistischen Grundsätze sich auf unser Weltbild, auf den Kosmos, mit dem die Astronomie bzw. die kosmische Physik und die Naturphilosophie zu tun haben, übertragen lassen. Allerdings gibt es nach aristotelischer und mittelalterlicher Anschauung außerhalb der letzten Himmelssphäre nur das Vakuum und keinen ‚Ort‘, weil dort kein einen Ort einnehmender Gegenstand existiert.“

Diese Einleitung gibt Anlaß zu zwei Erwägungen:

Erstens ist im Anschluß an unsere schon eben gemachte Bemerkung die Frage aufzuwerfen, welcher Beweiswert für das hier in Rede stehende Problem der von Langenberg vorgeführten „Aristotelischen und mittelalterlichen Anschauung“ etwa zugeschrieben werden könne.

Unter den „Himmelssphären“ sind (vgl. die Darstellung des Ptolemäischen Systems bei Arrhenius: „Die Vorstellung vom Weltgebäude im Wandel der Zeit“, Leipzig 1908, S. 58) übereinander gelagerte Kugelschalen zu verstehen. Nun läßt sich auf der Anschauung, daß es eine letzte kugelförmige „Schale" überhaupt gebe, doch kein Beweis für die Begrenztheit des „Kosmos" aufbauen, weil diese Begrenztheit mit dem Worte „letzte" schon vorausgesetzt ist. — Daß der Bezeichnung „Sphäre" in diesem Zusammenhange noch eine Unklarheit anhafte, soll dabei nicht bestritten sein.

Zweitens mag mancher Physiker oder Astronom sich wohl darüber wundern, daß hinter der „letzten Himmelssphäre" noch ein „Außerhalb" zum Gegenstande einer Aussage gemacht und von diesem „Außerhalb" behauptet wird, es sei „leer", daß es aber leere „Orte" außerhalb der „letzten Sphäre" dennoch „nicht geben" solle!

Und warum nicht?

Weil keine „Gegenstände" da sind, die sie „einnehmen"!

Wer diese eigenartige Grundangabe für zwingend hält, dürfte schließen, daß es dann nicht nur „außerhalb der letzten Himmelssphäre", sondern auch innerhalb des „Kosmos" keine „leeren Orte" gebe, und daß demgemäß die Ausfüllung des Raumes durch „einnehmende Gegenstände" eine kontinuierliche sei. Heutzutage sind wohl die meisten Physiker der entgegengesetzten Ansicht. „Von Ort zu Ort" fliegt das Elektron auch durch das „Vakuum" hindurch, und die „Geschwindigkeit des Lichtes im Vakuum" bildet eine Grundkonstante der modernen Physik. Mag ein und derselbe „Ort" nacheinander von verschiedenen „Gegenständen" eingenommen werden, so bleibt die Identität des „Ortes" davon unberührt, und mögen umgekehrt verschiedene „Orte" nacheinander von ein und demselben „Gegenstande" eingenommen werden, so bleibt die Verschiedenheit der „Orte" davon unberührt. In diesen Vorstellungen spricht sich von dem, was der Physiker „Ort", und dem, was er „Gegenstand" nennt, die gegenseitige Unabhängigkeit[1]) aus. — Wenn ein „Gegenstand" sich „von Ort

[1]) Von vielen Seiten und auf mannigfaltige Weise wurde und wird diese Anschauung (die Langenberg vielleicht Anlaß gegeben hat, S. 179 von einer „Hypostasierung" des Raumes zu reden) vor-

zu Ort“ bewegt, so braucht er nicht etwa andauernd sogenannte „Platzhalter“, d. h. schon vorhandene „Gegenstände“ von diesen „Orten“ wegzudrängen! Gewiß kann letzteres der Fall sein, aber eine allgemeine Notwendigkeit liegt nicht vor. Die Physik kennt auch „freie Weglängen“ und hat deren auf Grund sehr genau beobachteter Tatsachen eine erhebliche Anzahl bei den Gasmolekülen schon berechnet[1]).

Die im vorstehenden erörterte „Brücke“, welche die Kluft zwischen Individuum und kosmischem Kollektivum überwinden soll, betraf im Anschluß an Langenbergs „Abstandsaxiom“ die Beziehung zwischen Raum- und Massenpunkten. Nun erscheint aber noch eine:

---

getragen. Am bekanntesten wohl ist Newtons Ausspruch: „Der absolute Raum bleibt vermöge seiner Natur und ohne Beziehung auf einen äußeren Gegenstand stets gleich und unbeweglich. („Philosophiae naturalis principia mathematica.“ Deutsch von Wolfers, Def. VIII, schol.) — Der bedeutende Mathematiker Heinrich Weber zitiert (Weber u. Wellstein, „Encyklopädie“, Leipzig 1905, II, S. 589) von Kant die Sätze: „Laßt von eurem Erfahrungsbegriffe eines Körpers alles, was daran empirisch ist, nach und nach weg, die Farbe, die Härte oder Weichheit, die Schwere, die Undurchdringlichkeit, so bleibt doch der Raum übrig, den er, der nun ganz verschwunden ist, einnahm, und den könnt ihr nicht weglassen.“ Ferner: „Man kann sich niemals eine Vorstellung davon machen, daß kein Raum sei, ob man sich gleich ganz wohl denken kann, daß kein Gegenstand darin angetroffen werde.“ Dann drückt Weber seine Überzeugung aus, daß hierin eine unbestreitbare Tatsache unseres Bewußtseins konstatiert“ sei, und fügt bei: „Ich kann mir unmöglich vorstellen, daß der Raum, in dem sich die Erde heute vor einem Jahre befand, gegenwärtig nicht mehr vorhanden sei.“ — Czolbe schreibt („Die Grenzen und der Ursprung der menschlichen Erkenntnis“, Jena und Leipzig 1865, S. 96): „Der Raum ist neben [erstens] den sinnlichen Wahrnehmungen und [zweitens] den Körpern durchaus selbständig etwas drittes Unendliches und Unbegrenztes“ (vgl. Eisler, III, S. 1579). — Ausführlicher über diesen Gegenstand wird gehandelt in meinem Buche: „Das Endliche und das Unendliche“, S. 254 ff.

[1]) Die hier besprochene Nichtübereinstimmung zwischen den Aussagen von Anhängern älterer Philosophien und von Vertretern neuzeit-

möglich, nämlich ein Brückenschlag mit Hilfe des Begriffs der „Menge". Es liegt nahe, den „Kosmos" aufzufassen als eine Menge von (mit Thomas zu reden) „Körpern", oder (mit Langenberg zu reden) von „Individuen".

Setzt man also mit Thomas axiomatisch voraus, daß es im Kosmos weiter nichts gebe, als rings umgrenzte „Körper", und überträgt man diese Aussage ebenso axiomatisch auf „Individuen", so fragt sich, welche Aussagen über „Mengen"

---

licher Anschauungen liegt zum großen Teil auch wieder, wie so mancher Streit, an einer verschiedenen Sinnunterlegung gewisser Ausdrücke. Beim Gebrauch des Wortes „Raum" meinen die einen etwas ganz anderes als die andern. Insbesondere deckt das lateinische „spatium" unsern Begriff „Raum" keineswegs. Dem sehr vieldeutigen „spatium" klebt namentlich noch der z. B. ins Buchdruckergewerbe übergegangene engere Begriff des „Zwischenraumes" an. — Ein wichtiger Sinnunterschied herrscht ferner zwischen unserm „Ort" und der lateinischen Vokabel „locus". Was bei den Vertretern älterer Philosophien unter „locus" verstanden wird, könnten wir, statt durch „Ort", genauer wiedergeben etwa durch „Anwesenheitsstelle" oder „Aufenthaltsraum". Und was wir „Ort" nennen, entspricht mehr dem, was bei jenen ein substantiviertes „hic" oder „illic" oder „ubi" besagen würde (vgl. u. a. „Endl. u. Unendl." S. 57). Hin und wieder findet man auch gelegentliche Annäherung an unsere Auffassung. So schreibt z. B. Wohlmuth (Stöckls Lehrb. d. Philos., 8. Aufl., I, S. 234): „Eine Figur nimmt in der Phantasievorstellung immer eine bestimmte Stelle im Raume ein, hat einen bestimmten situs." — Der Ausdruck: „Stelle im Raume" entspricht unserm „Ort" wohl mit am besten. Vielleicht auch der „situs", wenn er nichts anderes besagen soll, als eine „Lage" oder einen „Platz" im Raume. Die „Stelle im Raume" ist etwas, das wir uns ganz unabhängig denken und vorstellen von der Frage, ob es von einem „Gegenstande eingenommen" werde oder nicht. — Und dann: Wer einer „Stelle in" der Bibel, einer „Stelle im" Bücherregal, einer „Stelle im" Ministerium usw. Existenz zuschreibt, wird doch wohl der Bibel selbst, dem Regal, dem Ministerium die Existenz nicht aberkennen! Sollte es sich mit der „Stelle im Raum" und dem „Raum" nicht ebenso verhalten, wie mit dem Ministerium und der „Stelle" darin?

dabei noch hinzugenommen werden müssen, um auf die räumliche Umgrenztheit des „Kosmos" bündig schließen zu können. — Nun bilden aber bekanntlich die „endlichen" und die „unendlichen" Mengen den Gegenstand der heutzutage sehr viel erörterten und eindringend durchgearbeiteten „Mengenlehre". Aber schon das Wort „endlich" bekommt bei seiner Anwendung auf „Mengen" einen ganz anderen Sinn, als bei seiner Anwendung auf räumlich oder zeitlich ausgedehnte Objekte. Gegenüber der „ursprünglichen Bedeutung" im letzteren Falle hat es im ersteren eine übertragene, und zur Herstellung genügende Klarheit über diese übertragene Sinnunterlegung des Wortes „endlich" erscheint es nötig, in der hier folgenden „dritten Abteilung" ein besonderes Kapitel einzuschalten.

Dritte Abteilung.

# Mengen bei Thomas.

## VII. Durchgreifende Unterschiede in den mehrfachen Sinnunterlegungen des Wortes „endlich" bei Thomas. Herstellung eines geordneten Systems.

Übersicht:

A. Zwei Dreiteilungen nach verschiedenen Prinzipien. — Die aristotelische Definition erweist sich bereits für das Gebiet des Ausgedehnten als zu eng. — Die von mir aufgestellte Zergliederung des Endlichen. — Langenberg stellt eine andere auf, die er als „thomistische" bezeichnet. Der Gesichtspunkt, nach dem er trennt, ist von dem meinigen verschieden.

B. Inwiefern findet mein Einteilungsprinzip sich schon bei Thomas vor? — Die Spaltung der „quantitas" in eine „propria" und eine „metaphorica" oder in eine „dimensiva" und eine „virtualis". Dieser Unterschied entspricht in seiner Anwendung auf das „finitum" einer Gegenüberstellung der „ursprünglichen" und der „übertragenen" Sinnunterlegung. — Weitere Unterscheidungen bei Thomas. — Mein übersichtliches System bedeutet eine Zuschärfung und eine Vereinfachung der thomistischen Entwicklungen. — Das „Endliche" im „metaphorischen" Wortsinne umfaßt alles Erschaffene. „Unendlichkeit" des Schöpfers.

C. Die „metonymische" Sinnunterlegung des Wortes. — Eine Andeutung auf diese enthält die „quantitas virtualis secundum effectum" bei Thomas. — Übertragung der „Endlichkeit" vom causatum auf die causa. Wenn entweder das Messen oder das Zählen ein „Ende" bekommt, das ihm vom Objekt aufgezwungen ist, so heißt letzteres „endlich", auch wenn ihm ein aristotelisches ἔσχατον fehlt. — Grenz-Schwund durch Krümmung. — Das Problem Riemanns. Thomas läßt solche Fälle außer Erwähnung, hingegen erörtert er die Endlichkeit der „Mengen".

**A. Zwei Dreiteilungen nach verschiedenen Prinzipien**[1]**.**

Eine Philosophie, die den Begriff „Ende“ bzw. „endlich“ allen Ernstes in das aristotelische ἔσχατον einzwängen wollte, würde für mancherlei Dinge, die man als „endliche“ zu bezeichnen gewohnt ist, gar keine ordnungsmäßige Unterkunft haben. Schon im Gebiet des räumlich Ausgedehnten tritt das deutlich hervor. So z. B. fehlt ja doch der Kreislinie, fehlt jeder ohne Knickung geschlossenen Kurve und Fläche ein richtiges „ἔσχατον“, ein „Äußerstes“, und doch zählt man dergleichen zu den „endlichen“ Objekten. — Die Seele des Menschen wird als ein „endliches“ Wesen hingestellt: wo ist bei ihr das „Ende“?

Aus solchen Beispielen ist abzunehmen, daß der Umfang des Begriffs „endlich“ nicht schon erreicht ist mit den bisher erwähnten älteren und neueren Definitionen. Diese treffen den Begriff eben nur in seiner Urheimat, d. h. im Gebiet des Ausgedehnten, umfassen aber nicht auch schon die mehrfachen Übertragungen, die mit ihm vorgenommen worden sind, und über die ich schon oft, am eingehendsten in den Kapiteln III, IV, V, VII meines Buches über „Das Endliche und das Unendliche“ gehandelt habe. —

Hier steht die Betrachtung wiederum an einem Punkte, wo zur Förderung des Verständnisses eine genaue und klare „Systematik“ den größten Nutzen stiften kann. Meine Zergliederung des Endlichkeitsbegriffs trennte dessen Anwendungen in drei Arten, die ich, wie dort dargelegt, als „ursprüngliche“, „metaphorische“ und „metonymische“ Sinnunterlegung deutlich voneinander schied. Nun stellt Langenberg (a. a. O. S. 82) ebenfalls eine „Dreiteilung“ auf, die er als „thomistische“ bezeichnet und folgendermaßen formt:

„a) Das infinitum simpliciter oder inf. secundum essentiam, das absolute Wesen;

---

[1]) In diesem Abschnitt sind manche Gedanken wiederholt, die außer in meinem Buche über „Das Endliche und das Unendliche“ auch schon im ersten Heft der „Untersuchungen“ entwickelt worden waren. Über den Grund dieser Wiederholung vgl. vorhin S. 11 Anmerk. 1.

b) das infinitum quantitatis dimensivae, das Unendliche in der räumlichen Ausdehnung;

c) das infinitum multitudinis, das Unendliche der Menge."

Dieser Dreiteilung liegt aber ein ganz anderes Teilungs-Prinzip zugrunde, als der meinigen. Was Langenberg hier in drei Gruppen spaltet, das sind eigentlich mehr die Objekte, von denen die Eigenschaft der Unendlichkeit ausgesagt wird. Ich hingegen teile die Sinnunterlegungen dieses Eigenschaftswortes selber ein[1]). Langenberg redet dabei vom Un-endlichen, ich von dem darin steckenden Wurzelwort „endlich". Gerade die Zerlegung dieses letzteren Begriffs ist doch wohl das für uns Nächstliegende, ist das logisch „Primäre", das Grundlegende. Und hieraus muß sich dann die Trennung der Objekte ergeben. So geschieht es auch in der Tat, und zwar geschieht es in einer größeren Mannigfaltigkeit, als Langenbergs Dreizahl sie aufweist.

## B. Inwiefern findet mein Einteilungsprinzip sich schon bei Thomas vor?

Daß dies wohl der Fall sein möchte, war u. a. aus einer Stelle bei dem auf thomistischer Grundlage bauenden Palmieri zu entnehmen, wo auch er nicht das „infinitum", sondern

[1]) Diese Verschiedenheit des Einteilungsprinzips bezüglich der Aussage „unendlich" ist ungefähr dieselbe, wie sie z. B. bei der Aussage „schwarz" stattfände, wenn der eine sagte: „Ich teile die Sinnunterlegungen dieses Eigenschaftswortes ein in 1) die ursprüngliche, bei der unser natürliches Sehorgan in Betracht kommt, 2) in übertragene, bildliche, bei denen irgend eine Vergleichung in Betracht kommt", während der andere sagte: „Ich teile das Schwarze ein in 1) Farbstoffe, 2) Nächte, 3) Absichten, Pläne, Taten, 4) Seelen, Verräter, Teufel." — Worauf es zum Zweck der erstrebten Klarheit am meisten ankommt, scheint mir doch der Umstand zu sein, daß ein und dasselbe Wort („unendlich" bzw. „schwarz") bei seinen mehrfachen Anwendungen durchaus verschiedene Bedeutungen hat, daß es als sprachlicher Ausdruck dient für ganz verschiedene Gedanken, und daß diese verschiedenen Gedanken deutlich ins Licht gesetzt werden.

das „finitum" in die Hand nimmt und („Instit. philos. I, S. 499) sagt:

„Porro finitum, si vocis primum usum spectes, de quantitate proprie dicitur; quantitas autem duplex distingui potest, propria et metaphorica: propria, quae in magnitudine corporali consistit, metaphorica, quae gradibus perfectionis continetur."

Der Sinnunterschied zwischen der eigentlichen oder ursprünglichen und andererseits der „metaphorischen" Anwendung des Wortes „quantitas" greift ganz von selbst über auf die hier in Rede stehende Sinnunterlegung des Wortes „finitum", sofern diese eben die „quantitas" zum Gegenstande hat. Wir müssen nach Palmieri also auch in der Auffassung des „finitum", des „Endlichen", einen „ursprünglichen" von einem „metaphorischen", d. h. „übertragenen" Sinne unterscheiden. — Wo findet sich etwas Entsprechendes bei Thomas? —

Ganz ähnlich wie Palmieri sagt bezüglich der „quantitas" auch Thomas (S. Th. I, qu. 42, a. 1):

„Ad primum ergo dicendum, quod duplex est quantitas. Una scilicet, quae dicitur quantitas molis, vel quantitas dimensiva . . . Sed alia est quantitas virtutis, quae attenditur secundum perfectionem alicujus naturae, vel formae." —

Bis hierhin hat Langenberg (a. a. O. S. 82) die Stelle wiedergegeben. Von erheblicher Bedeutung sind aber noch besonders die Sätze, mit denen Thomas fortfährt:

„Quae quidem quantitas designatur, secundum quod dicitur aliquid magis, vel minus calidum, inquantum est perfectius, vel minus perfectum in tali caliditate. Hujusmodi autem quantitas virtualis attenditur primo quidem in radice, id est in ipsa perfectione formae, vel naturae; et sic dicitur magnitudo specialis, sicut dicitur magnus calor propter suam intensionem, et perfectionem. . . . Secundo autem attenditur quantitas virtualis in effectibus formae. Primus autem effectus formae est esse; nam omnis res habet esse secundum suam formam. Secundus autem effectus est operatio; nam omne agens agit per suam formam. Attenditur igitur quantitas virtualis et secundum esse, et secundum operationem. Secundum esse quidem, inquantum ea, quae sunt perfectioris naturae, sunt majoris durationis. Secundum operationem vero, inquantum ea, quae sunt perfectioris naturae, sunt magis potentia ad agendum."

Nach solch eingehender Erörterung der „quantitas" kommt es nur noch darauf an, diesen Begriff mit dem des „finitum" logisch zu verbinden. Wie geschieht das bei Thomas?

Langenberg bringt aus S. Th. I, q. 14, a. 12 die negativ gefaßte Aussage bei: „quantitativa . . . mensura carent infinita", die man wohl ins Positive übertragen und sagen darf: „Finita habent mensuram quantitativam." [1]) Dann kommt sie gut überein mit dem Satze Palmieris: „Finitum proprie de quantitate dictur." Auf solcher Unterlage kann die thomistische Zergliederung des Quantitas-Begriffs uns auch eine Zergliederung der Sinnunterlegungen des Wortes „endlich" liefern. Dabei erhalten wir zuerst eine „Endlichkeit der Masse", dann eine Endlichkeit der „virtus", welch letztere sich richtet nach der Vollkommenheit, der „perfectio alicujus naturae vel formae". Darunter begreift Thomas mehrerlei. Wenn er als Beispiel zunächst die geringere oder größere „caliditas", also die „Temperatur" anführt, so ist unter der „virtus" eine „Eigenschaft" zu verstehen. Indem er dann aber die „quantitas virtualis" in den „effectibus formae" sucht, findet er zweierlei effectus vor, erstens das „esse", das bloße Dasein und dessen Dauer, zweitens die „operatio", die „potentia ad agendum", also das Wirk-Vermögen.

Auch von diesen Äußerungen des Thomas kann nicht ohne Berechtigung ausgesagt werden, sie schlössen gewisse Grundideen, die in neuerer Zeit eine weitere Ausgestaltung erfahren haben, schon in sich ein. Man wird finden, daß bei Abfassung meines Buches über das „Endliche und Unendliche" mein Weg

---

[1]) Thomas schreibt in demselben Artikel auch: „Infiniti ratio congruit quantitati." Könnte man, ohne dieser Aussage irgend zunahezutreten, nicht ebensowohl sagen: „Finiti ratio congruit quantitati"? Ein scharfer Gedanke in genauer Form wäre damit aber nicht ausgedrückt, schon allein wegen der geradezu **beklagenswerten** Vieldeutigkeit des Wortes „ratio". Vgl. dazu in der Forzanischen Ausgabe (Romae 1894) der S. Th. Bd. 6, S. 412.

von den Fußstapfen des Thomas an gewissen Stellen nicht gar viel abgewichen ist.

Wohl besteht eine wichtige Abweichung zunächst darin, daß ich bei der Zergliederung des Begriffs „endlich" den Begriff der „quantitas" da beiseite ließ, wo seine Anwendung weiter nichts als ein Umweg ist. Bei dem, was Thomas von der „quantitas virtutis" ausführt, handelt es sich zumeist um „aliquid magis vel minus" (nicht von Quanti-, sondern) von Qualitäten. Das sahen wir ja vorhin schon in betreff der „caliditas". Und so finde ich im 6. Bande der Forzanischen Ausgabe der S. Th. auf S. 291 gerade bezüglich der oben angegebenen Stelle die kurze Inhaltsangabe: „Quantitas duplex, scilicet molis, et virtutis, quae ex genere suo **non** est quantitas, sed **qualitas**[1]) vel forma substantialis."

Daher glaube ich es als eine Zuschärfung und zugleich als eine Vereinfachung der hier in Betracht kommenden

---

[1]) Es ist das dieselbe Sache, die T. Pesch („Instit. Log." $II_2$, S. 218) vermutlich im Auge hat, wo er von dem „infinitum secundum qualitatis intensionem" spricht. Wie ja auch Thomas an der vorhin angeführten Stelle schreibt: „sicut dicitur magnus calor propter suam intensionem". An einer späteren Stelle (S. Th. 2—2, q. 25, a. 5), von der Langenberg a. a. O. S. 82 einen Teil anführt, sagt Thomas noch etwas mehr über diese zweite Art der „quantitas", die darin bestehe, daß sie eine „forma accidentalis" sei. In dieser Auffassung geschehe eine Vermehrung nicht „per additionem", sondern „per modum intensionis ejus in subjecto". Und er fügt zur Erläuterung das Beispiel von der „scientia" hinzu, der „Wissenschaft", die einerseits vermehrt werden könne durch Zuwachs an Objekten des Wissens („inquantum aliquis plura cognoscit"), andererseits aber auch durch Zuwachs an der Sicherheit des Wissens („augetur in eo, qui certius eadem scibilia cognoscit nunc, quam prius"). Dieses Ergebnis wendet er sodann auch auf den eigentlichen Gegenstand seiner 24. „quaestio", nämlich auf die „charitas" an und sagt: „similiter etiam et charitas habet duplicem quantitatem", nämlich erstens „ex parte objecti", zweitens „per solam intensionem". — Solche Steigerungen der Wissenssicherheit und der Liebe kann man wohl ebenso, wie die Steigerung der „caliditas" als eine Steigerung „secundum qualitatis intensionem" bezeichnen. Sie stehen einer Steigerung der eigentlichen „quantitas" („per

Entwicklungen des hl. Thomas bezeichnen zu dürfen, daß ich im Kapitel III meines genannten Buches die „Erste Klasse von Sinnübertragungen des Wortes ‚endlich' inhaltlich gliederte nach dem übersichtlichen System (vgl. 1. Heft S. 123 ff.):

Endlich wegen Vermehrbarkeit des Quantums.
Endlich wegen Steigerungsfähigkeit einer Eigenschaft.
Endlich wegen Vermehrbarkeit oder Steigerungsmöglichkeit der perfectiones.
Endlich wegen Steigerungsfähigkeit des nackten Seins."

Ich habe dieses Schema hier eigens wiederholt, weil daran die Punkte, in denen Übereinstimmung mit Thomas vorliegt, sofort erkennbar sind. Im Einklang mit Palmieri nannte ich die drei letzten Sinnunterlegungen des Wortes „endlich" „metaphorische"; denn „metaphorisch" heißt im besondern das (S. Th. Bd. 6, S. 237) „in quo non est tota ratio nominis, sed aliquid ejus per similitudinem". Und die „similitudo" besteht hier in der „Vermehrbarkeit", die ja mit der „Endlichkeit" so sehr verkoppelt worden ist, daß man erstere sogar (vgl. „Endl. u. Unendl." S. 24) als Kriterium für letztere benutzt hat. —

In den durch diese metaphorische Sinnunterlegung erweiterten Begriff der „Endlichkeit" läßt sich nunmehr alles Erschaffene hineinbringen[1]). Denn bei jedem erschaffenen Wesen liegt eine Vermehrbarkeit oder Steigerungsfähigkeit der „perfectiones", der Vollkommenheiten, vor, und — bei der Art, wie so häufig der Begriff „esse" aufgefaßt wird (vgl. „Endl. u. Unendl." S. 25 f.) — auch eine Steigerungsfähigkeit des nackten Seins.

Jede Menschenseele, jeder Himmelsengel ist, obschon ihm räumliche und zeitliche „Enden" fehlen, dennoch „endlich". So sagt Thomas (I, q. 10, a. 3):

---

additionem") als gleichberechtigte Abteilung zur Seite. Man darf sie bei der Zergliederung des Begriffs „endlich" nicht unter den Tisch fallen lassen. Bei Langenbergs Dreiteilung des „infinitum" (vorhin S. 82 f.) sind sie nicht eigens hervorgetreten.

[1]) So daß als ein in diesem Wortsinne „unendliches" Wesen ganz von selbst nur der Unerschaffene übrig bleibt.

„Sic igitur, si essent infiniti homines numero, haberent quidem infinitatem secundum aliquid, scilicet secundum multitudinem: secundum tamen essentiae rationem haberent finitatem; eo quod omnium essentia esset limitata sub ratione unius speciei." — Langenberg übersetzt die Stelle folgendermaßen: „Wenn es daher unendlich viele Menschen gäbe, so besäßen sie die Eigenschaft der Unendlichkeit nur in einer Beziehung, nämlich hinsichtlich der Menge; unter dem Gesichtspunkt der Wesenheit aber wären sie endlich, da ja die logische Spezies ‚Mensch' einen begrenzten Sachinhalt hat."

Ob Langenberg mit der Übersetzung: „Die logische Spezies ‚Mensch' hat einen begrenzten Sachinhalt" den Sinn der Worte: „essentia esset limitata sub ratione unius speciei" zutreffend wiedergibt, lasse ich dahinstehen. Klar erscheint an dem Satze des Thomas wenigstens soviel, daß die essentia, das sogenannte „Wesen" des Menschen „limitata", also begrenzt sei.

Aber inwiefern ist es begrenzt?

Was Langenberg mit dem „Sach-inhalt der logischen Spezies Mensch" meint, ist mir nicht genügend deutlich. Die „Logik" versteht (Dyroff S. 42) unter dem „Inhalt" eines Begriffs „die Einheit, den Inbegriff seiner Merkmale". Die „Begrenztheit" eines solchen „Inhalts" könnte sich also schon auf die Menge, auf das „Vielsein" dieser Merkmale beziehen. Vielleicht aber auch auf die Steigerungsfähigkeit derjenigen Eigenschaften, die als „Merkmale der Spezies Mensch" aufgestellt werden [1]). In diesem Falle stimmt die Auffassung, wie Thomas sie nach Langenberg gehabt hat, mit der meinerseits dargelegten überein. Auch sieht man deutlich, welche bestimmte Stelle sie einnimmt in der systematischen

[1]) Oder auch auf die Steigerungsfähigkeit des „Seins an sich", des „esse". So sagt Thomas (S. Th. I, q. 14, a. 12) anklingend an die vorhin angeführte Stelle u. a.: „Dato autem quod essent aliqua infinita actu secundum numerum, puta infiniti homines . . . . tamen manifestum est, quod haberent esse determinatum et finitum, quia esse eorum esset limitatum ad aliquas naturas. Unde mensurabilia essent secundum scientiam Dei."

Zergliederung der Sinnunterlegungen des Wortes „endlich“, wie ich sie in meinem Buche entwickelt und vorhin wiederholt habe.

### C. Die metonymische Sinnunterlegung des Wortes.

Nach der „metaphorischen“ wäre nun noch die „metonymische“ Sinnunterlegung zu erörtern hinsichtlich der Frage, ob etwa schon bei Thomas sich Äußerungen finden, die auf einen solchen Wortgebrauch hindeuten.

Die sehr bemerkenswerte Eigenart des metonymisch angewendeten „endlich“ bzw. „unendlich“ habe ich in den Kapiteln IV, V und VII ausführlich, mit kurzen Worten auch anderwärts bereits dargelegt und brauche das hier nicht von neuem zu tun. Will man sie mit Äußerungen des hl. Thomas verknüpfen, so kann es vielleicht am einfachsten geschehen im Anschluß an das, was er „quantitas virtualis secundum effectus“ genannt hat. Dieser „effectus“ soll, wie oben mitgeteilt, in der „operatio“, bzw. in der „potentia ad agendum“ bestehen. Er hängt dadurch begrifflich nahe zusammen mit der „kausalen Metonymie“.

Ist an irgend einer in Betracht gezogenen „Wirkung“, an einem „effectus“, die Eigenschaft der „Endlichkeit“ — das Wort in seinem natürlichen, seinem ursprünglichen Sinne gefaßt — feststellbar, so kann diese Eigenschaftsbezeichnung durch „kausale Metonymie“ übertragen werden vom „causatum“ auf die „causa“. Solche Übertragungen lassen sich anwenden einerseits auf den Fall, daß das „causatum“, das Verursachte, ein endliches, d. h. begrenztes Ding, andererseits auf Beispiele, in denen es eine endliche, d. h. begrenzte Handlung ist. Wenn ausgedehnte oder auch nicht ausgedehnte Objekte eine Eigenschaft haben, zufolge deren sie entweder

a) der messenden oder
b) der zählenden

Beschäftigung ein „Ende“ aufzwingen, so werden sie als Verursacher dieser Beendigung „endliche“ Objekte genannt.

Erinnern wir uns an die Kreislinie. — Mit welchem Rechte bezeichnet man diese oder irgend eine andere ohne Knickung geschlossene Kurve als ein „endliches“ Gebilde? — Sie gehört dem Bereich des Ausgedehnten an, vermag aber ein „Ende“, ein „Äußerstes“, ein aristotelisches ἔσχατον nicht aufzuweisen. Wieso denn ist sie etwas Endliches? — Antwort: Sie zwingt der messenden Tätigkeit ein Ende auf. Denn nach Verlauf einer gewissen Anzahl von Meßakten bietet sie dem messenden Subjekt kein noch unberücksichtigtes Objekt für seine Tätigkeit mehr dar. In diesem Sinne ist sie „restfrei“ ausmeßbar, ausmeßbar ohne verbleibenden Überrest.

So verhält es sich bei allen räumlichen Gegenständen von einer und von zwei Dimensionen, die durch Krümmung in sich geschlossen und somit der eigentlichen „Enden“ beraubt sind. Dieselbe Eigenschaft auch bei dreidimensionalen Gebilden herbeizuführen, ist Sinn und Zweck des berühmten Riemannschen Problems.

Bei Thomas habe ich auf diese, insbesondere die gekrümmten Raumformen betreffenden Theorien keine Bezugnahme gefunden. Anders verhält es sich mit denjenigen Dingen, die der zählenden Beschäftigung ein Ende aufzwingen, nämlich mit den „Mengen“. Diese sind in der Tat von Thomas in den Kreis seiner Betrachtungen einbezogen worden. Auch Langenberg beschäftigt sich damit, und so schlüpft denn das Fadenende des vorigen Kapitels uns hier wieder in die Hand.

## VIII. Unendliche Dingmengen in der Behandlungsweise des Thomas.

Übersicht:

A. Definitionen. — Die Bestimmungen über das, was Thomas unter einer „multitudo“ versteht, sind in der neuzeitlichen Mengenlehre erheblich zugeschärft worden.

B. Kennzeichen der Endlichkeit einer Menge, falls deren Elemente Ausdehnung haben. — Rückgriff auf die Erklärung des Grenzbegriffs bei Aristoteles und Killing. — Der Begriff „Anfang“. Bei Hartmann dauert der „Anfang“ eines Jahres einen ganzen Monat hindurch.

C. Kennzeichen der Endlichkeit einer Menge, falls deren Elemente unausgedehnte Dinge sind. — Anwendung der kausalen Metonymie. Die Eigenart einer Menge kann der Elementenzählung ein Ende aufzwingen. — Wie die Eckglieder einer geordneten, abgeschlossenen Menge nach wissenschaftlichem Sprachgebrauch zu bezeichnen sind. Hartmanns Verfahren.

D. Kennzeichen der Unendlichkeit bei Mengen. — Inwiefern das von Thomas angegebene und von Langenberg hervorgehobene „Kriterium der Unendlichkeit" noch mangelhaft ist. Die von mir angegebene Form desselben. Ersatz des mehrdeutigen Wortes „unendlich" durch einen genaueren Ausdruck.

E. Erstes Argument, vermittelst dessen Thomas bei Mengen die Unendlichkeit ausschließt. — Vier darin enthaltene Sätze werden einzeln herausgeschält. Das logische Fundament steckt in seiner Definition des „numerus" und in der Einzwängung des Mengenbegriffs in das Joch einer fertig vollzogenen Meßtätigkeit. Das part. perf. pass. „mensurata". Diskussion dieses Wortes. — Das Argument des Thomas ist entweder bloß terminologischer oder ist kosmologischer Natur; dann aber setzt es das Demonstrandum als kosmologisches Axiom voraus. — Langenbergs Auffassung leidet an Ungenauigkeiten, verschiebt den thomistischen Gedanken und hilft über das „Entweder — oder" auch nicht hinweg.

F. Zweites die Unendlichkeit von Dingmengen ausschließendes Argument des Thomas. — Hierbei setzt Th. das Erschaffensein der Welt und bezüglich ihres Schöpfers wieder ein besonderes Axiom voraus. Bei Erwähnung desselben benutzt Langenberg das mehrdeutige Wort „bestimmt" und darin zugleich sein „Abstandsaxiom". — Liste der von Thomas und Langenberg für die Behauptung von der räumlichen Begrenztheit der materiellen Welt benutzten Definitionen und Axiome. — Scheidewege. Jasager, Neinsager, Zweifler.

### A. Definitionen.

Über die Definition der „Menge" im Sinne heutiger Wissenschaft wurde bereits mehrfach erwähnt, daß sie (abgesehn von den beiden „uneigentlichen", d. h. von der „Null"- und der „Einheits"-Menge) den Zustand der Wohlunterschiedenheit mehrerer unter dem Namen „Elemente" zusammengefaßter Dinge fordert.

Beim hl. Thomas können wir bereits einen ähnlichen Gedanken — wenn auch nicht mit der gleichen Schärfe ausgesprochen — vorfinden. Im zweiten Artikel der elften „quaestio" des ersten Teiles seiner „Summa Theologica" spaltet er den Begriff der „Menge" und erörtert zwei verschiedene Sinnunterlegungen dieses Wortes, die sich dadurch unterscheiden, daß man von einer „Menge" sprechen kann einmal im Gegensatz zum Begriffe „eins", dann aber auch im Gegensatz zum Begriffe „wenig". Bezüglich der ersteren Auffassung, die für uns einzig in Betracht kommt, sagt Thomas: „Unum opponitur privative multis, inquantum in ratione multorum est, quod sint divisa."

Wenn dieses leider mehrdeutige Wort „divisa" dasselbe besagen soll, wie bei Cantor, Schönflies usw. der Ausdruck „wohlunterschieden", so darf man die Sinnerklärungen als miteinander übereinstimmende gelten lassen. — Sodann führt Thomas noch weiter aus:

> „Multitudo etiam secundum rationem consequenter se habet ad unum: quia divisa non intelligimus habere rationem multitudinis, nisi per hoc, quod utrique divisorum attribuimus unitatem; unde unum ponitur in definitione multitudinis, non autem multitudo in definitione unius. Sed divisio cadit in intellectu ex ipsa negatione entis, ita quod primo cadit in intellectu [1]) ens: secundo quod hoc ens non est illud ens, et sic secundo apprehendimus divisionem, tertio unum, quarto multitudinem."

In dieser Stelle kann man besonders die von mir unterstrichenen Worte: „hoc ens non est illud ens" dahin auffassen, daß sie nicht etwa bloß die Unterscheidbarkeit, sondern den Zustand tatsächlicher „Wohlunterschiedenheit" bedeuten. Dies vorausgesetzt, befindet sich die thomistische Definition der „multitudo" in erkennbarem Einklang mit der modernen, formell zugeschärfteren Definition der „Menge".

Was sodann zweitens die Definition des Begriffs „Ende" betrifft, so darf ich mich auf das in den vorstehenden Abschnitten II und III ausführlich Dargelegte berufen.

---

[1]) So in der Forzanischen Ausgabe der S. Th. sowie in einem Zitat bei Tongiorgi („Instit. philos.", Bruxelles 1862, II, S. 48). Bei Langenberg steht zweimal „intellectum".

**B. Kennzeichen der Endlichkeit einer Menge, falls deren Elemente Ausdehnung haben.**

Wir fragen zunächst: Unter welcher Voraussetzung ist man berechtigt zu sagen, daß eine Menge das besitze, das an sich als vorhanden erkennen lasse, was (gemäß der erörterten Definition) „Ende", „finis", „πέρας" heißt?

Wer sich streng nach dem angeführten Ausdruck des Aristoteles richtet (vgl. S. 13), kann diese Berechtigung nur für den Fall zugestehen, daß bei der betr. „Menge" ein Etwas nachweisbar ist,

> „innerhalb dessen alles von dieser Menge, und außerhalb dessen nichts von ihr sich befindet".

Eben dieses Etwas, das Aristotelische „ἔσχατον", von Thomas als „extremitas", von Rolfes als „Äußerstes" bezeichnet, wurde von Killing (vgl. S. 21 f.) noch genauer genommen und schärfer dahin gekennzeichnet, daß es ein Gebilde darstelle, dessen Dimensionenzahl um eine Einheit geringer sei, als die Dimensionenzahl des begrenzten Objekts, hier also der in Betracht gezogenen „Menge".

Damit letzteres nun überhaupt zutreffen könne, muß diese „Menge" somit ein Ding sein, das an sich selber zum mindesten eine Dimension besitzt. Das findet beispielsweise statt bei einer in Meter oder deren Teile zerlegten (nicht etwa bloß zerlegbaren) Strecke, oder bei einer in Jahre oder deren Teile zerlegten Zeitperiode. — Ist diese Vorbedingung erfüllt, so geht die Frage weiter dahin, welchen Sinn das aristotelische „Innerhalb alles" und „außerhalb nichts" bei der gewählten „Menge" habe, und inwiefern es als Kennzeichen der Endlichkeit verwendbar sei. Hierzu diene folgende Überlegung:

Bekanntlich kann man bei linearen Gebilden zwei entgegengesetzte Richtungen (vgl. S. 31) unterscheiden und demgemäß die Bezeichnungen „Ende" und „Anfang" je nach der gerade ins Auge gefaßten „Richtung" einfach miteinander vertauschen. Daher darf zunächst bei der räumlichen „Strecke" das, was „Ende" heißt, ebensowohl als „Anfang" bezeichnet werden, so daß die aristotelische Definition des „πέρας" unterschiedslos auf beide Grenzen der Strecke anwendbar ist. Gleiches läßt sich übrigens auch von der Zeit-Strecke aussagen, insofern man diese zwar nicht rückwärts durchleben, wohl aber rückwärts durchdenken und bei diesem Geschäft das „Ende" zum „Anfang" machen kann.

Gelangen wir auf solche Weise im linear räumlichen wie im zeitlichen Gebiet zu „Anfang" und „Ende" als korrelativen Begriffen, so ist damit für den vorliegenden Zweck zweierlei erreicht, erstens das aristotelische „ἔσω", das „Innerhalb", desgleichen auch zweitens das „Kennzeichen der Endlichkeit" für die in Betracht genommene Menge.

Bezüglich des „ἔσω" aber ist doch noch etwas genauer zuzusehen, weil in diesem Punkte tatsächlich Differenzen zur Aussprache gekommen sind. — Klar auf der Hand liegt, daß das ἔσω von „Anfang" und „Ende" umgrenzt, daß es als Ganzes zwischen „Anfang" und „Ende" eingeschlossen ist. Logisch hat man also voneinander zu unterscheiden erstens das aktiv einschließende Gebilde und zweitens das passiv von ihm eingeschlossene ἔσω. Und nun muß gefragt werden: Was gehört zu letzterem? Sind „Anfang" und „Ende" auch darin einbegriffen? Schließen „Anfang" und „Ende" sich mitsamt dem Zwischenliegenden etwa auch selber ein?

Ob Aristoteles und Thomas auf diese nicht gar fern liegende Frage eine bestimmte Antwort geben, ist mir nicht bekannt. Aber mich dünkt, bei unbefangener, vorurteilsfreier Prüfung wird jeder dahin neigen, sie zu verneinen. — Die Begriffe πέρας und ἔσω stehen in deutlichem Gegensatz zueinander. Das „Ende", scharf gefaßt, ist im scharf gefaßten „Innerhalb" nicht vorfindlich.

Daß nach dem Killingschen Satze das „Ende" keinen Teil des „Innerhalb" bilden kann, liegt ja deutlich vor Augen, aber „implicite" läßt sich dieses Ergebnis vielleicht auch schon in der aristotelischen Definition enthalten finden.

Hält man diese Auffassung für richtig, so lohnt es sich wohl, auf ein von Hartmann im Philosophischen Jahrbuch (1916, S. 328) behandeltes Beispiel zurückzugreifen. Hartmann erachtet sich für einwandfrei berechtigt, das Jahr „anzusehen“ u. a. als eine „Menge“ von Monaten, und dabei den „Monat Januar“ als „Anfang“ (entsprechend also doch jedenfalls auch den Monat Dezember als „Ende“) des Jahres aufzufassen (Näheres 1. Heft S. 143 ff.). Wenn nun diese beiden vollen Monate die „Grenzen“, die aristotelischen „ἔσχατα“ vorstellten, was wäre dann das von ihnen eingeschlossene „ἔσω,“ das zwischenliegende, das umfaßte „Innerhalb“? — Würde es nicht die Zeitdauer vom ersten Februar bis zum letzten November sein?

Aber — so darf man anschließend an Aristoteles fragen — umfaßt diese Zeitdauer, dieses „ἔσω“, denn von der in Betracht gezogenen „Menge“, die „Jahr“ heißt, wirklich „πάντα“, wirklich alles?

Offenbar erhebt sich hier die Schwierigkeit, das aristotelische „Alles“ in das Jahres-Innere“ hinein zu bringen, wenn Jahres-„Anfang“ und Jahres-„Ende“ bereits vorweg je einen vollen Monat für sich selbst in Anspruch nehmen. Wieviel natürlicher und einfacher genügt es demgegenüber der Forderung des Aristoteles, als „Grenzen“ des eindimensionalen Gebildes mit Killing die nulldimensionalen Punkte, Raum- und Zeitpunkte aufzufassen!

Voll und zwanglos befriedigt wird die aristotelische Forderung auf Killings Art auch bei zwei- und dreidimensionalen räumlichen Gebilden, die das Kennzeichen einer „Menge“ an sich tragen. Davon überzeugt man sich leicht, und ich brauche es hier nicht näher zu erörtern.

### C. Kennzeichen der Endlichkeit einer Menge, falls deren Elemente unausgedehnte Dinge sind.

Wenn wir die Frage, ob einer „Menge“ die Eigenschaft der „Endlichkeit“ zugeschrieben werden könne, auf solche Mengen beziehen, denen die Eigenschaft der Ausdehnung fehlt, so ist zunächst klar, daß die bisherige Betrachtungsweise darauf nicht anwendbar ist. Will man also auch gewissen weder räumlich noch zeitlich ausgedehnten Mengen die Eigenschaft der Endlichkeit überhaupt zuschreiben, so kann es gar nicht im ursprünglichen, sondern nur in einem übertragenen Wortsinne geschehen, und letzterer kennzeichnet sich, wie bereits erörtert, als „kausale Metonymie“. „Endlich“ werden diese Mengen genannt, insofern sie der sich mit ihnen beschäftigenden Tätigkeit des Zählens ein Ende aufzwingen[1]) (wie etwa eine Melodie „lustig“, ein Brief „feurig“, eine Anzeige „traurig“ genannt werden kann). Und eben dieses „Ende“ als Zeit-Punkt, als temporale „extremitas“, als „ἔσχατον“ πραγματείας bildet gewissermaßen die Lötstelle, durch welche auch die unausgedehnte Menge noch mit der von Thomas übernommenen aristotelischen Definition des „Endes“, des „πέρας“ zusammenhängt.

---

[1]) Als ein bezeichnendes Beispiel von „kausaler Metonymie“ kann die erste Strophe von Eichendorffs bekanntem Waldliede angeführt werden, die lautet:

„O Täler weit, o Höhen! O schöner, grüner Wald!
Du unsrer Lust und Wehen andächtger Aufenthalt!“

Wird man einem Baume die Empfindung der „Andacht“ zuschreiben? — Oder dem „Walde“, dieser Vielheit von Bäumen? — Schwerlich! Aber der Wald ruft diese Empfindung hervor, er bewirkt sie (wie „Poseidons Fichtenhain“ das ja lehrt) in der Seele dessen, der ihn betritt und betrachtet. „Andächtig“ wird er daher genannt unter „kausal metonymischer“ Benutzung dieses Wortes.

Ähnlich verhält es sich mit Dingen von vielerlei Art bezüglich der „Endlichkeit“. — Ein Sakrament, ein logisches Gesetz, eine Person in der Gottheit usw. ist kein Objekt, von dem an und für sich man den Besitz eines „Endes“ aussagen wird, ebensowenig von mehreren solchen Objekten. Aber jede dieser Mehrheiten ist derart, daß sie der zählenden Tätigkeit dessen, der sich mit ihr beschäftigt, ein „Ende“ aufzwingt; sie bewirkt ein „Ende“ des Zählens. Im „kausal metonymischen“ Sinne kann man daher der Menge der Sakramente, der logischen Gesetze, der Personen in der Gottheit die Eigenschaft der „Endlichkeit“ zuschreiben (vgl. hierzu S. 89).

Wählen wir als Beispiel etwa eine „Menge" von Punkten im Raume, von Augenblicken im Zeitverlauf, von unbenannten Zahlen, von reinen Gedankendingen, so können wir fragen: Inwiefern vermag die Eigenart einer solchen Menge denn wohl der Zähltätigkeit ein „Ende" aufzuzwingen? —

Einen Zwang von dieser Art gibt es in der Tat, und er erweist sich sehr oft wirksam: Beim einfachen Syllogismus z. B. umfaßt die Menge der zulässigen Begriffe drei Elemente. Hätte sie irgend einmal deren vier, so läge eben damit schon der Fehler einer „quaternio terminorum" vor. Die Menge der elementaren Formen, in denen ein und derselbe Septimenakkord im vollstimmigen Quartettsatz auftreten kann, hat vier, die Menge der erdenkbaren regulären Polyeder hat fünf, die Menge aller möglichen Permutationen der Buchstaben a, b, c hat sechs Elemente usw.

Jetzt drängt es zu fragen: Besitzt denn keine von solchen „endlichen" Mengen, rein an sich selbst betrachtet, also ganz abgesehen vom Zählgeschäft, ein durch die aristotelische Definition gerechtfertigtes „Ende"?

Darauf ist zunächst zu antworten: Falls jemand eine dieser Mengen nach irgendeiner Regel geordnet hat, z. B. die Permutationen des a, b, c-Tripels alphabetisch, dann hat diese Menge ein „erstes Element", das abc, und ein „letztes", das cba heißt. Ist denn nun nicht abc der „Anfang", nicht cba das „Ende" dieser Menge?

Gewiß wird solche Bezeichnungsweise im gewöhnlichen Leben nicht selten angewendet, sie entspricht aber weder dem exakten Sprachgebrauch der Mengenlehre, noch der strengen Definition. — Liegt die Menge der Permutationen in Schrift oder Druck irgendwo räumlich vor, und faßt man die Buchstaben als „lineare Gebilde" auf, so ist der räumlich erste Punkt von abc der „Anfang", der räumlich letzte von cba das „Ende" der dort vorliegenden Menge, keineswegs können die ganzen Mengenelemente abc bzw. cba in diesen Rollen auftreten. Das erfordert Killings Satz. — Und wie verhält es sich dabei mit der Forderung der Aristotelischen Definition? — Genau so hier, wie es früher in zeitlicher Hinsicht von der Monaten-Menge namens „Jahr“ erörtert worden ist.

Die Schwierigkeit, mit der vulgär-nachlässigen Ausdrucksweise (abc sei Mengen-„Anfang“, cba sei Mengen-„Ende“) der strengen Forderung des „ἔσω πάντα“ zu genügen, bleibt übrigens auch dann obwaltend, wenn man bei der in Rede stehenden Menge von all und jedem, was daran räumlich und zeitlich ist oder werden kann, ganz absieht und die Mengenelemente als reine Abstrakta, als bloße Gedankendinge ins Auge faßt. Darum ist es augenscheinlich empfehlenswert, die Eckglieder, die Extremelemente einer geordneten Menge nicht als „Anfang“ und „Ende“, sondern gemäß dem Sprachgebrauch der berufenen Fachwissenschaft als „erstes“ bzw. „letztes“ Element zu bezeichnen, und eine Menge, die zwei solche Elemente besitzt, eine „endliche“ zu nennen nur in dem metonymischen Sinne, daß sie vermöge ihrer besondern Eigenart dem Zählgeschäft ein „Ende“ aufzwingt.

### D. Kennzeichen der Unendlichkeit bei Mengen.

Bereits im fünften Kapitel der vorliegenden Abhandlung ist von einem „Erkennungsmittel der Unendlichkeit“ die Rede gewesen und zunächst (vgl. S. 40) gesagt worden, daß die „Nichtfeststellung der Endlichkeit“ noch nicht die Unendlichkeit verbürge, daß Langenberg aber eine Angabe des hl. Thomas ausdrücklich als „Kriterium der Unendlichkeit für unser Erkenntnisvermögen“ bezeichnet habe. Im dortigen Zusammenhange handelte es sich jedoch um die Frage der Unendlichkeit eines „Dinges für sich allein“, nicht, wie im gegenwärtigen Kapitel, um eine „Menge“ von Dingen.

Die Form dieses Kriteriums lautete damals: „Infinitum transiri non potest“ oder „Infinitum est, cujus quantitatem accipientibus semper est aliquid extra sumere“. Damit ist uns aber jetzt ebensowenig wie damals endgültig geholfen, denn wir sehen uns auch hier wieder vor die Frage gestellt (vgl. S. 41): Welches Erkennungsmittel haben wir denn dafür, daß die in Erwägung gezogene Menge „non potest transiri"? Oder dafür, daß es bei ihr „semper aliquid extra sumere" gibt? —

Langenberg fährt an der betr. Stelle (a. a. O. S. 89) fort: „Sobald wir erkennen, es liegt im Wesen [!] einer Menge, daß trotz aller Grenzverschiebungen [!] immer noch ein Rest übrigbleiben muß, haben wir gemäß der aristotelischen Definition ein Unendliches vor uns."

In methodischer Hinsicht scheint es mir nicht empfehlenswert, das vieldeutige und viel angefochtene Wort „Wesen" (vgl. die Anm. auf S. 58 f.) da zu gebrauchen, wo man dessen nicht bedarf, und ich finde auch den Ausdruck „Grenzverschiebung"[1]) insofern ungeeignet, als der Begriff des „Endes" mit dem der „Grenze" recht eng verknüpft ist, und man daher von der Verschiebung einer „Grenze" lieber nicht reden soll, wenn es sich handelt um die Feststellung, ob ein „Ende" vorhanden sei oder nicht. Im vorliegenden Falle ist es nun aber tatsächlich unnötig, vom „Wesen" der betr. Menge zu reden, unnötig auch, behufs Erkennung der „Endlichkeit" den Begriff der „Grenze" schon vorwegzunehmen. Man kann vielmehr, wie es von mir (vgl. „Endl. u. Unendl." S. 126) bereits geschehen war, die Beschreibung eines Erkennungsmittels für die Unendlichkeit einer Menge in eindeutigerer und zugeschärfterer Form aussprechen und sagen: „Unendlich im kausal metonymischen Wortsinne darf man eine Menge dann nennen, wenn ihre Beschaffenheit oder ihre Eigenart (S. 151) dem Zählenden die Erkenntnis aufnötigt, daß hinter jedem beliebigen gezählten Element immer noch ungezählte übrig bleiben." Letztere brauchen der betr. Menge nicht etwa erst noch beigefügt zu werden, sondern sind schon in ihr vorhanden.

Für einen Formvorzug (im Vergleich zu dem Text, den Langenberg „aristotelische Definition" nennt) halte ich es,

[1]) Dieser Ausdruck kommt u. a. auch bei Gutberlet vor in dem Satze („Allgem. Metaphysik", 4. Aufl. S. 219): „Es ist also das potentiell Unendliche stets endlich, weil nach jeder endlichen Grenzverschiebung und Vergrößerung einer endlichen Größe immer nur Endliches gegeben ist."

daß nicht bloß statt „Wesen“ gesagt ist „Eigenart“, sondern insbesondere auch, daß statt der „Grenzverschiebung“ der wichtige Hinweis auf „jedes beliebige gezählte Element“ eingeführt wurde. Und vielerorts wird man es vielleicht ebenfalls als eine Förderung der Gedankenklarheit einschätzen, daß ich die überaus vieldeutige Bezeichnung „unendlich“ bei ihrer Anwendung auf Mengen (S. 128) ersetzte durch die Aussage: Beim Zutreffen des obigen „Erkennungsmittels“ ist die betr. Menge „nicht restfrei zählbar“, wobei ich den Ausdruck „nicht restfrei“ in einer besonderen Anmerkung (S. 215) noch etwas schärfer faßte in der Form: „nicht ohne Überrest“. Will man statt solcher negativen Fassung lieber eine positive haben, so kann man die Ausdrücke: „restbleibend zählbar“ oder „restbehaltend zählbar“ wählen.

### E. Erstes Argument, vermittelst dessen Thomas bei Mengen die Unendlichkeit ausschließt.

Dem vierten Artikel der siebenten quaestio des ersten Teiles seiner theologischen „Summa“ gibt Thomas die Überschrift: „Utrum possit esse infinitum in rebus secundum multitudinem“. Darin berichtet er, daß gewisse Philosophen, wie Avicenna und Algazel, es für unmöglich erklärt hätten, „multitudinem esse actu infinitam per se“, aber für nicht unmöglich, „infinitam per accidens multitudinem esse“. Gegen diese Behauptung wendet er sich mit zwei Argumenten. Das erste lautet:

> „Sed hoc est impossibile, quia omnem multitudinem oportet esse in aliqua specie multitudinis. Species autem multitudinis sunt secundum species numerorum. Nulla autem species numeri est infinita, quia quilibet numerus est multitudo mensurata per unum. Unde impossibile est, esse multitudinem infinitam actu, sive per se, sive per accidens.“

Der Inhalt dieser Begründung setzt sich zusammen aus folgenden vier Sätzen:

1. Jede Menge muß [enthalten] sein in irgendeiner Mengenspezies („in aliqua specie multitudinis“).

2. Die Mengenspezies richten sich nach („sunt secundum“) den Zahlenspezies („species numerorum“).
3. Keine Zahlenspezies ist unendlich, denn:
4. Jede Zahl ist eine durch die Einheit ausgemessene („mensurata per unum“) Menge.

Das logische Fundament des Ganzen steckt im Satze Nr. 4, der eine Definition des von Thomas benutzten Arbeitsbegriffs „numerus = Zahl“ darstellt und denjenigen Sinn verdeutlicht, in dem er dieses Wort verwendet. Die bei der Definition gebrauchte lateinische Form „mensurata“ ist ein participium perfecti. Das Ausmessen durch die Einheit soll perfekt, soll vollendet, das Geschäft des Zählens soll abgeschlossen sein, widrigenfalls würde das dem Zählgeschäft unterworfene Objekt nicht unter den Begriff des thomistischen „numerus“ fallen. Eigens und ausdrücklich auf diese Definition stützt Thomas mittels des „quia“ seine Aussage Nr. 3, dahingehend, daß alles was bei ihm „Zahl“ heißt, (im kausal-metonymischen Sinne) „endlich“, daß also keine Art von „Zahlen“ unendlich sei.

Nun der Satz Nr. 2, dessen Inhalt leider eine Unklarheit enthält, insofern die Ausdrucksweise „sunt secundum“ elastisch ist und nichts Genaues besagt. Heißt der Satz: Die Mengenspezies sind mehr oder weniger ähnlich beschaffen, oder: sie sind genau so beschaffen wie die Zahlenspezies? — Wenn der Beweis bindend fortschreiten soll, so müßte der Sinn sein: Von der Mengenspezies gilt für den vorliegenden Betracht dasselbe, was der Satz Nr. 3 auf Grund der Definition Nr. 4 von der Zahlenspezies aussagt. Das bedeutet aber augenscheinlich die Unterordnung des Begriffs „Menge“ unter das Joch des part. perf. passivi „mensurata“! Das Geschäft des „mensurare“ muß perfekt, muß erledigt sein, wie beim „numerus“, so auch bei der „multitudo“. Begründung: „Spezies multitudinis sunt secundum species numerorum.“ Ließe man diese strenge Forderung fallen, so brauchte die „Menge“ sich eben nicht zu richten nach der „Zahl“ und würde dem Zwange entschlüpfen;

der Beweis wäre hinfällig. Seine ganze Kraft beruht also erstens auf der thomistischen Definition der „Zahl" und zweitens auf der Forderung, daß das Kriterium der „Zahl" auch auf die „Menge" übertragen werde, und zwar ausdrücklich auf die Menge als „species". Nun ist das Wort „species" allerdings wieder eines der vielen mehrdeutigen Wörter [1]), doch wird es hier wohl sicher aufzufassen sein in der Bedeutung „Art" oder „Gattung" von Dingen. Und so soll denn demgemäß die von der Gattung allgemein geltende Aussage auch insbesondere von jedem zu dieser Gattung gehörenden Exemplar, also von jeder „Menge" gelten. Daher der Schluß: Jedes von Thomas mit dem Namen „Menge" bezeichnete Objekt ist eine „res mensurata", ist ein Etwas, bei dem das Messen bzw. Zählen eine fertig vollzogene, eine zu „Ende" gekommene Sache ist. Auf dieser Grundlage baut Thomas die conclusio: „Unde impossibile est, esse multitudinem infinitam actu."

Gewiß kann man sich über dieses Vorgehen lebhaft wundern und denken, er wird doch nicht leugnen wollen, daß es „Mengen" gibt, bei denen das Zählgeschäft noch keineswegs begonnen hat, geschweige abgeschlossen und erledigt ist! Mag also der enge Umfang, den er dem Begriff „Zahl" gibt, immerhin nur solche Objekte umfassen, bei denen das „mensurare" perfekt ist und das jedesmalige Zahl-Wort das perfekte Ergebnis dieser

[1]) Immer von neuem stößt man darauf, wie die Mehrdeutigkeit gewisser — nicht zum wenigsten der lateinischen — Fachausdrücke Unklarheit in die Darlegungen und Streit in die Auffassungen hineinbringt. Bezüglich des Wortes „species" enthält das gleiche Heft des „Philos. Jahrbuchs", in dem Langenberg den Schluß seines Aufsatzes veröffentlicht, ein sehr auffälliges Beispiel. In einer Stelle bei Augustinus (Conf. X, c. 6. n. 9 f.) hatte Dr. Hessen das Wort „species" als „Wesensform" ausgefaßt. Und nun wirft P. Kälin bei seiner Kritik ihm vor, „der Terminus ‚species' besage hier nicht Wesensform, sondern ‚Schönheit', ‚Pracht'," was auch „leicht ersichtlich" gewesen wäre. — Gewiß liegt darin wieder eine ernste Mahnung an die Philosophen, die mehrdeutigen Vokabeln mit Sorgfalt zu vermeiden und dahin zu streben, daß sie durch scharf definierte eindeutige ersetzt werden.

abgeschlossenen Tätigkeit ausspricht, so kann ebendasselbe doch nicht schlechthin auch von der „species“ namens „Menge“ gelten! Oder hat Thomas denn, oder hat sonst jemand etwa fertig gezählt, „wieviel Stern' am Himmel stehen, wieviel Wolken als da gehen“ usw.? Wenn nicht, so liegen schon in diesen Beispielen multitudines non mensuratae vor [1]. Und solche sind zweifellos weitaus zahlreicher, als die multitudines mensuratae. Wer dieser Meinung ist, kommt zu dem Schluß, daß der thomistische Beweis gemäß der obigen Auffassung seines vorliegenden Wortlauts nicht durchschlagend ist.

Man wird daher versuchen, den Wortlaut anders zu deuten. Aber wie denn?—

Die lateinische Sprache leidet unter ihren vielen andern auch an dem schon früher erwähnten Mangel, daß sie kein besonderes participium praesentis passivi besitzt. — Könnte Thomas infolge dieses sprachlichen Übelstandes sich vielleicht des participii perfecti bloß zur Stellvertretung bedient und eigentlich das Präsens gemeint haben?

Letzteres würde in seinem Satze Nr. 4 besagen: Der „numerus“ ist eine „Menge“, die durch die Einheit gemessen (nicht bereits worden ist, sondern) wird. Der Vorgang ist dann auf-

[1] Ich setze hier voraus, man werde mir nicht einwenden, diese Mengen seien abschließend gezählt, seien „mensuratae per unum“, und zwar von Gott. Dafür müßte die Existenz und die in Betracht kommende Eigenschaft Gottes ja schon als bewiesen gelten! Dem hl. Thomas würde von seinem Standpunkte aus natürlich gestattet sein, diesen Einwand zu machen, aber nur unter der Voraussetzung, daß er von seinen Sätzen Nr. 1 bis 4 keinen Gebrauch macht bei irgend einem Gottesbeweise. In der Tat liegt aber das sachliche Interesse der hier erörterten „Mengenfrage“ vornehmlich in ihrer Anwendung auf den Kosmos, und das Interesse an der Anwendung auf den Kosmos liegt wiederum vornehmlich in der Anwendung auf den kosmologischen Gottesbeweis. Solange man das im Auge behält, wird man, um eine petitio principii zu vermeiden, lieber davon absehen, die Existenz, das Können oder Tun Gottes irgendwie als Hilfsmittel der Argumentation zu benutzen.

gefaßt nicht nach seinem Abschluß, sondern bei seiner Andauer.

In diesem Falle könnte man zunächst allerdings behaupten, daß in jedem Augenblick, während dessen das Zählgeschäft andauert, der vergangene Teil der Arbeit abgeschlossen ist, und daß das Ergebnis desselben stets fertig vorliegt in Gestalt einer „Zahl". Ferner kann man auch noch sagen, daß der Zählende selbst seine gesamte Zählarbeit doch irgendwann einmal auch abzuschließen genötigt sein wird, und in diesem Augenblick ist dann auch sein Ergebnis etwas Abgeschlossenes.

Aber was geht das die dem Zählgeschäft unterworfene „Menge" an? —

Ist es die Beschaffenheit und Eigenart dieser Menge gewesen, die ihn zum Aufhören des Zählens nötigte, dann kann man allerdings im metonymischen Sinne das Wort „endlich" gebrauchen und statt: „numerandi actio finita est" sagen „multitudo finita est". Nun kann der Zählende aber doch auch aus hundert andern Gründen zur Beendigung des Zählens genötigt sein, und dann folgt aus solch einer Beendigung noch ganz und gar nichts für die der Arbeit unterzogene „Menge"! Ob sie eine multitudio finita oder infinita ist, steht einfach dahin; der Schließmuskel des Beweises ist zerschnitten.

Oder soll man das Wort „mensurata" vielleicht umdeuten als stellvertretend für „mensurabilis"?

Das wäre schon kühner, da Thomas dann solch bedauerliche Umwechslung zweier Worte, die einen ganz verschiedenen Sinn besitzen, ohne jede sprachliche Not vorgenommen haben würde. — Und welchen Nutzen brächte diese Unterstellung für die Aufrechterhaltung des Beweises?

Das Wort mensurabilis bedeutet, daß das Geschäft des Messens bzw. Zählens überhaupt vorgenommen werden kann. Damit kommt man auf keinen Fall weiter, als mit der vorherigen Annahme, daß es tatsächlich vorgenommen werde; das schlägt also nicht durch.

Ferner könnte man dem Worte mensurabilis vielleicht noch die weitergehende Bedeutung unterlegen, daß das Geschäft nicht nur vorgenommen, sondern auch abgeschlossen werden kann. Dann würde der Satz Nr. 4 besagen: Unter „numerus" versteht man eine Menge, welche die Eigenschaft hat, daß man bei ihr mit Zählen aufhören kann. Da das aber bei jeder beliebigen Menge von der Willensfreiheit abhängt, so folgt aus dieser Eigenschaft wiederum nichts für den erstrebten Zweck.

Oder man könnte noch weiter gehen und dem Worte mensurabilis (bzw. einem sonstigen Ersatz für das so anspruchsvolle part. perf. pass. „mensurata") den Sinn geben, daß die Zähltätigkeit nicht nur vorgenommen und abgeschlossen werden kann, sondern wegen der Eigenart der Menge auch abgeschlossen werden muß.

Das wäre die weitestgehende und nur durch ihre augenfällige Absicht begründbare Sinnunterlegung. — Möchte nun Thomas seinen Arbeitsbegriff „numerus" immerhin nach eigenem besten Ermessen derart einengen und umgrenzen, so wird die Sache doch sehr bedenklich, wenn er mit dem Satze Nr. 2 hervortritt und sagt, die Mengenspezies müsse sich nach der Zahlenspezies richten. Denn dann kehrt die vorhin schon gestellte Frage zurück in der Form: Hat der Aquinate es denn etwa erprobt, daß bei der Menge von Sternen am Himmelszelt das Zählgeschäft irgend einmal abgeschlossen werden muß, daß dieser Mußzwang von nichts anderem als von der „Menge" ausgeübt wird, und zwar dadurch ausgeübt wird, daß sie dem Zählgeschäft irgend einmal kein noch ungezähltes Objekt mehr zur Verfügung stellt?

Freilich steht es dem hl. Thomas demgegenüber immer noch frei, auf seinem Satz Nr. 2 trotzdem zu beharren und zu erklären: Ich für meinen Teil halte daran fest: „Species multitudinis sunt secundum species numerorum." Welchen vernünftigen Sinn kann diese Stellungnahme dann noch haben?

Erstens den terminologischen Sinn: Wenn eine Mehrheit oder Mannigfaltigkeit oder ein Inbegriff von Dingen sich nicht richtet nach derjenigen Forderung, die ich bezüglich der „species numerorum" durch meine Definition im Satze Nr. 4 aufgestellt habe, dann nenne ich diese Mehrheit oder Mannigfaltigkeit nicht „Menge". — Mit solcher bloß terminologischen Festsetzung ist aber offenbar für den „Kosmos" gar nichts gewonnen!

Oder zweitens den Sinn: Es gibt im Kosmos keine Mehrheit oder Mannigfaltigkeit von Dingen, die der Forderung von Nr. 4 nicht genügte. Dann liegt darin klar vor Augen ein viertes, ein

Kosmologisches Axiom des hl. Thomas:

Alle im Kosmos vorhandenen Dingmengen haben die Eigenschaft, daß sie der Zählung ihrer Elemente ein Ende aufzwingen.

Einleuchtend ist nun, wie auf Grund solchen Axioms der Schluß: „Unde impossibile est, esse multitudinem infinitam actu" wiederum eine rein terminologische Folgerung bezüglich des „infinitum" ist und besagt: Was der Zählung ein Ende aufzwingt, nenne ich per metonymiam „endlich", womit für das betr. Objekt die Bezeichnung „unendlich" ausgeschlossen ist. In Hinsicht auf den Kosmos ist das Ganze dann aber keineswegs ein Beweis, sondern eine axiomatische Festsetzung! Und um zu finden, daß dieser Sachverhalt von vornherein zu erwarten war, möge man sich überlegen, was denn wohl aus den beiden Sätzen: „numerus est multitudo mensurata per unum" und „species multitudinis sunt secundum species numerorum" sich überhaupt **könne** erschließen lassen für die nackte **Tatsachenfrage:** Gibt es räumliche Grenzen, jenseits derer vom Kosmos nichts mehr vorfindlich ist? — Solch eine Frage entscheiden zu wollen durch begriffliche Festsetzungen über „numerus" und „multitudo" wäre doch kein aussichtsvoller Plan. Darüber werden wir den Kosmos selbst befragen und gewärtigen müssen, was er oder sein Schöpfer uns offenbart!

Wie urteilt Langenberg über den vorliegenden ersten Beweis des hl. Thomas? — Er schreibt (a. a. O. S. 177 f.):

„Hinsichtlich der objektiven Vielheitsverhältnisse vertritt Thomas den Satz: Impossibile est esse multitudinem infinitam actu (im folgenden Satz: in rerum natura); sed esse multitudinem infinitam in potentia [1]) possibile est. Der Beweis ist im wesentlichen nur einer [den zweiten erachtet Langenberg für weniger „wesentlich"] und geht wieder von dem Gedanken aus, daß alle Dinge im Weltall Individualexistenz besitzen und somit in der Menge wie in der Ausdehnung bestimmt und [2]) begrenzt sind. ‚Jede Menge muß, wenn sie existiert, als individuelle Menge (in aliqua specie multitudinis) existieren: Eine individuelle Menge wird aber ausgedrückt durch eine einzelne, individuelle Zahl, und da die einzelnen Zahlen ausnahmslos endlich sind, so ist keine Menge in actu existierenden Dinge unendlich'."

Warum sind denn aber „die einzelnen Zahlen ausnahmslos endlich"? — Das beruht nach der Argumentation des hl. Thomas nicht etwa auf dem (v. L. betonten) Umstande, daß die „Endlichkeit" eine allgemeine Eigenschaft aller Individuen, sondern daß sie eine Eigenschaft aller Zahlen sei, und zwar einfach auf Grund derjenigen Definition des „numerus", die Thomas in Nr. 4 ausdrücklich vorführt, die L. aber, soviel ich gefunden habe, nicht erwähnt.

Und wie verhält es sich damit, daß „eine individuelle Menge ausgedrückt wird durch eine einzelne individuelle Zahl"? — Die allgemeine Richtigkeit der kategorischen Aussage: „wird ausgedrückt" kann man offensichtlich (man denke an den „Sand am Meere") gar nicht zugeben. Daher ist wohl anzunehmen, daß Langenberg den Gedanken aussprechen wollte: Die in jeder einzelnen „Menge" vorfindliche Vielheit von Elementen kann dargestellt werden durch eine „Zahl" und unterliegt daher dem Zwange, dem die „Zahlen" unterworfen sind. Das wäre denn der Sinn, in dem L. den unbestimmten Ausdruck des Thomas: „est secundum" auffaßt.

---

[1]) Die Anwendungsweise der „potentia" muß in einem späteren Abschnitt für sich besonders erörtert werden.

[2]) Die Verbindung, die im vorigen als „erster Sprung" bezeichnet wurde und durch das Wörtchen „oder" hergestellt war, wird hier durch „und" besorgt.

Hier heftet sich wiederum die vorhin erwähnte Frage an: Ist diese Aussage etwa bloß eine terminologische Bestimmung für den Gebrauch des Wortes „Menge"?

Dann sagen die Vertreter der modernen Mengenlehre: Deiner Terminologie magst Du nach Gefallen solche Fessel anlegen; unser Arbeitsstoff hingegen verträgt sie nicht. Wir lehnen sie ab und haben das ja auch mit einer für jedermann hinreichenden Deutlichkeit erklärt.

Handelt es sich aber um eine Bestimmung physikalischen bzw. kosmischen Inhalts, dann enthält obige Aussage ersichtlicherweise das vierte, das eben erwähnte „kosmologische Axiom des hl. Thomas.

**F. Zweites, die Unendlichkeit von Dingmengen ausschließendes Argument des hl. Thomas.**

Der Wortlaut desselben heißt:

„Item omnis multitudo in rerum natura existens est creata, et omne creatum sub aliqua certa intentione creantis comprehenditur, non enim in vanum agens aliquod operatur. Unde necesse est, quod sub certo numero omnia creata comprehendantur; impossibile est ergo, esse multitudinem infinitam in actu, etiam per accidens."

Hier setzt Thomas das Erschaffensein der Welt und gewisse „intentiones" ihres Schöpfers als bekannt voraus, wodurch der Beweis seine wichtigste Verwendbarkeit schon (wie vorhin in einer Anmerkung bereits dargelegt) von vornherein verliert. Der Kern des ganzen Gedankenganges läßt sich herausheben in dem Satze: Gott konnte eine Dingmenge, die nicht restfrei abzählbar wäre, gar nicht schaffen.

Indem Thomas dabei das Wort „vanum" benutzt, welches überhaupt, namentlich im Andenken an die „vanitas vanitatum" abträglichen Gemütswert hat und zunächst etwas Eitles, Leeres, Nichtiges, Gehalt- und Wertloses bedeutet, fühlt der Gottgläubige sich geneigt, unbesorgt zuzustimmen. Wird der Sinn des Wortes „vanum" dann aber so in der Richtung auf das „vagum" zu gebogen, daß es speziell den Gegensatz des Gewißseins („certum"), und noch spezieller, daß es etwas räumlich bzw. numerisch Unbegrenztes bedeuten soll, so erhebt sich doch die Frage, wie man denn zu der Überzeugung vordringen solle, daß der Unendliche nichts Derartiges zu leisten vermöge. Und so ist in der Tat diese Aussage, wie wir nachher sehen werden, auch keineswegs ohne Widerspruch geblieben.

Langenberg schreibt (a. a. O. S. 178):

„Das zweite Argument setzt die Erschaffung der Welt voraus und verwertet den Gedanken, daß dem Willen des Schöpfers kein unbestimmtes Objekt zugrunde liegen könne. Was erschaffen sei, müsse nach Maß und Zahl bestimmt sein. Der Beweis ist eigentlich nur eine Anwendung des allgemeiner gehaltenen ersten."

Da finden wir also wiederum das mehrdeutige Wort „bestimmt" ins Feld geführt, und wenn wir dessen hier in Betracht kommenden Sinn herausschälen wollen, so kommen wir schließlich auch wieder zu dem Langenberg'schen „Abstandsaxiom": „Wenn auf einer bestimmten (unverwechselbaren) Geraden ein Massenpunkt A an einem bestimmten (unverwechselbaren) Orte, und ein zweiter Massenpunkt B nach einer bestimmten (unverwechselbaren Richtung hin sich in unendlicher Entfernung von A befindet, dann ist der Abstand AB unbestimmt (verwechselbar).

Als wir früher (S. 66 ff.) diesen Gegenstand besprachen, handelte es sich um „Massenpunkte", die ein und demselben „Individuum" angehörten. Hier aber kommen solche in Betracht, die in einer „Sammlung von Individuen" vorfindlich sind, und als diese „Sammlung" gilt eben der ganze „Kosmos"; denn Langenberg schreibt ausdrücklich (a. a. O. S. 175):

„Die Individualexistenz mit ihren Folgen müssen wir auch beim Kosmos annehmen. Zwei verschiedene Massenpunkte können nicht an einem unbestimmten Orte sein; damit hat ihr Abstand [!] einen bestimmten Wert und ist begrenzt. Und was für zwei beliebige Massenpunkte gilt, ist entsprechend auch vom Weltall auszusagen." (Vgl. S. 53.)

Damit ist auch der „Kosmos" als Ganzes unterworfen worden jenem „Abstandsaxiom", das bei räumlichen bzw. zeitlichen Objekten die begriffliche Spalte zwischen „Bestimmtheit" und „Begrenztheit" überbrücken soll. —

Wenn wir nunmehr die grundlegenden Definitionen und die untersten axiomatisch hingestellten Aussagen, auf die Thomas seine Behauptung von der räumlichen Begrenztheit der materiellen Welt gebaut hat, zu kurzer Übersicht zusammenfassen, so bekommen wir folgende Liste:

Definitionen:

I. Unter einem Körper (sei es ein materieller, sei es ein mathematischer) ist zu verstehen ein Gebilde, das von einer zusammenhängend geschlossenen Fläche umgrenzt wird.

II. Unter einem Individuum ist zu verstehen ein Etwas, das in sich ununterschieden, von jedem andern Etwas aber unverwechselbar verschieden ist.

Axiome:

I. Im Kosmos gibt es materielle Dinge $D_1$, $D_2$, $D_3$ usw. von der kennzeichnenden Eigenschaft, daß jedes für sich („Körper" genannt) bloß innerhalb einer zusammenhängend geschlossenen Raumfläche Dasein hat.

II. Materielle Dinge, denen das Kennzeichen der D nicht eigen ist, gibt es im Kosmos nicht.

III. Jeder materielle Körper ist durch irgend etwas unverwechselbar unterschieden von allem, was sonst noch existiert; kurz: er existiert individuell.

IV. Alle im Kosmos vorhandenen „Mengen" materieller Dinge haben die Eigenschaft, daß sie der Zählung ihrer Elemente ein Ende aufzwingen.

V. Die Welt ist erschaffen worden, und zwar von einem Seienden, dem es unmöglich war, nicht restfrei zählbare Mengen materieller Dinge zu erschaffen.

Dazu kommt nun noch Langenbergs Abstandsaxiom:

VI. Wenn auf einer unverwechselbaren Geraden ein Massenpunkt A an einem unverwechselbaren Orte, und ein zweiter Massenpunkt B nach einer unverwechselbaren Richtung hin sich in einer nicht restfrei meßbaren Entfernung von A befindet, dann ist der Abstand AB verwechselbar.

Leicht ist zu sehen, wie diese Axiome sich auf mehrfache Art so gruppieren lassen, daß die „Endlichkeit der Welt“ in der Form eines logischen Schlusses herausspringt. Aber zugleich erkennt man auch, wie einerseits die „restfreie Ausmeßbarkeit“ des Kosmos in bezug auf seine räumliche Ausdehnung, und andererseits die „restfreie Zählbarkeit“ der im Kosmos vorfindlichen Mengen nicht etwa aus Erfahrungsquellen bündig abgeleitet, sondern vielmehr in den „Axiomen“ selbst als eine gegebene Tatsache schon vorausgesetzt ist.

Eben darum aber ist auch von vornherein zu erwarten, daß diese Axiome sich (wenigstens zum Teil) als „Scheidewege“ bewähren, und zwar in dem Sinne, daß den „Jasagern“ zweierlei Gegner gegenübertreten, nämlich:

Erstens die Zweifler, die erklären: Durch die axiomatische Aussage wird die „quaestio facti“ noch keineswegs erledigt, sie schwebt nach wie vor.

Zweitens die Neinsager, die erklären: Ich habe Gründe, die Richtigkeit der entscheidenden Axiome zu leugnen.

Von welcher Art denn wohl könnten solche Gründe sein? — Diese Frage läßt sich erörtern unter einem schon von Langenberg berührten Gesichtspunkt, nämlich unter dem der:

## IX. Tendenzen.

Übersicht:

A. Einleitende Bemerkungen. — Allerlei „Standpunkte“. Wenn die menschliche Vernunft nur von einerlei Art ist, wie gelangen vernünftige Menschen denn überhaupt zu „Standpunkten“, die voneinander verschieden sind? — Aufsuchung der „Wegscheiden“. Sachlicher und außersachlicher Antrieb zur Trennung an den Wegscheiden. „Tendenzen“.

B. Der vorliegende Fall. — Langenberg schiebt „einigen Jüngern der exakten Wissenschaften" Tendenzen in die Schuhe, die mit dem apologetischen Entropieargument zusammenhängen sollen. Diese Waffe ist zweischneidig. Bestritten wird die Unbegrenztheit des Kosmos im Dienste eines Gottesbeweises. Behauptet wird sie zwar wohl von Glaubensgegnern, nicht minder aber auch von Gottgläubigen, und dabei in vierfacher Hinsicht. Belege dafür in erheblicher Zahl. — Man soll keine Tendenzen unterstellen, sondern die rein sachlichen Unterlagen blank herausschälen. — Mein Briefwechsel mit dem Apologeten Prof. Sawicki-Pelplin. Erfolg.

### A. Einleitende Bemerkungen.

Bei Meinungsverschiedenheiten in der Wissenschaft, in der Politik, im bürgerlichen Leben ist eine der am allermeisten ins Feld geführten Redensarten das Wort:

„Standpunkt".

Es gab einen Streitfall und eine Zeit, da stand Petrus auf einem andern „Standpunkt" als Paulus. — Wie vielerlei „Standpunkte" werden in den Parlamenten aller Länder „vertreten"! — Noch vor kurzem schrieb mir ein philosophischer Schriftsteller: „Ich vermute, daß ich auf einem andern erkenntnistheoretischen Standpunkte stehe als Sie." — Was heißt das eigentlich?

Meist[1]) nimmt man doch an, daß es unter den Menschen nur einerlei Vernunft gebe, daß also der „Standpunkt" der Vernunft von Hause aus bloß einer sein könne. Werden nun aber zwei „vernünftige" Leute einmal gewahr, daß sie dennoch auf verschiedenem „Standpunkte" stehen, so müssen sie doch, vom ursprünglich gleichen Standpunkt ausgehend, sich irgendwo getrennt haben an irgendeiner „Wegscheide". Und wenn sie jetzt das ehrliche Bestreben haben, zum Einverständnis zu gelangen, so ist das einzig richtige Mittel dafür, zunächst den Ort jener Wegscheide genau festzustellen. Daher wird

---

[1]) Freilich nicht allgemein. Mit denen aber, die das nicht annehmen, erscheint überhaupt keine Verständigung möglich. Wie schon Kant irgendwo sagt: „Man kann mit niemand über dasjenige hadern, was nur auf der Art beruht, wie sein Intellekt eingerichtet ist."

jeder von ihnen sich rückwärts besinnen auf die Straße, die ihn zu seinem „Standpunkte“ erst hingeführt hat, und beide werden ihre Wege vergleichen. Zeigt sich nun etwa, daß A einen gewissen Satz für überzeugend bewiesen, B ihn für nicht bewiesen hält, so ist hier die eigentliche Wegscheide noch nicht gefunden. Denn „Beweise“ ruhen auf Voraussetzungen, die ihrerseits teils bewiesen, teils unbewiesen sein können. Die bewiesenen beruhen wiederum auf Voraussetzungen, und so muß der von den verschiedenen „Standpunkten“ aus angetretene Rückweg schließlich immer auf unbewiesen hingestellte Beweis-Unterlagen führen, auf Sätze, für die im vorigen die Bezeichnung „Axiom“ [1]) angewendet wurde. Diese also müssen letzten Endes die „Wegscheiden“ sein, von denen ausgehend A und B bei ihren verschiedenen „Standpunkten“ zuletzt angelangt sind. —

Gesetzt, ein solches Axiom sei als Ort der Trennung erkannt, so fragt sich: Woran mag es liegen, daß die beiden dort auseinander gegangen sind? —

Jedes Axiom ist eine aus mehreren Worten zusammengesetzte Aussage. Vielleicht haben beide Männer ein und demselben Worte (was leider allzuhäufig vorkommt) verschiedene Bedeutungen beigelegt? — Man wird daher die Übereinstimmung in der Sinnauffassung der benutzten Worte festzustellen suchen, wird, wenn sich eine Verschiedenheit herausstellt, das mehrdeutige Wort beseitigen und durch eindeutige Bezeichnungen ersetzen.

Ist das geschehen, so ist damit der Widerstreit in sehr vielen Fällen wirklich beseitigt, aber doch nicht in allen. Denn bedauerlicherweise kommen für den Zwiespalt der Geister nicht

[1]) Verbreitet ist die Meinung, unter „Axiomen“ seien immer Urteile allgemeinen Inhalts („universale Urteile“) zu verstehen. Nach dem hier untergelegten Sinne des Wortes ist das irrig. Als Axiom, d. h. als „unbewiesen hingestellte Beweis-Unterlage“ kann ebensowohl wie ein allgemeines, so auch ein ganz „singuläres“ Urteil dienen z. B. eine letztinstanzliche Aussage über die Wertschätzung einer Bekundung, die eine einzelne Person in einem Einzelfalle von einer einzelnen Sache gemacht hat.

immer bloß Erwägungen in Betracht, die unmittelbar in derjenigen Sache liegen, bei der es sich eben um das Ja oder Nein handelt, sondern auch anderweit hergenommene, mögen sie aus sonstigen sachlichen oder persönlichen Strebungen stammen. Solche Antriebe zur Trennung an den Wegscheiden sind unter dem Namen „Tendenzen“ bekannt.

### B. Der vorliegende Fall.

Langenberg weist schon selbst darauf hin, daß auch bei dem hier in Rede stehenden Gegenstande „Tendenzen“ obwalten könnten, indem er seinen vorhin angeführten Sätzen noch folgende beifügt:

„Das Existierende ist eben der begrifflichen Grenzenlosigkeit des Unendlichen nicht fähig, oder anders ausgedrückt, diese kann auch durch Existieren nicht erschöpft werden, selbst dann nicht, wenn man beliebige Selbstzeugung kosmischer Systeme annehmen wollte. Nicht die exakten Wissenschaften, sondern nur einige ihrer Jünger weichen von dem Axiom der individuellen Begrenztheit aller Naturwirklichkeit und alles Naturgeschehens ab, indem sie auf einmal in ihrer Weise Metaphysik treiben, vor allem, seitdem es aus bestimmten Gründen zweckdienlich [!] erscheint, das souveräne Universum gegen die verhängnisvolle Energieentwertung zu schützen.“

Deutlich genug wird hier „einigen Jüngern der exakten Wissenschaften“ vorgehalten, daß sie an dem erörterten Scheidewege sich nicht sowohl von einschlägigen Sachgründen, als vielmehr von gewissen **„Zwecken“** leiten ließen. Und ebenso deutlich bekundet der Hinweis auf die „Energieentwertung“, daß mit diesem „Zweck“ die Entkräftung des sogenannten „Entropiebeweises für die Erschaffung der Welt durch Gott“ gemeint ist.

Diese Unterstellung des Zweckes ist — als Waffe benutzt — recht bedenklich, insofern sie eine Schneide nach rückwärts ebenso hat, wie eine nach vorwärts. Wer von seinem „Standpunkte“ aus „denen da drüben“ nachsagt, sie seien nicht unbefangen, seien von ihrem „Zwecke“ geleitet, muß gewärtigen, daß „die da drüben“ von ihm selber das Gleiche sagen.

Wie nun liegt die Sache im vorliegenden Falle? —

**Bestritten** wird die räumliche Unbegrenztheit des „Kosmos“ heutzutage von manchen Apologeten, um dem „Entropiebeweis“ Kraft zu geben und dadurch den Glauben an die Welterschaffung zu fördern. Fälle, in denen die Unbegrenztheit auch unabhängig vom apologetischen Zweck geleugnet wird, sollen von mir nicht in Abrede gestellt sein; man mag welche finden.

**Behauptet** wird die Unbegrenztheit einerseits von ausgesprochenen Gegnern des Glaubens, andererseits aber wird sie auch:

a) behauptet in völliger Unabhängigkeit vom Entropiebeweise;

b) behauptet mit und neben dem Glauben an eine Weltschöpfung durch Gott;

c) ausdrücklich hingestellt als vereinbar mit dem Entropiebeweise;

d) ausdrücklich hingestellt als Folgerung aus dem Glauben an einen allmächtigen Weltenschöpfer.

Diese vier Punkte lassen sich sämtlich durch Beispiele belegen:

a) Was möchte der alte Jonier:

Anaximander (611—547 v. Chr.), der da lehrte, die Anzahl der Weltkörper sei unendlich und habe sich aus einer unendlich ausgedehnten Mischung der Elemente gebildet (Arrhenius a. a. O. S. 52), denn wohl von der „Entropie“ gewußt haben? — Doch lassen wir die in physikalischen Gebieten obwaltende Dunkelheit des Altertums, lassen wir auch das Mittelalter beiseite: Konnte das nicht vor 1850 geborene Entropieargument den 1650 gestorbenen

Descartes etwa beeinflussen, der in einem Briefe an Morus schrieb: „Unsere Gedanken können nicht fassen, daß die Welt eine Grenze habe, daher sagen wir, sie sei von unendlicher Ausdehnung" (Arrh. S. 78)? — Ferner berichtet Arrhenius über den 1804 schon gestorbenen

Kant (ohne Angabe der Fundstelle), er habe geäußert: „Wenn nun solcherweise die Schöpfung unendlich ist in bezug auf den Raum . . . ., so wird der Weltenraum mit Welten ohne Zahl und Ende belebt sein." In seiner „Kritik der reinen Vernunft" (Ausgabe von Kehrbach S. 421) schreibt Kant: „Auf die kosmologische Frage also, wegen der Weltgröße, ist die erste und negative Antwort: Die Welt hat keinen ersten Anfang in der Zeit und keine äußerste Grenze dem Raume nach."

b) Auch unter die hierher gehörigen Männer ist Descartes einzureihen; denn sein fester Glaube an die Erschaffung der Welt unterliegt keinem Zweifel. Das Gleiche darf ausgesagt werden z. B. von Spinoza, Leibniz und Lotze. Um aber auch einen hochberühmten Mann zu nennen, dem das Entropieargument sehr wohl bekannt war, der die Grenzenlosigkeit des Kosmos und zugleich dessen Erschaffung durch Gott behauptete, sei

William Thomson (Lord Kelvin) erwähnt, der als der bedeutendste Physiker des 19. Jahrhunderts und dabei geradezu als Typus eines gläubigen Naturforschers gefeiert zu werden pflegt. In seinen „Vorlesungen über Molekulardynamik und die Theorie des Lichtes", deutsch herausgegeben von B. Weinstein (Leipzig 1909, S. 447) heißt es: „Ich glaube nicht, daß es irgend ein lebender Gelehrter auch nur im geringsten für wahrscheinlich hält, daß es eine Grenze um das Universum gibt, außerhalb deren weder Äther noch Materie vorhanden ist."

c) Daß Thomson für seinen Schöpferglauben gerade das Entropieargument als triftig betrachtet habe, spricht er meines Wissens nicht aus und dürfte auch kaum der Fall sein [1]). Allein auch der Standpunkt, dieses Argument sei sehr wohl verträglich mit der Weltunendlichkeit, ist apologetisch entschieden vertreten worden und zwar von

Sawicki in seinem wertvollen Buche: „Die Wahrheit des Christentums“ (2. Aufl. Paderborn 1913, S. 61). Er schreibt:

„Kann ein unendlicher Energievorrat nur in unendlicher Zeit aufgebraucht werden? Das wäre gewiß der Fall, wenn die

[1]) Eher ist das Gegenteil anzunehmen. Denn er vertritt eine Ansicht, die, wenn zutreffend, dem Entropiebeweise völlig den Boden entziehen würde, und auf die ich in meiner Broschüre: „Energie, Entropie, Weltanfang, Weltende“ (S. 40 f.) zuerst aufmerksam gemacht habe. Prof. Helm-Dresden hatte nämlich eine Thomsonsche Stelle ungenau übersetzt und ihren Sinn dadurch verdunkelt. Infolge eines Briefwechsels mit mir überzeugte er sich sofort von diesem Umstande und legte den richtigen Sinn dahin klar, daß Thomson den bestimmten Gedanken ausgesprochen hat, wir könnten gar nicht wissen, ob der in einem endlichen Teile der Materie vorhandene Betrag an Energie nicht unendlich groß sei. Nachdem später Prof. Becher-München in seiner vortrefflichen naturphilosophischen Schrift: „Weltgebäude, Weltgesetze, Weltentwicklung“ (Berlin 1915, S. 268) ebenfalls die Meinung vertreten, man dürfe die Vorstellung, daß eine endliche Welt unendliche Energie enthalte, bei der Erörterung des Entropiearguments nicht von vornherein ausschließen, und Weinstein in den „Naturwissenschaften“ diese Ansicht für besonders „interessant‘ erklärt hatte, wies ich in einem Artikel: „Über den Zusammenhang der sogenannten Ätherstoßtheorie mit einigen Sonderfragen der kosmischen Physik“ („Die Naturwissenschaften“ 1915, S. 488—492) darauf hin, daß Bechers Aussage in dem Satze Thomsons eine erhebliche Stütze finde. Im Anschluß hieran teilte mir nachher Dr. Schnippenkötter, der dem Entropiebeweis ein sehr eingehendes Studium widmet, brieflich (5. 12. 1917) mit, daß Thomson den hier in Rede stehenden Gedanken zu verschiedenen Zeiten und an fünf verschiedenen Stellen seiner Schriften sehr deutlich zum Ausdruck gebracht habe. Zudem stellte er (31. 10. bzw. 24. 11. 1917) fest, und zwar durch genauen Vergleich mit dem Original, daß auch der erwähnte Helmsche Übersetzungsfehler (Blocks Übersetzung der Thomsonschen Arbeit in Ostwalds „Klassikern der exakten Wissenschaften“) seltsamerweise noch ein zweites Mal vorgekommen sei.

einzelnen Teile des Weltalls nacheinander in den Strom des Werdens eintreten würden. Nun sind jedoch alle Sonnensysteme gleichzeitig nebeneinander in lebhafter Entwicklung begriffen, und da jedes von ihnen eine endliche Größe ist, so wird auch in jedem von ihnen in endlicher Zeit der Entwicklungsprozeß zum Stillstand kommen. Ergibt sich bei dieser Lage der Dinge nicht dieselbe Konsequenz für das Weltall als Ganzes?" [1]

Bei der Abteilung:

d) muß ich ausführlicher zurückkommen auf:

Georg Cantor, der gewissermaßen den Spieß umkehren und gerade aus der Existenz und den Eigenschaften des Schöpfers die Unbegrenztheit der Welt ableiten will. Er schreibt in einem von „Natur und Offenbarung" (1886, S. 229 f., vgl. auch 1. Heft S. 178) veröffentlichten Briefe an Gutberlet:

„Man glaubt einen Beweis für ihre Unmöglichkeit [der aktual unendlichen Zahlen] fertig zu haben, während man sich doch in Wahrheit nur im Zirkel bewegt hat. Ganz die nämliche Überzeugung habe ich in bezug auf alle Beweisversuche, durch welche das Aktual-Unendliche in concreto seu in natura creata bestritten werden soll, nur daß sich hier noch andere, weit gewichtigere Gründe hinzufügen lassen; die aus der absoluten Omnipotenz Gottes fließen, und denen gegenüber jede Negation der Möglichkeit eines ‚Transfinitum seu Infinitum actuale creatum' wie eine Verletzung jenes Attributes der Gottheit erscheint."

Aus einem andern Briefe Cantors wird in demselben Heft von „Natur und Offenbarung" (S. 232 f.) die Stelle mitgeteilt:

---

[1]) Über diesen Gegenstand habe ich selbst mit Herrn Prof. Sawicki-Pelplin einen ausgedehnten Briefwechsel geführt, der mit seiner Genehmigung wegen der Wichtigkeit der erörterten Frage veröffentlicht werden soll. — Dieser Briefwechsel hat übrigens, wie Sawicki in der 1918 erschienenen 3. Auflage seines Buches S. 61 erklärt, auf seine „veränderte Stellungnahme" zum Entropiebeweise „eingewirkt"; die veränderte Stellungnahme aber besteht darin, daß S., wie er in der Vorrede zur 3. Auflage ausdrücklich kundgibt, „den sogenannten Entropiebeweis nicht mehr aufrecht erhält".

„Daß . . . ein ‚Infinitum creatum' als existent angenommen werden muß, läßt sich mehrfach beweisen. Um Ew. . . . nicht zu lange aufzuhalten, möchte ich mich in dieser Sache auf zwei kurze Andeutungen beschränken:

Ein Beweis geht vom Gottesbegriff aus und schließt zunächst aus der höchsten Vollkommenheit Gottes Wesens auf die Möglichkeit der Schöpfung eines Transfinitum ordinatum, sodann aus seiner Allgüte und Herrlichkeit auf die Notwendigkeit[1]) der tatsächlich erfolgten Schöpfung eines Transfinitum. Ein anderer Beweis zeigt ‚a posteriori', daß die Annahme eines Transfinitum in natura naturata eine bessere, weil vollkommenere Erklärung der Phänomene, im besondern der Organismen und der psychischen Erscheinungen ermöglicht, als die entgegengesetzte Hypothese."

Lehrreich ist auch die von Cantor in einem Briefe an G. Eneström (Redakteur der „Bibliotheca mathematica" in Stockholm) gegebene Übersicht „über die verschiedenen Standpunkte in bezug auf das Aktualunendliche" (Nat. u. Offenb. 1886, S. 48), worin er die Meinungen über

α) das konkret Unendliche (Weltdinge betreffend),

β) das abstrakt Unendliche (Zahlen, Mengen, Ordnungstypen betreffend)

unterscheidet. Da es in bezug auf jede der beiden Abteilungen Jasager und Neinsager (also je einen „Scheideweg") gibt, so erhält Cantor vier verschiedene „Standpunkte", nämlich:

Erstens: α und β werden verneint von „Gerdil, Moigno, Cauchy, Renouvier und allen Positivisten".

Zweitens: α wird bejaht, β verneint von „Descartes, Spinoza, Newton, Leibniz, Lotze".

Drittens: α wird verneint, β bejaht „von einigen Neuscholastikern". (Vielleicht kann man Gutberlet hierzu rechnen.)

---

[1]) Wodurch aber, wie es in einem besonderen Zusatz heißt, die „absolute Freiheit Gottes" nicht angetastet wird.

Viertens: $\alpha$ und $\beta$ werden bejaht. Hierüber sagt Cantor: „Auf diesem Standpunkt, den ich für den einzig richtigen halte, stehen nur wenige, vielleicht bin ich der zeitlich Erste, welcher ihn mit voller Klarheit und in allen seinen Konsequenzen vertritt, doch das weiß ich sicher, daß ich nicht der letzte sein werde, der ihn verteidigt."

Es wäre wohl zu untersuchen, ob nicht u. a. auch Thomson, Enriques, Czolbe, Couturat zu dieser Gruppe zu zählen seien. Jedenfalls ist die Liste derer, die sich bezüglich der Unendlichkeit der konkreten Weltdinge bejahend ausgesprochen haben, nach Zahl und Klang der Namen nicht unansehnlich [1]), und jeder von den betr. Männern würde sich zweifellos gegen die Unterstellung, er hätte das überhaupt um irgend eines „Zweckes" willen, z. B. zur Abwehr der „verhängnisvollen Energieentwertung" getan, mit Entschiedenheit verwahren. —

Gibt es überhaupt ein Mittel, um bezüglich der Frage nach der Begrenztheit oder Unbegrenztheit des Kosmos zu einem „Verständigungsfrieden" zu gelangen, so besteht es darin, daß man alle nicht im Gegenstande selbst liegenden Gründe, alle Tendenzen, Motive, Zwecke, soweit das überhaupt nur irgend angeht, beiseite läßt und sowohl für das Ja als für das Nein die letzten Unterlagen möglichst vollständig ans Licht zieht und möglichst klar ausspricht. Diesem Bestreben [1]) hoffe ich auch im Vorstehenden einigermaßen gedient zu haben.

---

[1]) Nebenher mag hier auf die von J. Cohn veröffentlichte „Geschichte des Unendlichkeitsproblems im abendländischen Denken" hingewiesen werden.

[2]) Ganz dasselbe Bestreben leitete mich, als ich in meiner Broschüre: „Energie, Entropie, Weltanfang, Weltende" (Trier 1910) die einzelnen „Voraussetzungen" untersuchte, die zum Aufbau eines bündigen „Entropiebeweises" nötig erscheinen.

## X. Besondere Urteile des Thomas über unendliche Mengen immaterieller Dinge.

Übersicht:

A. Aussagen, die mit der Auffassung der neuzeitlichen Mathematik übereinstimmen. — Niemals folgen zwei Punkte so aufeinander, daß nicht noch welche dazwischen lägen. — Ein bewegter Körper hat während seiner Bewegung unendlich viele „loca" und unendlich viele „nunc" durchwandert. — Thomasstellen, die dafür sprechen, daß Th. gleich Newton dem Raume eine von der Körperwelt unabhängige Existenz zuschreibt. — Eineindeutige Zuordnung der Elemente zweier Mengen. Übereinstimmung mit den einschlägigen Erörterungen meines Buches über „Das Endliche und das Unendliche". Das Beispiel des Thomas von dem „corpus unius palmi" entspricht meinem Beispiel von den beweglichen Winkelarmen.

B. Abweichungen von der Auffassung der modernen Mathematik. — Thomas führt den unklaren, seit Jahrhunderten heiß umstrittenen Begriff der „potentia" ein, von dem die Mathematik sich in diesen Zusammenhängen frei hält. Er nimmt ferner einen „motus non continuus" in Betracht, der begrifflich unklar ist und schweren Bedenken unterliegt. — Warum der exakte Begriff des „motus" überhaupt nicht ablösbar ist vom Begriff des Kontinuums.

C. Zusatz über die Bedeutung der Identität bzw. Nichtidentität von Raum- und Zeitpunkten. — Der Kern des Raumproblems liegt in der Frage: Inwiefern ist ein Ort nicht der andere? Inwiefern ist ein Raumpunkt Nr. 1, an und für sich genommen, verschieden von einem Raumpunkte Nr. 2? — Thomas hat solch eine Verschiedenheit einfach behauptet, sie aber nicht als eine aufzuwerfende und zu erörternde Frage behandelt. — Ganz dasselbe gilt vom Kern des Zeitproblems, wenn „Moment" für „Ort" und „Zeitpunkt" für „Raumpunkt" eingesetzt wird. — Ausführliche Erörterung des Problems und Zurückführung desselben auf ein Doppelaxiom. — Bezugnahme auf die in meinem Buche gegebene Definition von Raum und Zeit.

### Aussagen, die mit der Auffassung der neuzeitlichen Mathematik übereinstimmen.

Im ersten Teile der theologischen „Summa" behandelt die „Quaestio" LIII die Ortsbewegung der Engel, und im zweiten

Artikel erörtert Thomas insbesondere die Frage, ob die Engel sich durch ein Medium hindurch bewegen. Dort heißt es u. a.:

„Inter quaelibet enim duo extrema loca sunt infinita loca media, sive accipiantur loca divisibilia, sive indivisibilia. Et de indivisibilibus quidem manifestum est, quia inter quaelibet duo puncta sunt infinita puncta media, cum nulla duo puncta consequantur se invicem sine medio.“

Schon von diesem Ausspruch ist zu sagen, daß er mit der Auffassung der modernen Mathematik vom räumlichen Kontinuum (vgl. „Endl. u. Unendl.“ Kap. IX) völlig übereinstimmt. Thomas fährt fort:

„De locis autem divisibilibus necesse est etiam hoc dicere. Et hoc demonstratur ex motu continuo alicujus corporis. Corpus enim non movetur de loco ad locum, nisi in tempore. In toto autem tempore mensurante motum corporis non est accipere duo nunc, in quibus corpus, quod movetur, non sit in alio, et alio loco: quia, si in uno et eodem loco esset in duobus nunc, sequeretur, quod ibi quiesceret, cum nihil aliud sit quiescere, quam in loco eodem esse nunc et prius.“

Auch diese Stelle, bei der ich einzelne kennzeichnende Ausdrücke unterstrichen habe, entspricht den modernen Auffassungen, nur muß man bei dem Einzelfall, daß ein genau kugel-, zylinder- usw. förmiger Körper sich um seine Achse dreht, sich etwas vorsichtiger ausdrücken.

Währenddessen ein Gegenstand sich bewegt — so sagt Thomas — gibt es nicht zwei Augenblicke, an denen er nicht an einem anderen und wieder an einem anderen Orte sich befände. Denn wäre das nicht der Fall, so würde der Körper doch, statt sich zu bewegen, offenbar ruhen!

So sind also die „Orte“ andere und andere, während der „Körper“ ein und derselbe bleibt. Ist das denn nicht eben diejenige Auffassung, von der ich früher (S. 77) sprach und dabei betonte, daß sich darin „von dem, was der Physiker ‚Ort‘, und dem, was er ‚Gegenstand‘ nennt, die gegenseitige Unabhängigkeit ausspreche“? — Auch nach Thomas ist bei identischem „corpus“ der „locus“ variabel, ist in dieser seiner Verschiedenheit unabhängig von dem mit sich selbst identisch verbliebenen „einnehmenden Gegenstande". Sollte nun diese Auffassung etwa eine „Hypostasierung des Raumes" (vgl. S. 77, Anm.) bedeuten, so wäre zu fragen: Hat denn auch schon Thomas die „Orte im Raume" hypostasiert[1])? —

Noch wieder weiter im Geleise der neueren Mathematik bewegt sich Thomas, indem er fortfährt:

---

[1]) Meinerseits Tendenzen unterzuschieben liegt mir völlig fern. Aber aus dem von Gutberlet („Allg. Met." S. 255) selber schon gekennzeichneten Zwecke heraus, den A. Müller („Philos. Jahrb." 1903, S. 52) durch den Ausdruck: „aus theologischen Gründen" deutlich macht, würde sich wohl verstehen lassen, daß man den unkörperlichen Raum mit Langenberg (vgl. S. 27) „weder als Träger, noch als Eigenschaft eines Trägers zu subsistieren [!]" erlauben will. Hat man ihn aber auf diese Art gewissermaßen vor die Türe gesetzt, so darf man ihn billigerweise doch nicht wieder hereinrufen, um sich von ihm Dienste verrichten zu lassen. Und umgekehrt: Wenn man zur Besorgung dieser Dienste den unkörperlichen Raum nicht entbehren kann, so soll man ihn auch nicht vor die Türe setzen. (Langenbergs Ausdrucksweise, daß irgend ein Etwas „subsistiere", wenn es die „Eigenschaft eines Trägers" ist, finde ich ungewöhnlich.) — Der vom unkörperlichen Raume verlangte Dienst, daß er einem Körper gestatte, in ihm Wohnung zu nehmen (subintrare) und diesen Aufenthalt auch wieder zu verlassen (deserere), andererseits auch der Dienst, mehrere einander nicht berührende Körper voneinander zu trennen, dürfte dem unkörperlichen Raume offenbar gar nicht zugemutet werden, ohne daß man ihm eine von der Körperwelt unabhängige Existenz zuschreibt. Kann nun dieses Körperaufnehmende, dieses Körpertrennende etwa ein Nichts, oder kann es (wie so oft gesagt wird) eine „Möglichkeit", ein Abstraktum, ein Gedankending sein? — Darüber heißt es bei Müller u. a.: „Gutberlet antwortet (a. a. O. S. 226) auf den Einwurf: ‚Die Möglichkeit der Dinge ist nicht ein reines Nichts und auch keine abstrakte Idee, sondern etwas sehr Reales, objektiv Gegebenes, wenn auch nicht Existierendes'. Ich muß gestehen, daß für mich die Philosophie hier aufhört. Entweder existiert etwas tatsächlich zwischen den Körpern oder es existiert nichts dazwischen." — In letzterem Falle müßten sie sich offenbar berühren! Sind sie hingegen „wirklich" voneinander getrennt, so muß auch das Dienst-

„Cum igitur inter primum nunc, et ultimum temporis mensurantis motum sint infinita nunc, oportet, quod inter primum locum, a quo incipit moveri, et ultimum locum, ad quem terminatur motus, sint infinita loca."

Das entspricht dem, was man heutzutage in etwas schärferer Fassung „eineindeutige Zuordnung der Elemente zweier Mengen" nennt. Jedem „nunc", jedem „Jetzt", jedem „Augenblick" in der Zeitdauer wird ein „Ort" (des bewegten Körpers) im Raume umkehrbar eindeutig zugeordnet. Nun aber ist die Menge der „nunc" infinit, also ist auch die Menge der „loca" infinit.

Das ist genau dasselbe Verfahren, wie ich es in meinem genannten Buche (S. 149 f.) anwendete. Die verschiedenen „nunc" treten bei mir auf als „Jetzt Nr. 1", „Jetzt Nr. 2", „Jetzt Nr. 3" usw. Die verschiedenen „loca" des Thomas sind bei mir die verschiedenen „Orte", an denen sich die Schenkel eines sich stetig verändernden Winkels befinden, und so numerieren sich mit den „nunc" eineindeutig die „loca" und die Winkel. Und genau so, wie ich zur Erläuterung des Sachverhalts mich u. a. der von den Uhrzeigern gebildeten Winkel als augenfälliger Objekte bediente, hatte es auch schon Thomas gemacht, indem er einen Körper von der Länge eines römischen „pal-

---

tuende, das Trennende „Wirklichkeit" haben. Selbstverständlich wird niemand im Ernste behaupten, zwei materielle Körper berührten einander deswegen nicht, weil ein zwischengelagerter Gedanke den Kontakt verhindere! —

Ist es nicht in der Tat verwunderlich, wie man dem unkörperlichen Raume die Eigenexistenz da versagt, wo man ihn eingestandenermaßen scheut, und ihn doch tausendmal ohne weiteres, ohne Berechtigungsnachweis einfach wieder herholt, wo man seiner Dienste bedarf? — Über diese Sachlage vgl. u. a. meine Broschüre „Über Begriffe und Grundsätze" S. 22 und „Das Endliche und das Unendliche" S. 254 ff. — Brennend wird angesichts der vorhin angeführten Worte „in alio et alio loco", „in uno et eodem loco in duobus nunc" auch wieder die schon S. 21. 24, 62 erwähnte Frage nach der Bedeutung der Identität und der Nichtidentität von Raum- und Zeitpunkten. Einiges darüber in einem nachfolgenden besonderen Zusatz.

mus“ [1]) zu Hilfe nahm und den wandern ließ. Er kleidet sein Beispiel folgendermaßen ein:

„Et hoc sic etiam sensibiliter apparet. Sit enim unum corpus unius palmi, et sit via, per quam transit, duorum palmorum; manifestum est, quod locus primus, a quo incipit motus, est unius palmi, et locus, ad quem terminatur motus, est alterius palmi. Manifestum est autem, quod, quando incipit moveri, paulatim deserit primum palmum et subintrat secundum [2]). Secundum ergo quod dividitur magnitudo palmi, secundum hoc multiplicantur loca media: quia quodlibet punctum signatum in magnitudine palmi est principium unius; et punctum signatum in magnitudine alterius palmi est terminus ejusdem.“

Jedem Paare von Anfangs- und Endpunkt ist also eine Lage des Körpers eineindeutig zugeordnet, so daß es keinen Endpunkt gibt, dem nicht eine unverwechselbare Körperlage, und keine Körperlage, der nicht ein unverwechselbarer Endpunkt zugeordnet wäre. Ist nun der ganze zugemessene Weg eine Strecke von zwei Palmen, so ist in dieser Strecke der zweite Palm als „locus secundus“ schon vorhanden (und zur Aufnahme der Vorderfront des vordringenden „corpus“ bereit) gewesen in demjenigen „nunc“ oder „quando“, in welchem der Körper noch gar nicht daselbst vorhanden war, sondern sich erst auf dem „locus primus“ befand. Soviele „puncta“ also, wie der palmus

---

[1]) Es gab bei den Römern der Längemaße, die „palmus“ hießen, zwei, von denen das kleinere etwa drei, das größere neun Zoll enthielt.

[2]) Der „primus palmus“ ist ein räumliches Gebilde, das man (nach Thomas) verlassen, der „palmus secundus“ ein Gebilde, in das man eintreten kann. Wiederum zeigt auch diese Vorstellung vom Eintreten und Verlassen einer Räumlichkeit deutlich, daß dieser Räumlichkeit eine Seinsweise zugeschrieben wird, die von der „Anwesenheit eines raumerfüllenden Gegenstandes“ unabhängig ist. Das ist ganz wie Newton gedacht! Namentlich auch insofern, als Thomas das Eindringen des „corpus“ in den „palmus secundus“ nicht im mindesten davon abhängig macht, ob ersterer etwa im Stande wäre, irgend welche „Gegenstände“, die in letzterem „anwesend“ sind, daraus zu verdrängen. Vom Verdrängen ist gar keine Rede; der zweite Palm wird ganz einfach als freie Bahn behandelt, als einer, der dem vordringenden „Körper“ ohne weiteres zur Verfügung steht.

secundus besitzt, soviele verschiedene („in alio et alio loco") Lagen nimmt der Körper bei seiner Bewegung ein. Die Menge der Punkte zwischen dem Anfangs- und dem Endpunkt des zweiten palmus ist aber „infinit"; denn „inter quaelibet duo puncta sunt infinita puncta media", also ist dementsprechend die Menge der Lagen, die der Körper während einer wirklichen, einer „sensibiliter apparenten" Bewegung wirklich einnimmt, eben auch „infinit".

### B. Abweichungen von der Auffassung der modernen Mathematik.

Indem Thomas an der erwähnten Stelle weiter schreibt, führt er mit einem Male ein Wort ein, das seiner Herkunft und seiner Anwendung nach Dunkel in die Sache und Streit in die Auffassung gebracht hat. Er begibt sich damit auf ein Gebiet, wohin die moderne Mathematik, die nur mit völlig klaren Begriffen arbeiten will, ihm nicht ohne weiteres folgen konnte und kann. Der betr. Satz lautet:

„Unde, cum magnitudo sit divisibilis in infinitum, et puncta sint etiam infinita in potentia [!] in qualibet magnitudine, sequitur, quod inter quaelibet duo loca sint infinita loca media."

Der Ausdruck „in potentia" ist es, um dessen Sinn und Kraft man schon seit Jahrhunderten kämpft. Das mag teils an seiner höchst unlogischen sprachlichen Bildung, teils an den Zwecken liegen, für die er ersonnen und verwertet worden ist. —

Bevor über diesen wichtigen Gegenstand im folgenden Kapitel weiter gehandelt wird, soll hier noch erst ein zweiter Punkt angegeben werden, in dem Thomas mit den modernen Anschauungen nicht übereinstimmt. Diese Abweichung tritt hervor in einigen Sätzen, die auf die vorhin angeführten folgen, und deren nächster Zweck eigentlich bloß die Frage ist, ob die Bewegung eines Engels durch ein Medium hindurch eine kontinuierliche sei oder nicht. Thomas schreibt:

„Mobile autem infinitatem mediorum locorum non consumit, nisi per continuitatem motus: quia sicut loca media sunt infinita in potentia, ita et in motu continuo est accipere infinita quaedam in potentia. Si ergo motus non sit continuus, omnes partes motus erunt numeratae in actu. Si ergo mobile quodcunque movetur motu non continuo, sequitur, quod vel non transeat omnia media, vel quod actu numerat media infinita, quod est impossibile. Sic igitur secundum quod motus angeli non est continuus, non pertransit omnia media.

Thomas redet hier von einem „motus non continuus" und benutzt ihn zu Schlußziehungen. Es fällt schwer, mit diesem Ausdruck überhaupt einen genauen Gedanken zu verbinden. Mag man sich immerhin statt einer ununterbrochenen (kontinuierlichen) eine ruckweise (diskontinuierliche) Bewegung vorstellen, so gehört zu jedem einzelnen „Ruck" eine wenn auch noch so kurzer Dauer; **während** dieser Dauer ist aber die Bewegung doch jedesmal eine kontinuierliche! Und zudem, wenn die Bewegung einen Ortswechsel bedeuten soll, so ist auch letzterer kontinuierlich, insofern er geschehen muß durch den Raum hindurch, und der Raum doch als ein Kontinuum aufgefaßt wird. Ein Orts-Wechsel, oder vielmehr eine Orts-Unterschiedenheit, bei der gar kein Kontinuum zur Benutzung käme, würde in aller Strenge darauf hinauslaufen, daß ein Ding $D_1$, das im Zeitpunkte $t_1$ den Ort $O_1$ einnähme, glatt verschwände, und daß in einem späteren Zeitpunkte $t_2$ an einem von $O_1$ verschiedenen Orte $O_2$ ein Ding $D_2$ zum Dasein gelangte. In solch einem Falle aber würde erstens überhaupt die Identität von $D_1$ mit $D_2$, zweitens für solch einen Vorgang der Name „Bewegung" bzw. „motus", und drittens wohl auch die Bezeichnung „Wechsel" nicht ohne Grund beanstandet werden. Sachlich genommen läge ja nicht etwa nur ein Ereignis, nämlich eine „Bewegung" eines Körpers, sondern es lägen zwei Ereignisse vor, ein Verschwinden und ein Auftauchen, und dabei in zeitlicher und räumlicher Hinsicht eine geringere oder größere Nähe. Von einer unmittelbaren Nachbarschaft (mit der man etwa die Einunddieselbigkeit von $D_1$ und $D_2$ zu retten gedächte) kann aber gar keine Rede sein. Denn weder ein Zeitpunkt noch ein Raumpunkt hat überhaupt einen unmittelbaren Nachbar, wie Thomas im Einklang mit der modernen Wissenschaft ganz richtig sagt.

Aber gesetzt auch, diese Beanstandungen könnten irgendwie behoben werden, und man könnte bei einer „Bewegung“ Rucke annehmen, die weder räumlich noch zeitlich etwas Kontinuierliches aufwiesen, so würde sich immer noch fragen, ob diese Rucke denn — wie Thomas sie nennt — „partes motus“ wären. Das muß dem mehrerwähnten Satze Killings gemäß durchaus verneint werden.

Unter einem „Teil“ versteht man ein Etwas, das hervorgeht oder hervorgehen kann aus dem Akt, der „teilen“ heißt. Ein gänzlich dauerloser Ruck kann aber offenbar überhaupt nicht auf die Weise entstehen, daß man einen „motus“ teilt, ihn in „Teile“ zerlegt. Darum kann man aus der mit dem thomistischen Ausdruck „motus non continuus“ eingeführten Ruck-Vorstellung auch keinen bündigen Schluß bilden auf „omnes partes motus“. Diese Rucke sind eben keine „partes“. Und so kann man ferner auch nicht behaupten, diese „partes“ würden „numeratae in actu“ sein. Der Begriff „pars motus“ und der Begriff „motus non continuus“ sind durchaus, sind „in genere“ voneinander verschieden, ebenso wie z. B. „Punkte“ und „Strecken“ in genere[1]) verschieden sind.

Im übrigen spielt, wie aus dem Worte „numeratae“ leicht ersichtlich, bei der Schlußweise des hl. Thomas auch seine schon hervorgehobene enge Definition des Begriffs „numerus“ eine Rolle.

Nebenbei sei noch als bemerkenswert erwähnt, daß Thomas seinen Zusatz „in potentia“ hier zwar den „infinita loca“ und den „infinita puncta“ beifügt, nicht aber den „infinita nunc“. Auch sagt er nicht, daß die verschiedenen „nunc“ etwa „partes temporis mensurantis“ seien.

---

[1]) Hilbert nennt sie („Grundl. d. Geometrie“ S. 2) zwei „verschiedene Systeme von Dingen“.

## C. Zusatz über die Bedeutung der Identität bzw. Nichtidentität von Raum- und Zeitpunkten.

Wo Thomas (vgl. S. 92) von dem Begriff der „Menge" spricht, betont er als etwas in die Augen Fallendes: „quod hoc ens non est illud ens", und ich sagte schon, daß er sich damit in Einklang befinde mit der modernen „Mengen"-Definition, die aber das Kennzeichen noch etwas schärfer fasse in dem Ausdruck „Wohlunterschiedenheit" der Mengenelemente.

Nun mag es in sehr vielen Fällen gar nicht schwierig sein, für dieses „non est", d. h. für die „Unterschiedenheit" derjenigen „entia", die die „Menge" ausmachen, kennzeichnende Merkmale aufzufinden, d. h. Merkmale, die dem einen „ens", dieses an und für sich genommen, zu eigen sind, dem andern aber nicht. Aber diese Schwierigkeit tritt schon mit großer Schärfe da hervor, wo es sich, wie vorhin im Kap. V, um die „Individuation" handelt, um die „Einzigkeit", die „Unverwechselbarkeit", um das „ab omni alio distinctum", welches zum Begriff des „Individuums" gehört. Da nehmen manche Philosophen — die sich nicht in die uns verborgenen Erkenntnisse Gottes (vgl. S. 58) zurückziehen wollen — ihre Zuflucht zu dem Satze, daß materielle Dinge, möchten sie sonst in allen Eigenschaften übereinstimmen, doch dadurch voneinander unterschieden seien, daß in keinem Falle an ein und demselben „Orte" in ein und demselben „Augenblick" mehrere „Individuen" zugleich vorhanden sein könnten. Ist bei zwei in Betracht genommenen Dingen der Zeitpunkt der gleiche, so müssen sie sich durch den Aufenthaltsort unterscheiden; ist der Aufenthaltsort derselbe, so müssen die Zeitpunkte verschieden sein.

In den Fällen nun, wo die Erkenntnis „quod hoc ens non est illud ens" schließlich hinausläuft auf die Erkenntnis „quod hic locus non est ille locus", bzw. „quod hoc nunc non est illud nunc" sieht man sich unweigerlich vor die Frage gestellt: Was heißen diese Sätze denn eigentlich? Welchen Sinn haben die Worte (vgl. S. 62) „in alio et alio loco", „in uno et eodem loco in duobus nunc"? Inwiefern sind „Orte", inwiefern sind „Punkte", sind Raum- und Zeitpunkte überhaupt voneinader verschieden? —

Wenn man etwa sagen wollte: diese Verschiedenheit ist gekennzeichnet durch die Worte „hier" bzw. „dort", so ist damit nichts gewonnen; denn es handelt sich eben um die Angabe, wieso dieses „Hier" etwas anderes bezeichnet, als das „Dort", handelt sich um die Angabe eines Kennzeichens, das die Identität beider zerstört. — Und wenn man geltend machen wollte, die Verschiedenheit der Orte bestehe darin, daß der eine neben, über, unter, vor oder hinter dem andern vorhanden sei, so ist auch damit nichts gewonnen; denn inwiefern ist überhaupt dieser „eine", an und für sich gefaßt, nicht identisch mit, sondern verschieden von jenem „andern", auch dieser an und für sich gefaßt?

Und wenn man andererseits sagt: die Verschiedenheit der Zeitpunkte besteht darin, daß der eine dem andern folgt, so hat man wieder dieselbe Frage vor sich: Wieso ist der „eine" nicht der „andere"? Wieso „folgt" sich hier etwas an und für sich Verschiedenes? —

Thomas ist, soviel ich gefunden habe, in bezug auf das, was er „locus" bzw. „nunc" nennt, bei den Aussagen „in uno et eodem" bzw. „in alio et alio" einfach stehen geblieben und hat keine tiefer gehende Frage daran angeschlossen. Und doch befinden wir uns hier gerade noch vor demjenigen Rätsel, das m. E. den Kern des Raum- und Zeitproblems bildet: Läßt sich in Worten, die (unabhängig von dem noch erst zu lösenden Problem) für uns verständlich sind, aussprechen, inwiefern ein Ort nicht der andere, ein Punkt nicht der andere, ein Augenblick nicht der andere ist? — Zu dem erörterten allgemeinen kosmischen Problem in Bezug gesetzt, kann die Frage gekleidet werden in die Form:

Entspricht dem, was „verschiedene Orte", bzw. dem, was „verschiedene Punkte", und dem, was „verschiedene Augenblicke" heißt, irgend etwas Verschiedenseiendes im Gebiet dessen, was außerhalb des menschlichen Geistes Dasein hat? —

Versuchen wir einmal, auf diese Frage bezüglich der „Orte“ mit nein zu antworten. Was ist die Folge?

Wenn es in Wirklichkeit keine an sich verschiedenen „Orte“ gibt, dann gibt es offenbar auch keinen Orts-Wechsel, also keine Bewegung. Denn die ist, wie ja auch Thomas zutreffend sagt, Wechsel des Aufenthaltsortes.

Und wenn es im transmentalen Gebiet keine „Bewegung“ gibt, so gibt es auch nichts „Bewegtes“, nichts „Sichbewegendes“. Damit aber wird alle Naturwissenschaft, natürlich auch alle Welt-Geschichte völlig gegenstandslos, sinnleer.

Wie will man an dieser sehr unlieben Folgerung vorbeikommen, wenn nicht durch die Antwort: Ja! Es gibt außerhalb des denkenden Geistes etwas Seiendes, das dem Begriff „Bewegtes“ entspricht, es gibt also transmental „verschiedene Orte“.

Wer das bejaht, steht vor der Frage, ob er denn (nicht etwa mittels gewisser Vokabeln wie: rechts, links, hoch, tief, oberhalb, unterhalb u. dgl., die keine sachliche Belehrung enthalten) Angaben machen kann, welche die „Verschiedenheit“ dieser „Orte“ kennzeichnen, Angaben, welche die „Identität“ zerstören.

Die Naturwissenschaft legt sich zur Beschreibung des Weltgeschehens bekanntlich ein Vierkoordinatensystem zurecht. Das, was sie „Koordinaten“ nennt, sind (die Winkel mit eingerechnet) „Abstände“. Der Begriff „Abstand“ setzt aber, allgemein genommen, die Verschiedenheit von Raum- bzw. von Zeitpunkten als etwas Gegebenes und Vertrautes **schon voraus**, ist also unvermögend, für diese Verschiedenheit eine begriffliche Unterlage darzubieten. Nach einer solchen müssen wir uns daher anderwärts umsehen.

Nun bietet sich als ein Unterscheidungsmittel für „Orte“ die Zuhilfenahme des Begriffs „Materie“ dar im Verein mit dem Umstande, daß wir dem Raume bzw. den „Orten“ die Eigenschaft beilegen, der Materie eine Herberge zu gewähren.

Auf dieses Hilfsmittel läßt sich die Unterscheidung gründen: Ein Ort Nr. 1 kann von einem Ort Nr. 2 dadurch „verschieden“ sein, daß Nr. 1 Materie beherbergt, Nr. 2 aber nicht. Dann hat man einerseits leere, andererseits besetzte Orte.

Wenn man nun versucht, mit Hilfe dieser Unterscheidung den Begriff der „Bewegung“ zu definieren, so ergibt sich der Satz: Eine „Bewegung“ findet stets dann und nur dann statt, wenn ein leerer Ort besetzt oder ein besetzter Ort leer wird. — Trifft das zu? — Reicht das aus? —

Nein! Die Folge wäre ein Widerspruch mit unsern Beobachtungen. Wir sehen uns ja doch zwingend genötigt, z. B. auch die Rotation eines Kreisels zu den „Bewegungen“ zu rechnen, ohne daß wir dabei zu der Vorstellung gezwungen wären, es würde irgend ein materiell besetzter Ort leer oder ein leerer besetzt. Darum genügt die Zuhilfenahme der „Materie“ und die Aufnahmefähigkeit der „Orte“ für materielle Etwasse keineswegs, um die Verschiedenheit von Orten, um den Orts-Wechsel, um die Bewegungen erschöpfend zu erklären, d. h. um sie aus anderen, aus gegebenen Grundbegriffen vollzutreffend abzuleiten.

Auch Thomas hat zwar das Besetzen leerer und das Entleeren besetzter „loca“ berücksichtigt und die Worte „subintrare“ bzw. „deserere“ dafür verwendet, hat sie aber nicht für ausreichend erachtet, um damit den Begriff der „Bewegung“, des „motus“ allseitig zu unterlegen. Denn zum „motus“ (den er überhaupt außerordentlich weit faßt) rechnet er (I, q. 7, a. 3) auch die vorhin erwähnte Kreiselbewegung, den „motus circularis“, bei welchem „una pars corporis transfertur ad locum, in quo fuit altera pars“, ohne daß von einer zwischengeschobenen „Entleerung“ überhaupt die Rede ist. —

Noch aussichtsloser wäre der Versuch, die Verschiedenheit der „Orte“ herleiten zu wollen aus irgend welcher Verschiedenheit derjenigen materiellen Objekte, die sich an dem betr. Orte aufhalten. Handelt es sich darum, bei zwei Häusern anzugeben, inwiefern sie an und für sich verschieden seien, so hilft es nicht, die Verschiedenheiten ihrer Bewohner aufzuzählen. Die bewegte Materie zieht in ihre Wohnungen ein und aus, sie wechselt ihre Herberge und die Herberge wechselt ihre Insassen. Aus irgend welcher Verschiedenheit der letzteren folgt für die Verschiedenheit der ersteren gar nichts.

Inwiefern also ist überhaupt „hic locus non ille locus"? Welche Worte werden vorgebracht und reichen aus, um die Verschiedenheit zweier Orte — und wenn man zur letzten Grenze übergeht, zweier Punkte — scharf und klar zu kennzeichnen?

Ich finde sie nirgendwo. Und dennoch muß eine Verschiedenheit von Orten tatsächlich obwalten in demjenigen Gebiet des Seienden, in welchem es „Bewegung" gibt, in demjenigen Gebiet also, welches wir „Raum" nennen, bzw. im Gebiet der raumdurchwandernden Materie. Aus dieser Erwägung heraus habe ich vorhin als den Kern des Raumproblems die Frage bezeichnet: Inwiefern ist ein Ort nicht der andere? Inwiefern ist ein Punkt Nr. 1 verschieden von einem Punkt Nr. 2? —

Nebenher mag hier erwähnt sein, daß wir Menschen ebenso wie für Licht und Schall, Wärme und Kälte, auch — und zwar in den halbkreisförmigen Kanälen des Ohr-Labyrinths — ein besonderes Sinnesorgan besitzen, mit dem selbst ein blinder, tauber und an allen Gliedern gelähmter Mensch in gewissen Fällen Empfindung davon bekommt, daß er sich im Raume bewegt.

Stellt man im unmittelbaren Anschluß an die „Idee der Bewegung" die oft erwähnte „eineindeutige Zuordnung" von Raum- und Zeitpunkten her, so ergibt sich sofort die Parallel-Frage: Inwiefern ist ein Augenblick Nr. 1, an und für sich gefaßt, verschieden von einem Augenblick Nr. 2. Und bei dieser Frage erweist sich der Versuch, die „Augenblicke" mit Begebenheiten auszufüllen, als ebenso unzureichend, wie der frühere Versuch, die „Orte" mit Materie auszufüllen. Daß Augenblicke einander „folgen", des sind wir gewiß, auch wenn wir über darin sich vollziehende Begebenheiten nicht das allermindeste wissen.

Es bleibt also nichts übrig, als daß wir einfach ohne jede Deduktion, also axiomatisch, aussagen: Im Welt-Dasein gibt es Etwasse, die wir „Orte" oder auch „Raumpunkte" nennen, und die an und für sich genommen untereinander verschieden sind, obschon wir keine Worte haben, um das Verschiedensein des einen vom andern zu kennzeichnen. Ebenso gibt es im Welt-Geschehen Etwasse, die wir „Zeitpunkte" oder „Augenblicke" nennen, und die ebenfalls an und für sich genommen untereinander verschieden sind, ohne daß wir Kennzeichen hätten und angeben könnten, die dem einen zu eigen sind, dem andern nicht.

Ohne dieses Doppelaxiom[1]) würde der Begriff der „Bewegung" unhaltbar sein, und alle damit in Zusammenhang stehenden Begriffe: Weg, Geschwindigkeit, Beschleunigung, Abstand, Ausdehnung, Dauer usw. würden der Unterlage entbehren.

Auch die moderne „Relativitätstheorie" hätte keinen Boden mehr. Denn eine ihrer Grundkonstanten ist bekanntlich „c", d. h. die Lichtgeschwindigkeit im Vakuum. Was heißt denn noch „Geschwindigkeit", wenn es nicht Punkte im Raume und Punkte in der Zeit gibt, die an und für sich voneinander verschieden sind? — Mag man die „Relativität" ausdehnen soweit man irgend will und kann: vor der absoluten Verschiedenheit von Raum- und Zeitpunkten wird man vielleicht doch Halt machen müssen.

Auf die naheliegenden und wichtigen Folgerungen einzugehen, die sich für die „spekulative Theologie" auf dem Gebiete ergeben, wo von der „omnipraesentia" Gottes, sowie von dem Sinn der Worte „aeternitas, aevum, tempus" die Rede ist, wird eine andere Gelegenheit geeigneter sein. In der hier vorliegenden, insbesondere den einschlägigen Lehren des hl. Thomas gewidmeten Schrift möge die Bemerkung genügen, daß der Aquinate

---

[1]) Die Aufstellung eines Axioms ist zwar nicht der Form, wohl aber der Natur der Sache nach gleichwertig mit der Vorführung einer Wegscheide. Die beiden hier in Betracht kommenden sollen nebst einer Reihe nahverwandter anderer Wegscheiden demnächst im Rahmen einer „Elementaranalyse der Relativitätstheorie" scharf kontradiktorisch zugespitzt vor Augen gelegt werden.

bei Erörterung des Gegensatzes von „aeternitas“ und „tempus“ sich an mehreren Stellen seiner Theologischen „Summa“ auch über ein unterschiedsloses, ein „stehendes Jetzt“ geäußert hat. So enthält die qu. I, 10 im art. 2 den Satz: „Nunc stans dicitur facere aeternitatem secundum nostram apprehensionem. Sicut enim causatur in nobis apprehensio temporis, eo quod apprehendimus fluxum ipsius nunc; ita causatur in nobis apprehensio aeternitatis, inquantum apprehendimus nunc stans.“ Im art. 4 derselben quaestio heißt es u. a.: „aeternitas est tota simul, non autem tempus.“ Ferner in der qu. I, 42 art. 2: „In aeternitate ipsum nunc indivisibile est, et semper stans.“ — Zweifellos wird es als eine Sache von weittragender Bedeutung gewertet werden müssen, wenn nunmehr eine physikalische Theorie, die aus experimentellen Beobachtungen (Michelsonscher Versuch) entsprossen ist, einen Ausblick in das Gebiet der „aeternitas“ eröffnet! — Sollte die „Relativitätstheorie“ dazu imstande sein? — In einschlägigen Schriften war schon die Rede davon, und ich hoffe auch meinerseits darauf noch zurückkommen zu können.

Schließlich habe ich noch auf eine Stelle meines Buches „Über das Endliche und das Unendliche“ Bezug zu nehmen. Dort wurde auf S. 36 im Anschluß an gewisse Äußerungen von Euklid, Graßmann, Helmholtz, Poincaré und Lindemann u. a. gesagt: „Das zweite Merkmal [des Raumes] ist die Unterschiedslosigkeit, und zwar im Gegensatz zu allem, was wir ‚Materie‘ oder ‚Stoff‘ nennen.“ Damit ist ausgedrückt, daß solche Eigenschaften, wie sie bei der Materie als „Verschiedenheiten“ in die Sinne fallen, beim Raume nicht in die Sinne fallen. In dieser Hinsicht ist letzterer „homogen“ und „isotrop“. Dabei muß aber doch bestehen bleiben, daß es, um den Begriff der „Bewegung“ zu sichern, tatsächlich „Orte“, „Punkte“, „ubi“, „Aufenthalte“ von Materie geben muß, die an und für sich voneinander verschieden sind. Gleiches wie von Aufenthaltsorten gilt von den Aufenthaltszeiten.

Indem ich diesen Gedanken hier mit Nachdruck betone, möchte ich das Vorstehende in gewissem Sinne als eine Weiterführung, eine Vertiefung der im genannten Buche behandelten Fragestellungen bezeichnen. Dadurch schärft sich auch die Definition des Raumes (a. a. O. S. 37) so zu, daß wir aussagen, der „Raum an und für sich" sei aufzufassen als die Gesamtheit alles dessen, was wir als nebeneinander seiend erkennen, und zwar als unbehaftet mit den der Materie zugeschriebenen Verschiedenheiten, aber behaftet mit solchen Verschiedenheiten, welche die Identität seiner Punkte aufheben und so der beherbergten Materie Punkt-Wechsel gestatten. Entsprechend ist die „Zeit an und für sich" aufzufassen als die Gesamtheit desjenigen, was wir als nacheinander seiend erkennen, und zwar als unbehaftet mit den irgend welchen Ereignissen zugeschriebenen Verschiedenheiten, aber behaftet mit solchen Verschiedenheiten, welche die Identität der Zeitpunkte aufheben und so den Ereignissen Augenblicks-Wechsel gestatten.

## XI. Der Begriff der Potentialität und seine Anwendung auf Mengen.

Übersicht:

A. Vorbemerkung. — Das Wort „possibilitas" ist weiter nichts als die substantivierte Form eines tautologisch verdoppelten Hilfszeitworts und bedeutet daher eigentlich eine inhaltsleere „?—barkeit". — Wie es über diese Leere hinwegtäuscht. — Bevor man von einer Anwendung des Begriffs „possibilitas" bzw. „potentia" mit Vernunft reden kann, muß zuerst die im Hilfszeitwort „posse" klaffende Gedankenlücke durch Beifügung des jedesmal zutreffenden Haupt-Zeitworts ausgefüllt sein.

B. Einige Äußerungen des Thomas, bei denen er die Worte „in potentia" auf Mengen anwendet. — Wie Th. posse auf posse häuft. Ausfüllung einer Lücke nach der andern durch Beifügung der betr. Hauptverba. — Wo Th. das dividere, augere, addere als Hauptverb benutzt, gelangt er zu demjenigen Begriff, den spätere Philosophen mit dem Worte „indefinitum" oder „potentiell unendlich" bezeichnen. Die Mathematik ist mit diesem durchaus einverstanden. Sobald Th. indessen diesen Boden verläßt und Objekte von ganz verschiedener Art auf die gleiche Weise behandeln will, erhebt der Mathematiker Einspruch.

C. Notwendige Unterscheidung von Mengenarten. Ergänzung thomistischer Ausführungen. — Aufstellung dreier wichtiger Fragen, die einzeln beantwortet werden. Dabei kommen zwei ganz verschiedene Mengen heraus, und zwar so, daß der Zusatz „in potentia" wohl bei der einen, keineswegs aber bei der anderen am Platze ist. — Die „reductio in actum" hat zweierlei Sinn und ist bei den Elementen jeder Menge für sich besonders ins Auge zu fassen.

D. Wie Thomas die „multitudo actu infinita" teils durch gegenteilige Beispiele, teils durch Aufstellung eines besondern Mengenaxioms abwehrt. — Th. führt drei Erwägungen vor. Bei der ersten benutzt er als Beispiel den „Tag" und knüpft daran eine Verallgemeinerung, die aus zwei Gründen nicht triftig ist. — Bei der zweiten benutzt er Richtungsänderungen, die der Umfang einer „figura" erleidet, wenn letztere ein Vieleck darstellt, übersieht aber den Fall, daß solche Richtungsänderungen auch stetige sein können, so daß ihnen mit „endlichen Zahlen" überhaupt nicht mehr beizukommen ist. — Bei der dritten (von Langenberg unerwähnt gelassenen) Erwägung wird ein „Widerspruch" behauptet, aber nicht dargelegt. Sie läuft demnach auf eine rein axiomatische, aber unklare und mit früheren Textstellen schwer vereinbare Aussage hinaus.

E. Zuschärfung von Definitionen. — Um die aristotelisch-scholastische Definition des „infinitum" von einer darin vorhandenen Unbestimmtheit zu befreien, ist eine Steigerung der Genauigkeit zu erstreben sowohl im Falle es sich um ein „Kontinuum', als wenn es sich um eine „Menge" handelt. — Vorschläge dazu nebst deren Begründung.

## A. Vorbemerkung.

Seiner sprachlichen Herkunft nach bedeutet das lateinische Wort „potentia" und die ihm nahestehende passivisch gedachte „possibilitas", ebenso wie die Übersetzung „Möglichkeit" weiter nichts, als was sich im Deutschen auch durch die unschön klingenden Worte „Vermögbarkeit" oder „Könnbarkeit" wiedergeben ließe.

Die Ausdrücke: „mög—lich = vermög—bar = könn—bar" enthalten eine Tautologie, indem sie ein und denselben Gedanken zweimal nacheinander ausdrücken. Denn was das Wort „vermögen“ oder „können“ schon besagt, das besagt die Endsilbe „bar“ noch ein zweites Mal. Um diesen logischen Fehler zu vermeiden, ließe sich die „Möglichkeit“ ersetzen durch das Zeichen „? —barkeit“. Aber selbst dieses Symbol enthielte eigentlich noch zuviel; es drückte einen Gedanken schon aus, den das Wort „Möglichkeit“ dem wohlaufmerkenden Leser zwar schon nahe legt, den es aber noch nicht enthält. Die „?—barkeit“ gibt nämlich an, daß bei der betr. Aussage etwas fehlt, und in welcher Hinsicht etwas fehlt. Rein an und für sich genommen ist die „Möglichkeit“ logisch gleichwertig einer bloßen „Lichkeit“ oder „Barkeit“, die „possibilitas“ gleichwertig der einfachen „bilitas“; denn das „posse“ fügt der „bilitas“ nichts hinzu, was die „bilitas“ nicht schon ohnehin aussagte. Während die visi—bilitas, die porta—bilitas, die tolera—bilitas usw. offenbar etwas mehr aussagen, sagt die possi—bilitas nichts mehr aus, als eine bloße „bilitas“, eine bloße „Barkeit“ schon aussagen würde.

Nun sieht man aber einer Wortform wie „bilitas“ und den ähnlich gebildeten: „acitas“, „entia“, „tudo“ u. dgl. schon ohne weiteres an, daß sie nichts Genaues besagen; man erkennt den Mangel eines bestimmten Sinnes sofort und fragt ganz von selbst nach einer Ergänzung. Wird diese gegeben in der Form cap—acitas, eloqu—entia, forti—tudo, mo—bilitas, so hat man jedesmal einen neuen, einen wirklich ergänzenden Gedanken hinzu bekommen. Wird hingegen die „bilitas“ zur „possi—bilitas“ vergrößert, so ist das nur der Schein, es ist die — höchst verhängnisvolle — Vortäuschung einer Gedankenergänzung. Die possibilitas ist weiter nichts als die substantivierte Form eines tautologisch verdoppelten Hilfszeitworts. — Ebensowenig, wie mit den Aussagen: „man darf, man mag, man soll, man will“ ein deutlich bestimmter Sinn gegeben, ist das auch bei der Aussage „man kann“ der Fall.

Um daher einer Täuschung vorzubeugen, wird der vorsichtig Denkende jedesmal, wo er auf die Behauptung einer „Möglichkeit“, einer potentia, einer possibilitas stößt, diese zunächst durch „Barkeit“ bzw. „Könnbarkeit“ ersetzen und dann die bei dem

**Hilfs**-Zeitwort „können“ klaffende Lücke durch Beifügung eines **Haupt**-Zeitworts auszufüllen suchen. —

Über den Begriff der Möglichkeit habe ich schon mehrfach in der Zeitschrift „Natur und Offenbarung“, dann in meinem Buche über „Das Endliche und das Unendliche“ (S. 261 f.) gesprochen und ihm in meiner „Grundlegung eines bündigen kosmologischen Gottesbeweises“ eigens das 6. Kapitel gewidmet unter der Überschrift: „Was versteht man unter der Möglichkeit eines nicht existierenden Objekts?“ — Das dort ausführlich und eingehend Erörterte hier zu wiederholen geht nicht an. Ich muß mich begnügen darauf zu verweisen und nur einiges beizufügen, wozu Äußerungen von Thomas (bzw. von Langenberg) mir besonderen Anlaß geben.

**B. Einige Äußerungen des Thomas, bei denen er die Worte „in potentia“ auf Mengen anwendet.**

An der im vorigen (S. 108) angeführten Stelle fährt Thomas noch fort:

„Sed esse multitudinem infinitam in potentia possibile est, quia augmentum multitudinis consequitur divisionem magnitudinis. Quanto enim aliquid plus divitur, tanto plura secundum numerum resultant. Unde, sicut infinitum invenitur in potentia in divisione continui, ... eadem ratione etiam infinitum invenitur in potentia in additione multitudinis.“

Hier finden wir gleich zu Anfang bei den Worten „in potentia possibile“ schon zwei „? —barkeiten“ unmittelbar nebeneinander gestellt. Das Fragezeichen der zweiten, der „possibilitas“ läßt sich am leichtesten beantworten; denn als Hauptverbum bieten sich sofort dar die Worte „annehmen“, „für richtig halten“, „als zutreffend erachten“ [1]). Die Ausmerzung des „possibile“ ergibt also den Satz:

---

[1]) Wie bei dieser Sinnunterlegung auch die Bedeutung „possibile = widerspruchslos“ zustande kommt, wird später in einem anderen Zusammenhange erörtert werden.

Wir können es richtig finden zu sagen, eine Menge sei unendlich in potentia, sei unendlich in der „?— barkeit".

Wenn wir sodann auch bei Beantwortung des noch übrigen Fragezeichens wieder zum Hilfsbegriff „posse" das zutreffende Hauptzeitwort suchen, so gelangen wir zu einem befriedigenden Ergebnis erst in zwei aufeinanderfolgenden Schritten. — Die „potentia" ist hier dem Begriff „unendlich" angeheftet. Daher muß zunächst daran erinnert werden, daß die Bezeichnungen „endlich" und „unendlich" bei ihrer Anwendung auf Mengen (was hier der Fall ist) überhaupt im übertragenen, im metonymischen Sinne stehen, indem sie von einer Eigentümlichkeit der Zähltätigkeit übertragen werden auf das Objekt des Zählens. Darum kommt als Hauptzeitwort vorerst einmal das Verbum „zählen" in Betracht. Dann heißt der Sinn:

Wir können es richtig finden, von einer Menge auszusagen, an ihr könne ohne Ende gezählt werden.

Fragt man dann aber weiter: Was wird denn bei der „Menge" „gezählt"? so stößt man auf die „Elemente" der Menge, und nun dringt das „posse" tiefer ein; es geht vom Zählen auf die logische Voraussetzung des Zählens, nämlich auf das Herbeischaffen bzw. das Inbetrachtnehmen von Zählobjekten zurück. Dadurch erhalten wir den Sinn:

Man kann es bezüglich einer Menge zutreffend finden, daß bei ihr die Beschaffung bzw. die Inbetrachtnahme von Zählobjekten durch irgend eine Tätigkeit ohne Ende fortgesetzt werden könne.

Die Bezeichnung solch einer Tätigkeit ist also schließlich das, was das beim „posse" fehlende Hauptzeitwort auszusagen hat. Welche Tätigkeit das sei, unterläßt Thomas nicht, bestimmt anzugeben: es ist die „divisio". Ausdrücklich nennt er die

„potentia in divisione continui" und sagt von den Mengenelementen, also von den Zählobjekten: „Quanto plus dividitur, tanto plura resultant." Auch die Folgen, die für die betr. „multitudo" daraus erwachsen, hebt er hervor und nennt sie „augmentum multitudinis", „potentia in additione multitudinis". Damit sehen wir zugleich bei der letzteren „potentia" das Hauptverbum hervorgekehrt: es heißt „addere". Der Menge können ohne Ende Vermehrungen zugefügt werden. —

Was Thomas an der hier erörterten Stelle sagt, enthält also ziemlich genau denselben Gedanken, den spätere Philosophen in das Wort „indefinitum" [1]) oder auch „potential unendlich" hineinlegen, indem sie dadurch eine Vielheit bezeichnen wollen von der Eigenschaft, daß sie ohne Ende vermehrt werden könne Georg Cantor bezeichnet, wie früher (S. 66) erwähnt, solche Vielheiten mit dem Ausdruck des „Uneigentlich-Unendlichen". Diese Auffassung, von der behauptet worden ist, sie fehle in der älteren Scholastik, fehlt also bei Thomas nicht. Seitens der modernen Mathematik findet sie nicht den mindesten Widerspruch.

Anders gestaltet sich die Sache, sobald Thomas den Boden, den er sich hier unter die Füße geschafft hat, verläßt. Das geschieht in dem Augenblick, wo er die Formel „in potentia" auf solche Mengenelemente oder Zählobjekte anwendet, die nicht als **Teile** eines Kontinuums hingestellt werden können, nämlich auf **Punkte**.

Wie Thomas an der vorhin angeführten Stelle ausdrücklich sagt, ist jeder Punkt ein „locus indivisibilis", er kann nicht in Teile zerlegt werden, ist „nulldimensional". Geteilt wer-

---

[1]) So schreibt z. B. Willems (Institut. Philos. I, p. 533): „Dividitur autem infinitum in actuale ... et potentiale, quod in se quidem est finitum, potest tamen ulteriorem semper habere perfectionem. Vocatur etiam indefinitum." — Vgl. u. a. auch Hagemann-Endres, „Metaphysik' S. 39; Gutberlet, „Allgem. Metaphysik", 4. Aufl., S. 219.

den können gemäß unserer früheren Darlegung räumliche Gebilde nur, wenn sie mindestens eindimensional sind, und da beim Teilen die Anzahl der Dimensionen unverändert dieselbe bleibt, so sind die aus der Teilung unmittelbar hervorgehenden Ergebnisse niemals nulldimensional, sind niemals „Punkte". Wenn also Thomas schreibt: „Inter quaelibet duo puncta sunt infinita puncta media", so wird der Mathematiker dieses blanke „sunt" als durchaus richtig bestätigen. Fügt Thomas aber (vgl. S. 126) hinzu:

„Cum magnitudo [1] sit divisibilis in infinitum et puncta [2] sint etiam infinita in potentia in quaelibet magnitudine, sequitur etc."

so wirft der Mathematiker ein: Vorsicht! Hier sind kurzerhand nebeneinandergestellt zwei Dinge, die ihrer räumlichen Natur nach ganz verschieden geartet sind. Da muß unterschieden werden!

### C. Notwendige Unterscheidung von Mengenarten. Ergänzung thomistischer Ausführungen.

Um welche „potentia", um welches „posse" es sich bei Nr. 1, bei der „divisiblen" magnitudo handelt, wurde soeben dargelegt. Wie aber ist bei Nr. 2, ist bei den „puncta", dem in der „potentia" steckenden „posse" durch Beifügung eines Hauptzeitworts Sinn und Kraft zu geben? Darüber klärt Thomas seinen Leser hier nicht auf; der Mathematiker kann aber an dieser Frage nicht vorbeigehen.

Prüfen wir sie der Ordnung nach, so kommen wir auf dieselbe Stufenfolge wie vorhin. Die erste Tätigkeit, auf die wir stoßen, ist das „Zählen", die zweite besteht in der Herbeischaffung bzw. in der Inbetrachtnahme oder Kennzeichnung von „Zählobjekten", hier also von „Punkten".

Zur Genüge ist im früheren dargelegt worden, wie bei jeder ausgedehnten „magnitudo" durch den Akt der „Grenzeinführung" ein Gebilde hergestellt wird, dessen Dimensionenzahl um eine Einheit geringer als die der „magnitudo" ist, wie daher die Grenzeinführung ein taugliches Mittel bildet, um schließlich auch auf null dimensionale Gebilde zu kommen, also eine Gedankenverbindung herzustellen zwischen jeder beliebigen ausgedehnten „magnitudo" einerseits und „Punkten" andererseits. Eine gangbare Brücke wäre also da, und nun hat man zu fragen:

a) Ist es der Zählende, der die Zählobjekte sich bereitet, indem er „Punkte" in der von ihm betrachteten „magnitudo" durch gewisse Akte kennzeichnet und zu Zählobjekten macht?

b) Ist es die „magnitudo", die die Punkte besitzt und sie dem Zählenden für seine Inbetrachtnahme zur Verfügung stellt?

c) Oder kann sowohl das eine als auch das andere der Fall sein?

Bezüglich der Frage a) ist eine bejahende Antwort zulässig. — Die Herstellung bzw. Kennzeichnung von „Punkten im Kontinuum" kann sowohl auf unmittelbare als auch mehrfach auf mittelbare Weise geschehen. In eine horizontale Linie läßt sich z. B. nach Dedekinds Art ein Punkt $P_1$ hineinlegen, der die „Grenze" bildet zwischen rechts und links, läßt sich auch mit $P_2$, $P_3$ usw. beliebig fortfahren. In einem flächenhaften Kontinuum kann man zuerst Grenzsetzungen durch eingelegte Linien und dann in letzteren wiederum Grenzsetzungen durch Punkte vornehmen. In dreidimensionalen kontinuierlichen Gebilden gelangt man durch Vermittlung von flächenhaften und linearen Grenzgebilden ebenfalls zu Punkten. — Eine andere Art der Vermittlung kann auch durch „Teilen" geschehen, insofern je zwei „Teile" eines Kontinuums einen gemeinschaftlichen Grenzpunkt haben. Thomas hat die „divisio" benutzt, um die Menge der Teilungs-Ergebnisse (die ja mindestens eindimensional sein und bleiben müssen) herzustellen, redet aber nicht davon, daß dadurch mittelbar auch Punkte, nämlich als gemeinschaftliche „Grenzen" benachbarter „Teile" sich darbieten, und so stehen bei ihm die „Punkte" — in heutiger Zeit ist man versucht zu sagen: ohne richtig abgestempelten Bezugsschein — da.

Nachdem auf die beschriebene Art das „posse" in den Besitz eines zur gedanklichen Bestimmtheit nötigen Hauptzeitworts (einlegen von Grenzgebilden) gekommen, fragt es sich weiter, ob bei der dadurch angegebenen Tätigkeit denn auch die Bezeichnung „infinitum" zulässig sei.

Das hängt nach Thomas davon ab, ob die Bedingung „semper est aliquid extra sumere" zutrifft, oder ob nicht etwa die Eigenart des Kontinuums diesem „sumere" einmal ein „Ende" bereite.

Daß letzteres nicht der Fall sei, ergibt sich unmittelbar aus der Auffassung, die Thomas und nicht minder auch die moderne Mathematik von den Eigenschaften eines Kontinuums haben. — Als Ergebnis dieser Überlegung bekommt man daher ebenso, wie bei dem vorhin erörterten „Teilen" des Kontinuums, eine unbegrenzt vermehrbare, eine „potentiell unendliche" Menge von Punkten.

Hier aber setzt ein von Gutberlet gelegentlich ausgesprochener Gedanke ein, auf den ich schon („Endl. u. Unendl." S. 116) Bezug nahm, und der uns hinüberführt zur Beantwortung der

Frage b). Die Ausführungen Gutberlets (in denen ich einige besonders in Betracht kommende Worte unterstreiche) befinden sich in seiner „Allgem. Metaphysik" S. 219 f., und es heißt darin:

„Jedenfalls tut der in obigen Argumenten aufgezeigte Zusammenhang zwischen aktualer und potentialer Unendlichkeit evident dar, daß nichts potential unendlich sein kann, wenn ihm nicht a parte rei ein aktual Unendliches zugrunde liegt. Denn nur insoweit kann man in einer Größe die Grenze ohne Ende zurückschieben, als sie selbst endlos ist; sind sie also aktual ohne Ende verschiebbar, so ist die Größe auch aktual ohne Ende. Dies ergibt sich auch schon daraus, daß der Gedanke sein Objekt nicht macht, sondern voraussetzt und anerkennt. Er könnte also nicht nach jeder Grenzsetzung immer wieder danach etwas hinter der Grenze denken, wenn es nicht vor dem Gedanken schon da wäre."

Auf den vorliegenden Fall angewandt würde das Ergebnis lauten: Niemand könnte in eine gegebene „magnitudo", die ein Kontinuum darstellt (wählen wir als solche einfach eine „Strecke") irgend einen neuen, einen begrenzenden oder teilenden Punkt hinein denken, „wenn derselbe nicht vor dem Gedanken schon da wäre".

Diese auch seitens mathematischer Schriftsteller vertretene Auffassung entspricht gleichfalls der Vorstellung, die Thomas kundgibt bei der Gelegenheit, wo er (vgl. S. 125) sein augenfälliges („sensibiliter apparens") Beispiel von dem „corpus unius palmi" vorbringt. — Er schildert den Vorgang [1]), wie dieser

[1]) An die Schilderung desselben schließt er auch den vorhin (S. 126) schon angeführten, von Langenberg (a. a. O. S. 185) stark hervorgehobenen Satz an: „Mobile autem ...", der besagt: „Ein bewegter Körper verbraucht (consumit) die Unendlichkeit nur vermittelst der Kontinuität der Bewegung. Denn so, wie [zwischen zwei beliebigen „loca"] die Menge der „loca media" unendlich ist in potentia, ebenso ist auch bei einer kontinuierlichen Bewegung etwas zu erfassen (est accipere), was unendlich ist „in potentia".

Womit soll man nun hier die begriffliche Leere des beide Male in der „potentia" steckenden Hilfsverbums „posse" ausfüllen, um einen deutlichen Gedanken zu bekommen? —

An anderer Stelle hatte Thomas dazu das Wort „dividere" dargeboten; hier stehen uns allenfalls die Verba „consumere' und „accipere" zur Verfügung, deren Bedeutung für den vorliegenden Fall übrigens auf ein und dasselbe, nämlich auf das „accipiendo consumere" hinausläuft. — Wollen wir uns zur Enträtselung der „potentia", der „?—barkeit", dieser Verba bedienen, so ergibt sich der Sinn: Da zwischen zwei beliebigen Orten unendlich viele Zwischenorte einnehm-bar sind, so kann ein sich kontinuierlich bewegender Körper auch eine unendliche Menge von Stellen im Raume einnehmen bzw. pertranseundo aufbrauchen. — Demgemäß erscheint das Einnehmen können, das Aufbrauchen können als der Inhalt des hier in der „potentia" liegenden „posse". Damit aber dieses „posse" nun aber auch wahr sei und tatsächlich zutreffe, muß doch (mit Gutberlet zu reden) ihm „a parte rei eine aktuale Unendlichkeit

Körper in den zweiten, den anfangs noch leeren „palmus" eindringt und gebraucht dabei den kennzeichnenden Ausdruck „subintrare", der genau übersetzt „sich einschleichen" bedeutet.

Wer kann sich aber „einschleichen" in ein räumliches Gebilde, das nicht — wie Gutberlet sagt — „schon da ist"! Und auch nicht etwa in einen bloß „gedachten" Behälter vermöchte man das „corpus" so hineinzuschieben, daß der Vorgang „sensibiliter apparens" wäre, was er nach Thomas doch soll!

Die Front des palmlangen Körpers läßt Thomas also nach und nach in schon vorhandene „loca" einrücken, und so können wir in der Tat diese von neueren Schriftstellern vertretene Auffassung schon bei Thomas — implicite benutzt — vorfinden.

Hiernach ist die Frage b) mit „Ja" zu beantworten, d. h. die „magnitudo" besitzt die Punkte in sich selber, stellt sie dem eindringenden Körper und nicht minder auch der menschlichen Inbetrachtnahme für das Zählgeschäft zur Verfügung.

Bildet dieser Punktbesitz nun aber auch eine „infinite" Menge?

„Endlich" kann die Menge schon gar nicht sein; denn sonst hätte man bereits bei der Frage a) auf die zwangsweise Beendigung der Zähltätigkeit stoßen müssen!

Wenn aber für das Zählen kein Ende kommen kann, die Menge also „infinit" ist: in welchem Sinne ist sie dann „infinit"? Kann man der hier vorliegenden „multitudo infinita" auch wieder den Zusatz „in potentia" auf logisch zulässige Weise beifügen? Gibt es bei ihr etwa noch eine „potentia in additione"? Gibt es „augmenta"? Erfährt die Menge noch „Zuwachse"? —

---

zugrunde liegen", sie muß ihm zu Gebote stehen! Und wenn der „motus continuus" diese infinita loca possi-bilia, — und das heißt hier: accepti-bilia, consumpti-bilia, pertransi-bilia — durchquert hat, dann ist damit eine „transitio" einer **unendlichen** Menge von „loca media" **verwirklicht.** — Vgl. hierzu im vorliegenden Kapitel den Abschnitt E.

Zur Beantwortung genügt es, den „palmus secundus" des Thomas ins Auge zu fassen, dann sehen wir deutlich, daß dieser — da er ja nicht verlängert wird — keineswegs einen Zuwachs erfährt an den Punkten, die er besitzt. Wohl mag sich die Menge derjenigen Punkte oder „loca" vermehren, in die der fortschreitende „corpus unius palmi" sich „einschleicht", nicht aber die Menge derjenigen, die ihm innerhalb des zweiten palmus zur Verfügung stehen, und in die er nach vollendeter Bewegung sich eingeschlichen hat. Demnach kann man bei der „potentia" zwar dem „posse" ein ihm fehlendes Hauptzeitwort beifügen, indem man von einer „multitudo infinita in potentia subintrandi" spricht; sobald aber das „corpus" seinen Weg vollendet hat, fällt im zweiten palmus jedes weitere „subintrare" und damit auch die „potentia" fort. Das in diesem Worte enthaltene „posse" ist ein leeres, inhaltloses Hilfszeitwort geworden, da ebenfalls das „augere" und das „addere" mit dem „subintrare" zugleich weggefallen sind.

Aber ist durch den Schwund der „potentia" etwa auch die den Punktbesitz betreffende Aussage „multitudo infinita" weggefallen? Ist die Menge dieser Punkte jetzt eine „endliche"? Zwingt sie der Zähltätigkeit die Beendigung auf? —

Es wurde vorhin schon gesagt, und man sieht ja auch wohl leicht genug ein, daß dies nicht der Fall ist. Den ausführlichen Beweis dafür habe ich in meinem erwähnten Buche vorgelegt an einem Beispiel, das den Sachverhalt ebenso deutlich, ebenso „sensibiliter apparens" erkennen läßt, wie das „corpus unius palmi" des hl. Thomas. Ich wählte „Tells Geschoß" auf seinem Wege vom Bogen des Schützen bis zum Herzen Geßlers (vgl. „Endl. u. Unendl." S. 124). —

Die Frage c) muß nach dem Vorstehenden ebenfalls bejaht werden: Sowohl das eine als das andere kann der Fall sein, und es ergeben sich dadurch zwei Mengen von durchaus verschiedener Eigenart.

Bei a) kommt eine „multitudo infinita in potentia“ heraus. Das „posse“ erfreut sich der Stütze eines angebbaren Hauptzeitworts.

Bei b) kommt eine „multitudo infinita“ heraus, die den Zusatz „in potentia“ unlogisch erscheinen läßt, insofern durch den Wegfall des „augere“ und des „addere“ das „posse“ nur noch ein leeres Hilfsverbum sein und nichts besagen würde.

Beide Mengen habe ich in meinem Buche durch die Bezeichnung $M_1$ und $M_2$ scharf unterschieden. Das Ergebnis der eingehenden Untersuchung bestand darin, daß sich im Anschluß an den Begriff des räumlichen oder zeitlichen Kontinuums und einer raumzeitlichen Bewegung zwar „potentiell unendliche“ Mengen aufweisen lassen, aber **außerdem** auch unendliche Mengen, bei denen die „potentia (in infinitum) augendi“ gar nicht in Betracht kommt, Mengen, deren Elemente „nicht restfrei abzählbar“ sind, ohne daß sie dazu vermehrt zu werden brauchten.

Im Anschluß an die hier erörterte Unterscheidung zwischen Mengen von zweierlei Art dürfte sich die Bemerkung empfehlen, daß man auch bezüglich des Begriffs „verwirklichen“, „aktuieren“, „in actum reducere“ zwischen zwei verschiedenen Anwendungen wohl unterscheiden muß.

Wenn von Mengenelementen die Rede ist, so darf nicht verwechselt werden die Verwirklichung bzw. das Wirklichsein des Elements mit der Verwirklichung bzw. dem Wirklichsein seiner Inbetrachtnahme. Etwas anderes ist es, ob ein gewisser Ort im Raume, ein gewisser Stern im Weltall, ein gewisser Krankheitsfall in der Bevölkerung u. dgl. m. da ist, Existenz hat, verwirklicht ist, und etwas anderes, ob die Feststellung ihres Daseins, die Inbetrachtnahme des betr. Objekts verwirklicht ist. Wo immer solche Objekte als Mengenelemente auftreten, da kommen eben auch zweierlei Mengen zur Erwägung, und von jeder dieser Mengen für sich ist die Frage aufzuwerfen, ob der Zusatz „in potentia“ logisch berechtigt sei oder nicht. Was für die Menge der einen Art gilt, braucht darum, wie wir vorhin schon sahen, noch keineswegs auch für die andere Art zu gelten. Die „reductio in actum“ ist bei den Elementen jeder Menge für sich besonders ins Auge zu fassen.

**D. Wie Thomas die „multitudo actu infinita“ teils durch gegenteilige Beispiele, teils durch Aufstellung eines besondern Mengenaxioms abwehrt.**

Thomas führt (S. Th. I, q. 7, a. 4) drei Erwägungen vor, die zugunsten der „multitudo actu infinita“ sprechen sollen und sucht diese dann der Reihe nach zu widerlegen.

I. Die erste Erwägung enthält folgenden Gedanken: Es ist nicht unmöglich, daß das, was „in potentia“ vorhanden ist, auch verwirklicht werde (reduci in actum). Nun aber ist eine Zahl ohne Ende multiplizierbar (numerus est in infinitum multiplicabilis). Daher ist es nicht unmöglich, daß es eine aktual unendliche Menge gebe (esse multitudinem infinitam in actu).

Darauf entgegnet Thomas zunächst:

> „Unum quodque, quod est in potentia, reducitur in actum secundum modum sui esse.“

Schon aus diesen Worten geht die Unbestimmtheit des Ausdrucks „in potentia“ hervor. Welches „posse“ ist im vorliegenden Falle überhaupt gemeint? — Wenn man die diesem Worte klaffende Leere durch einen Zusatz in Parenthese ausfüllt, so kommt der Satz heraus: Alles, was (einer seiner Eigenart entsprechenden Verwirklichung) fähig ist, wird seiner Eigenart entsprechend verwirklicht. — Thomas fährt fort:

> „Dies enim non reducitur in actum, ut sit tota simul, sed successive; et similiter infinitum multitudinis non reducitur in actum, ut sit totum simul, sed successive, quia post quamlibet multitudinem potest sumi alia multitudo in infinitum.“

Hier führt Thomas also ein Beispiel vor, benutzt aber gerade mit seiner „dies“ ein recht heikles. — Zu allererst wird man doch — es handelt sich ja um Mengen — die Frage stellen, ist denn der „Tag“ schon ohne weiteres eine

„M e n g e"? — Von welchen Elementen denn? — Von Stunden, Minuten, Sekunden? —

Bei d i e s e r Auffaffung ist der Tag aber, wennschon eine „Menge", so doch augenscheinlich keine „multitudo infinita", sondern eine Menge von restfrei zählbaren Elementen!

Um den Tag als eine u n e n d l i c h e Elementenmenge auffassen zu können, muß man das „Teilen" ohne Ende fortsetzen, und dann ergibt sich genau wie vorhin beim räumlichen Kontinuum eine „multitudo in d i v i d e n d i potentia infinita". Wiederum hat man dann auch die Fragen a), b), c) zu beachten.

Nun legt T h o m a s den Hauptton jedoch auf das „successive" und dessen Gegensatz zum „totum simul". Die „Sukzession" der Mengenelemente trifft freilich bei dem von T h o m a s behandelten B e i s p i e l zu, aber, um daraus auf die „multitudo" i m a l l g e m e i n e n schließen zu dürfen, müßte vorher von ihm nachgewiesen sein, daß das „non totum simul sed successive" auch sicher bei j e d e r Menge zutreffe! Am ehesten kann man diese „Sukzession" für zutreffend halten, wo es sich um die Verwirklichung des I n b e t r a c h t n e h m e n s der Elemente, keineswegs aber ohne weiteres da, wo es sich um die E x i s t e n z der Mengenelemente — z. B. schon der im Kosmos vorfindlichen Dinge — handelt. Da T h o m a s aber an der in Rede stehenden Stelle dieses a l l g e m e i n e Zutreffen des „non totum simul sed successive" nicht dargetan, noch auch auf eine anderwärts dafür gelieferte Begründung verwiesen hat, so darf man hier eine L ü c k e seiner Beweisführung erblicken.

Nehmen wir aber einmal an, sie sei ausgefüllt und es stehe fest, daß bei j e d e r multitudo infinita die Elemente sukzessiv aufeinander folgende (im Sinne des T h o m a s verstanden) seien: wäre damit schon erwiesen, daß es keine „multitudo actu infinita" gäbe?

Um darüber mit Zuversicht zu urteilen, muß man sich doch an die schon erwähnte (vgl. S. 124) Stelle erinnern, wo T h o m a s sagt:

„Cum inter primum n u n c et ultimum temporis motum mensurantis [nunc] sint i n f i n i t a n u n c, oportet, quod etc."

Da haben wir zwei „nunc“, zwischen denen eine Menge von „nunc“ sukzessiv aufeinander folgen, und dennoch nennt Thomas die letztere „infinita nunc“!

Unterscheidet man auch hier die Verwirklichung [1] eines Augenblicks im Zeitverlauf von der Verwirklichung seiner Inbetrachtnahme, so erhält man wiederum zwei ganz verschiedene Mengen. Jeder Augenblick wird verwirklicht (reducitur in actum) ganz unabhängig davon, ob man auf ihn achtet oder nicht. Und so haben wir in der Menge derjenigen nunc, die inter primum nunc et ultimum temporis motum mensurantis nunc wirklich „dagewesen“, und zwar „non omnia simul sed successive“ dagewesen sind, eine nicht restfrei zählbare Menge von Elementen, eine „multitudo infinita“, die auch als „actualiter“ infinita bezeichnet werden muß in dem Sinne, daß jedes ihrer Elemente ist „reductum in actum“. Und diese Unendlichkeit ist vorhanden, ohne daß die Menge vermehrt würde, denn der „motus“, von dem Thomas redet, hat ja sein Ende erreicht!

---

1) Die Vorstellung, daß die Zeiten „Wirklichkeit“ gewinnen, ist im Bewußtsein der Menschheit lebendig; ihr haben auch Schriftsteller und insbesondere Dichter alter und neuer Jahrhunderte Ausdruck gegeben:

Schon Homer sagt: „Ἔσσεται ἦμαρ, ὅτ' ἄν ποτ' ὀλώλῃ Ἴλιος ἱρή.“

Thomas von Celano singt: „Dies irae, dies illa solvet seclum in favilla.“

Im Johannesevangelium 2. 4. sagt Christus selbst: Meine Stunde ist noch nicht gekommen.

Freiligrath hat das ergreifende Wort geprägt: „Die Stunde kommt, die Stunde kommt, wo du an Gräbern stehst und klagst.“

Schiller läßt den Wallenstein die seitdem zur fade mißbrauchten Redensart herabgewürdigten Worte sagen: „Es gibt im Menschenleben Augenblicke, wo er dem Weltgeist näher ist als sonst und eine Frage frei hat an das Schicksal.“

Goethe faßt den Spruch, durch den Faust dem Teufel verfällt, in die Form: „Werd' ich zum Augenblicke sagen: Verweile doch, du bist so schön, dann magst du mich in Fesseln schlagen, dann will ich gern zugrunde gehn.“

Ganz anders liegt die Sache, wenn es sich um die Menge der Inbetrachtnahmen handelt. Diese Menge ist eine multitudo infinita in potentia contemplandi vel considerandi. Und von ihr trifft zu, was Thomas sagt: „post quamlibet multitudinem potest sumi alia multitudo in infinitum."

Wir dürfen demnach urteilen, daß die Verallgemeinerung, die Thomas an sein Beispiel vom „Tag" anknüpft, aus zwei Gründen noch nicht als bündig bewiesen gelten kann.

II. Die zweite von Thomas zugunsten aktual unendlicher Mengen vorgetragene Erwägung nimmt wiederum Beispiele, nämlich Figuren zu Hilfe und enthält den Gedanken: Von jeder Art von Figuren kann ein Exemplar wirklich existieren (possibile est esse infinitas figuras in actu). Darauf wird erwidert:

„Ad secundum dicendum, quod species figurarum habent infinitatem ex infinitate numeri. Sunt enim species figurarum, ut trilaterum, quadrilaterum, et sic inde. Unde, sicut multitudo infinita numerabilis non reducitur in actum, quod sit tota simul, ita nec multitudo figurarum."

Wie man sieht, faßt Thomas den Begriff „figura" hier so auf, als ob jede Figur — was doch garnicht nötig ist — eine restfrei zählbare Menge von Ecken bzw. Seiten („Dreiseit, Vierseit usw.") haben müßte. Dadurch bringt er die „Figuren" in unmittelbare Beziehung zu dem von ihm eng definierten Begriff der Zahl und sagt: „habent infinitatem ex infinitate numeri." — Der Sinn des Schlußsatzes ist bei Thomas undeutlich. Langenberg faßt ihn (a. a. O. S. 179) folgendermaßen auf:

„Die Vielecke haben ihre Unendlichkeit von der Unendlichkeit der Zahlenreihe, sie werden ja durch die Zahlen 3, 4 . . . indiziert. Wenn nun die multitudo infinita numerabilis nicht in der Weise in die Wirklichkeit übergehen kann, daß sie mit allen ihren Elementen zusammen auf einmal existiert, dann ist dies auch bei der unendlichen Menge der Vielecke unmöglich."

Ich muß diese Sätze für sich selbst sprechen und wirken lassen. Auf die geometrische Seite der Sache (die mit dem Begriff der Richtung und einer stetigen Richtungs-Änderung bei

Kurven zusammenhängt) kann ich hier nicht eingehen, und das erscheint wohl auch nicht nötig. Denn heutzutage läßt sich ohne Schwierigkeit erkennen, und dem Mathematiker drängt sich auf Schritt und Tritt die Einsicht auf, daß den meisten „Figuren", so wie sie im Kosmos sich vorfinden, und auch so, wie der Mensch sie konstruiert, mit endlichen „Zahlen" gar nicht beizukommen ist. Eben aus dieser Einsicht heraus ist ja beiden, Leibniz sowohl als auch Newton, die Idee der „Infinitesimalrechnung" aufgegangen.

III. Die dritte Erwägung — bei Langenberg finde ich keine Bemerkung darüber — kleidet Thomas in folgenden Wortlaut:

„Ea, quae non opponuntur ad invicem, non impediunt se invicem: sed posita aliqua multitudine rerum, adhuc possunt fieri alia multa, quae eis non opponuntur, ergo non est impossibile, aliqua simul esse cum eis, et sic in infinitum, ergo possibile est esse infinitum in actu."

Der Sinn scheint folgender zu sein: Was einander nicht widerspricht, das hindert einander auch nicht am Dasein. Gesetzt nun, es sei von gewissen Dingen schon eine Menge vorhanden, so können noch weitere Dinge, die jene nicht behindern, entstehen („fieri"). Also ist es nicht unmöglich, daß diese anderen mit jenen zugleich existieren (simul esse), und so endlos weiter. Demnach ist es möglich, daß aktual Unendliches sei.

Störend ist in diesem Satze der Wechsel der Begriffe „fieri" und „esse". Die Erwägung würde bündiger lauten etwa in folgender Form: Unter sich widerspruchslose Mengenelemente dürfen als zugleich seiende gelten. Und da in der Widerspruchslosigkeit von Elementen kein Grund erkennbar ist, ihrer Menge ein Ende aufzunötigen, so können unendliche Mengen unter sich widerspruchsloser Elemente „simul esse". — Zur Entgegnung schreibt Thomas:

„Ad tertium dicendum, quod licet quibusdam positis, alia poni non sit eis oppositum, tamen infinita poni opponitur cuilibet speciei multitudinis."

Damit ist gesagt: Mag es auch angängig sein, vorhandenen Mengenelementen andere ihnen nicht widersprechende beizugesellen, so widerspricht es doch (tamen opponitur) jeglicher Art von Mengen, unendlich viele Dinge in sie hineinzubringen (infinita poni).

Aber wo steckt denn hier der Widerspruch? —

Thomas zeigt ihn nicht vor. Vielmehr stellt er einfach axiomatisch den Satz hin: „Infinita poni opponitur cuilibet speciei multitudinis."

Nun wäre darin noch wieder der Sinn eines Wortes, nämlich des Wortes „poni" nicht eindeutig. Wird von Thomas die Möglichkeit bestritten, daß in irgend eine Menge unendlich viele Elemente eingesetzt (poni) werden? — Oder wird die Möglichkeit bestritten, den Fall zu setzen (poni), daß unendlich viele Elemente wirklich (actualiter) schon darin seien?

Das sind zwei sehr verschiedene Gedanken; welcher von beiden beabsichtigt ist, darüber entscheidet die Folgerung, die Thomas seinem Axiom unmittelbar anfügt in dem Satze: „Unde non est possibile esse aliquam multitudinem actu infinitam." Demgemäß ist der Gedankeninhalt des thomistischen Mengen-Axioms folgender:

Es ist unstatthaft, von irgend einer Menge auszusagen, daß unendlich viele Elemente zugleich in ihr wirklich vorhanden seien.

Nun ist es natürlich — gelinde gesprochen — unbequem, dieses Axiom in Einklang zu bringen mit jenem zweiten palmus, in welchem das „corpus" doch „infinita loca" zwar „non simul sed successive" eingenommen hat, aber nach Beendigung seines Weges eben dieselben „loca" auch tatsächlich alle zugleich einnimmt.

Sind diese „loca" jetzt etwa nicht mehr darin? —

Man braucht nur das „corpus" an seine frühere Stelle allmählich wieder zurückzuschieben, dann findet bei jedem von diesen Orten, bei denen früher nach Thomas das „subintrare" stattgefunden hat, nunmehr das „deserere" statt. Dasein muß er also noch, und zwar um so mehr, weil ja der „Körper“ auch wieder zurückkehren und sich dann von neuem in ihn „hineinschleichen“ könnte.

### E. Zuschärfung von Definitionen.

Noch ein Punkt muß hervorgehoben werden, den unsere bisherigen Entwicklungen mit genügender Deutlichkeit erkennen lassen. Es stellt sich nämlich die Notwendigkeit heraus, die aristotelisch-scholastische Definition des „infinitum“ von einer darin vorhandenen Unbestimmtheit durch Zuschärfung zu befreien.

Ein vielerwähnter Satz des Thomas, der sehr wohl als Definition aufgefaßt werden kann, lautet:

„Infinitum transiri non potest neque a finito neque ab infinito.“
Unendliches kann nicht durchschritten werden, nicht von einem endlichen, nicht von einem unendlichen Wesen.

Nun hat aber doch die Front des „corpus unius palmi“ bei der Gelegenheit, als sie sich durch den zweiten „palmus“ hindurch bewegte, innerhalb dieses zweiten palmus — wie nach Thomas „sensibiliter patet“ — eine infinite Menge von „loca“ erledigt und fertig durchschritten! Man sieht also, daß in bezug auf das „transire“ eine Unterscheidung vorgenommen werden muß.

Handelt es sich um ein als Ganzes betrachtetes Kontinuum von n Dimensionen, so hat jedes in demselben vorhandene „Grenzgebilde“ gemäß dem Satze Killings höchstens n—1 Dimensionen, und das n-dimensionale Gebilde umfaßt von den (n—1)-dimensionalen „Grenzgebilden“ eine infinite Menge, die bei einer wirklich stattfindenden Bewegung (in den aufeinanderfolgenden „nunc“) auch wirklich alle ausnahmslos durchschritten werden. So sind in jeder beliebigen „Strecke“ unendlich viele Punkte vorhanden, stehen dem „transire“ zur Verfügung, und ein „mobile“ durchschreitet sie alle.

Außer den „Grenzgebilden“ kommen aber auch noch die sogenannten „nichtarchimedischen“ Größen in Betracht, bei denen die Anzahl der Dimensionen nicht vermindert ist, die aber „durch Teilung unerreichbar klein“ sind. Um klar zu legen, wie es sich mit diesen, von berufenen Mathematikern viel erörterten Objekten verhält, hätte ich eingehende mathematische Entwicklungen zu wiederholen, die ich im 20. Kapitel meines Buches über „Das Endl. u. das Unendl.“ (S. 191—208) vorgelegt habe. Es muß genügen, darauf hier einfach hinzuweisen und kurz zu bemerken, daß auch in betreff dieser die „transitio“ einer unendlichen Menge nicht ausgeschlossen ist. Man könnte also die Definition unter Zuhilfenahme des Verbums „transire“ vielleicht in folgender zugeschärfteren Form aussprechen:

Ein Kontinuum von n Dimensionen ist unendlich, wenn es nicht als Ganzes so durchschritten werden kann, daß bei jedem Schritt ein durch Teilung erreichbares n-dimensionales Gebilde durchschritten wird.

Handelt es sich aber insbesondere um Mengen, so würde wohl die Form genügen:

Multitudo infinita est ea, quae discurrendo vel enumerando transiri nequit.

Eine zweite aristotelisch-scholastische Definition des Unendlichen lautet:

„Infinitum est, cujus quantitatem accipientibus semper est aliquid extra sumere.“

In dem „est sumere“, auf deutsch „es ist zu nehmen“, besser: „es bietet sich zur Entnahme dar“, kann man den Gedanken enthalten finden, der vorhin (vgl. S. 146) durch die bejahende Antwort auf die Frage b) zum Ausdruck gebracht wurde. Der Behälter oder der Vorrat, aus dem das „accipere“ und das „sumere“ der Mengenelemente geschieht und fortgesetzt wird, muß „a parte rei“, wie Gutberlet schreibt, eine infinite Menge von Elementen aktual, muß sie wirklich, muß sie tatsächlich enthalten. Das ist die von mir mit $M_2$ bezeichnete Menge. Die „accipientes“ oder „sumentes“ können nichts ergreifen, was in diesem Vorratskasten nicht schon vorhanden, „nicht schon d a i s t.“

Hingegen andererseits kann die Menge dessen, was die „sumentes“ sich genommen oder auch nur „berührt“ haben, andauernd, und zwar wegen der unendlichen Fülle des zur Verfügung stehenden Materials ohne Grenzen w a c h s e n. Das ist die p o t e n t i e l l unendliche (indefinite) Menge $M_1$.

Wenn es nun in obiger Definition heißt: „semper e s t aliquid sumere“, so darf man das gemäß dem G u t b e r l e t schen Ausdruck „e s i s t d a“ auch durch „adest“ wiedergeben. Auf Mengen bezogen könnte somit die obige Definition etwas schärfer gefaßt werden in der Form:

Multitudo actu infinita est, in qua accipientibus ad extra sumendum s e m p e r aliquid a d e s t.

Vierte Abteilung.

# Mengen bei Langenberg.

## XII. Langenbergs erste Stellungnahme zur Verwendung des Potenzbegriffs bei Mengen.

Übersicht:

A. Eine kurze Vorbemerkung. — Langenberg behauptet bezüglich der obwaltenden „Meinungsverschiedenheiten" etwas zu viel.

B. Langenbergs Aussage über den „actus". — Zerlegung der betr. Stelle in vier Einzelsätze. Feststellung des Sinnes, den L. dem Worte „actus" beilegt. Der gegenseitige „Ausschluß" des „actus" und der „potentia" wird von L. hier als ein temporaler Gegensatz gekennzeichnet. — Zwei Äußerungen L.s über den Umfang des Begriffs „actus". Unklarheiten und Auffälligkeiten darin. Was die Restriktion durch das eingeschaltete Adverbium „objektiv" bei L. wohl bedeuten möge? Bei vielen andern Philosophen ist sie in Betreff des „actus" nicht vorfindlich.

C. Langenbergs Aussage über das Potenziale. — Er führt eine Stelle aus Thomas vor, unterstreicht die sieben letzten Worte, bei denen er aufhört, und läßt die keineswegs unwichtigen unmittelbar darauf folgenden weg. — Die früher von ihm benutzte temporale Scheidung stellt er auf Seite und gründet das „Reich der Möglichkeit" auf das „Merkmal der inneren Widerspruchlosigkeit". Diese Eigenschaft ist aber gar keine trennende, da sie dem Reich des Wirklichen gleichfalls zukommt. — Lehmen. Stöckl. — Was für die Anwendung der Begriffe „möglich" und „wirklich" als notwendige und was als hinreichende Voraussetzung aufzustellen ist. — Erst die Voraussetzung Nr. 3 wirkt trennend. — Langenberg benutzt sie zur Trennung aber nicht, noch auch greift er auf den trennenden „temporalen Gegensatz" wieder zurück, sondern nimmt überhaupt einen Stellungswechsel vor.

### A. Eine kurze Vorbemerkung.

Wenn Langenberg (a. a. O. S. 83) schreibt:

„Alle Meinungsverschiedenheiten über die Existenz von Dingen, auf die der Begriff der unendlichen Menge Anwendung finden soll, gehen auf die Auffassung und Anwendung dieser beiden Fachausdrücke [nämlich „actus“ und „potentia“] zurück,“

so behauptet er doch wohl etwas zuviel; denn die in früheren Kapiteln erörterte Tatsachenfrage, ob die Menge der im Kosmos vorhandenen Dinge „endlich“, d. h. restfrei zählbar sei, hat, soviel ich absehe, mit der Gegenüberstellung „actus—potentia“ nicht in entscheidender Weise zu arbeiten, und dennoch gibt es da, wie wir gefunden haben, schroffe „Meinungsverschiedenheiten“. Nicht einmal die Frage, ob die aktive „potentia“ Gottes (der Inbegriff all seiner Macht) die Hervorbringung eines „unendlichen“ Kosmos zuließe (vgl. S. 108 f.) braucht bei diesen Meinungsverschiedenheiten eine Rolle zu spielen.

Statt des „universalen“ Urteils „alle usw.“ würde ich das „partikulare“ mit „manche“ vorziehen, und daß letzteres in der Tat zutrifft, ist ja wegen der dem Worte „potentia“ anhaftenden Mängel auch durchaus nicht zu verwundern.

### B. Langenbergs Aussage über den „actus“.

Die hier in Betracht kommende Stelle (ich zerlege sie in vier Abschnitte) lautet (a. a. O. S. 84):

a) „Der actus, die ‚Wirklichkeit‘, umfaßt das ganze Gebiet des objektiv Existierenden, welches stets in Individuen existiert, denn das Allgemeine, das Universale kann als solches nicht objektiv existieren.

b) Selbstverständlich gehören nicht bloß die Substanzen, sondern auch alle ihre Eigenheiten und Tätigkeiten, materielle wie immaterielle, zum Aktualen

c) und in demselben Sinne alles, was in der Vergangenheit objektiv existiert hat oder geschehen ist. Die kommenden

Tätigkeiten [hingegen] existieren noch nicht in actu, also in potentia,

d) denn die beiden Gegensätze sind ausschließend."

Bei diesen Sätzen kommt in Betracht, was Langenberg aussagt erstens über den Sinn des Wortes „actus", zweitens über das „Gebiet", d. h. über den Umfang des Begriffs, über die Menge von Gegenständen, die unter den Begriff „actus" fallen.

Zur Sinnerklärung wird dem Worte „actus" der Zusatz „die Wirklichkeit" beigefügt. Ferner soll dazu wohl noch dienen die Hervorhebung der „objektiven" Existenz und namentlich die Äußerung d), daß „actus" und „potentia" einander ausschließen.

Somit wäre nach Langenberg festzustellen: Um den Begriff „actus" auf einen Gegenstand anwenden zu können, muß er ein „wirklicher", ein „objektiv existierender", darf er nicht als ein erst „kommender" der Zukunft anheimgegeben sein, darf er nicht unter den Begriff „in potentia" fallen.

Nicht in allen Stücken ist damit eine genügende Klarheit erzielt; gesteigert könnte diese aber vielleicht noch werden durch eine nachherige Erklärung des Gegensatzes: „in potentia". Der Gegensatz soll ja ein „ausschließender" sein, muß daher auf gewissen

einander kontradiktorisch widersprechenden

Aussagen beruhen. Als solche hat Langenberg hier dargeboten den Gegensatz zwischen einerseits dem „Existierenden" und „Existierthabenden", andererseits dem „Kommenden". Genau zu beachten und für spätere Erwägungen im Auge zu behalten ist also, daß L. das Sichausschließen von „actus" und „potentia" im vorliegenden Abschnitte auf zeitbezügliche Aussagen gegründet hat. Kein anderer als ein temporaler Gegensatz ist es hier, der den „Ausschluß" bewirkt.

Was zweitens die Inhaltsangabe betrifft, so ist von einer solchen, wenn sie zuverlässig sein soll, zu verlangen, daß sie mit klaren Worten alles in den „Umfang des Begriffs" Gehörige ein- und nichts davon ausschließe, sowie umgekehrt alles Nichthineingehörige (hier also wohl das „Potentiale") aus- und nichts davon einschließe. Nun aber finden sich in Langenbergs Umfangsbestimmung des „actus" zwei verschieden lautende Angaben vor, nämlich:

im Abschnitt a): Der actus umfaßt das ganze Gebiet des objektiv Existierenden;

im Abschnitt b): Zum Aktualen gehören nicht bloß die Substanzen, sondern auch alle ihre Eigenheiten und Tätigkeiten, materielle und immaterielle.

Bei a) fragt sich zunächst, ob diese Aussage als eine ausschließende beabsichtigt ist, d. h. ob der „actus" **nur** das genannte „Gebiet" und sonst nichts „umfassen" soll. Sodann aber ist unklar, was gemeint sei mit dem „objektiv Existierenden".

Verwundert wird man fragen: Gibt es denn etwa auf dem Gebiet des subjektiv Existierenden gar nichts „Aktuales", gar nichts „Wirkliches"? — Gibt es das aber, wozu dann der Zusatz „objektiv"?

Bei b) tritt bezüglich der „Substanzen", ihrer „Eigenheiten und Tätigkeiten" dieselbe Frage auf. Wird die geistige „Substanz" des denkenden Subjekts mitsamt ihren „Eigenheiten und Tätigkeiten", ihren Empfindungen und Wahrnehmungen, ihren Einsichten und Willensakten mitgerechnet zu dem, was als etwas „Wirkliches" oder „Aktuales" existiert? oder wird sie nicht mit dazu gerechnet? —

Diese Frage betrifft Dinge, die an und für sich als etwas „Subjektives" und zugleich auch als etwas „Objektives" bezeichnet werden können. Subjektiv sind sie, insofern sie im Geiste eines Subjekts verwirklicht sind, objektiv, insofern sie zum Objekt eines Tuns, einer Reflexion, einer Rückerinnerung, einer Folgeziehung, einer freudigen oder traurigen Anteilnahme des Gemüts, einer Kundgebung usw. gemacht werden können. Subjektiv und objektiv übrigens auch insofern, als so manches, was für die Person A subjektiv ist, zugleich für die Person B objektiv sein oder werden kann.

Daß Langenberg den Umfang des „actus", der „Wirklichkeit", zu verkleinern, einzuengen scheint durch das restringierende Adverb „objektiv" vor dem Partizip „existierend", ist wegen der Unklarheit dieses eingeschobenen Wortes [1]) von vornherein schon bedenklich. Außerdem aber kündet sich darin eine gewisse Unterströmung an, die, wie wir später sehen werden, den Gedanken unerwarteterweise nach und nach in einer eigenartigen Richtung weiter und weiter führt.

Einstweilen dürfen wir aber daran festhalten, daß gemäß der durch die obigen Aussagen a) und b) bezeugten „ersten Stellungnahme Langenbergs" er die Substanzen — und zwar ohne deutlichen Ausschluß der geistigen Substanz des Subjekts — sowie ferner die gegenwärtigen und vergangenen materiellen und immateriellen Eigenheiten und Tätigkeiten der Substanzen dem Gebiet des „Aktualen" zuweist. Alles das steht da als eingeschlossen, ausgeschlossen ist nichts davon.

### C. Langenbergs Aussage über das Potentiale.

Von Thomas benutzt Langenberg (a. a. O. S. 84) eine Stelle, aus der schon hervorgeht, daß das Wort „potentia" sehr vielerlei bedeutet. Die betr. Sätze stehen S. Th. I, q. 14, a. 9.

---

[1]) Den unbestimmt einschränkenden Zusatz „objektiv" vor dem Verbum „existieren" finde ich bei mehreren andern Philosophen dort, wo eine Erklärung des „actus" gegeben wird, nicht vor. So schreibt z. B. T. Pesch (Instit. philos. $II_2$, S. 66): „Potest in ente considerari quaedam perfectio, qua revera est id, quod esse debet. Haec vocatur actus." — Stöckl (Lehrb. $II_4$, S. 17) sagt: „Man definiert das Wirkliche in concreto genommen als „res sive essentia actuata." — Thomas selbst erklärt (S. c. g. II, 53): „unum quodque enim actu est per hoc, quod esse habet." — Der Kardinal Zigliara führt („Summa philos.", Lyon 1877, I, p. 352) eine „Definitio actus ex Aristotele" an mit den Worten: „Aristoteles in libro IX Metaphysicorum Cap. IX actum generatim definiens ait: Est autem actus **rem existere**, non ita quemadmodum dicimus potestate seu **potentia.**"

L. zitiert daraus (wobei er die sieben letzten Worte in einer besondern Absicht unterstreicht) folgendes:

„Ea vero, quae non sunt actu, sunt in potentia, vel ipsius Dei, vel creaturae, sive in potentia activa vel passiva, sive in potentia opinandi vel imaginandi vel quacunque modo significandi.“ [1])

Deutlich sieht man hier, wie Thomas bestrebt ist, die im Worte „potentia“ liegende große Unbestimmtheit durch nähere Angaben zu beseitigen, wie er sich bemüht, das Fragezeichen der „?-barkeit“ zu beantworten und dem leeren Hilfszeitwort „posse“ einen erkennbaren Begriffsinhalt zu verschaffen durch Beifügung von Hauptverben, wie: agere, pati, opinari, imaginari, significare und nachher noch andern.

An dieses sein Zitat aus Thomas schließt Langenberg zunächst folgende Sätze:

„Nun kann man von den Fähigkeiten (diese sind ja zunächst und ursprünglich mit potentia gemeint) des Subjektes, durch welche die betreffenden Dinge [!] aktuales Dasein empfangen können, und auch von der Frage, ob sie tatsächlich später Dasein empfangen werden, gänzlich absehen [2]) und lediglich die Natur der Objekte ins Auge fassen. Auf diese Weise gelangt man zum Begriff der absoluten Potenz, deren Merkmal die innere Widerspruchlosigkeit ist, und die gewöhnlich gemeint ist, wenn es schlechtweg heißt, daß ein Ding [!] nicht in actu, sondern in potentia sei. Dieses Reich der Möglichkeit, der ordo idealis umfaßt usw.“

Auffällig an diesen Aussagen ist zunächst, wie Langenberg hier zu einem „Ding“ kommt, einem „Ding“, dem zwar ein wirkliches „Dasein“ fehlt (dieses Dasein wird ja entweder nie oder doch erst „später empfangen“), das aber desungeachtet „sei“ und zwar in einer gewissen „potentia“, einem „Ding“, das auch ein „Inneres“ habe mit der kennzeichnenden

---

[1]) Von dem sehr bemerkenswerten, bei Thomas sich unmittelbar daran anschließenden Text wird im folgenden noch die Rede sein.

[2]) Wennschon man für einen gewissen Zweck davon absehen kann, so fragt sich doch sehr, ob man es darf ohne den Umfang des „actus“ widerrechtlich zu schmälern. Darüber im folgenden Kapitel.

Eigenschaft, daß in diesem Innern „kein Widerspruch" sich vorfinde. —

Es gibt gewiß Leute, die den viel ausgesprochenen Satz: „agere sequitur esse" vertreten in dem Sinne: Was gar kein „Dasein" hat, kann auch nichts tun, kann nicht sprechen und nicht „widersprechen", hat auch kein „Inneres" und ist daher schon selbstverständlich „ohne Widerspruch" im Inneren. Soll daher der Satz-Aussage: „ist innerlich widerspruchslos" behufs Herstellung eines vollständigen Satzes auch ein Satz-Gegenstand, ein grammatisches Satz-Subjekt — und zwar außer dem allgemeinen: „alles Nichtseiende" noch ein besonderes unter der Benennung „ein Ding" — beigefügt werden, so ist doch die allererste Frage: Wie kommt man denn zu einem solchen Satzsubjekt? Wie kommt man zu einem „Ding", das kein Dasein und doch ein „Inneres" hat, ein Inneres, in dem, wenn auch vielleicht gesprochen, aber doch nicht „widersprochen" wird?

Auch diese nächstliegende, von Langenberg nicht behandelte Frage ist in dem auf S. 139 schon erwähnten sechsten Kapitel meiner „Grundlegung usw." eingehend erörtert worden; ich muß mich begnügen, hier darauf zu verweisen. —

Nehmen wir nun aber einmal an, zu der in den Brennpunkt gerückten besonderen Satzaussage „innerlich widerspruchslos" sei ein zutreffendes Satzsubjekt aufgefunden worden, dieses sei ein „Ding" und heiße D, so wäre von solchem D nach L. auszusagen, daß es sich „in potentia" befinde. Kann dann auch schon darüber hinaus noch (entsprechend der von L. behaupteten Trennung der Gegensätze) gesagt werden, D sei „nicht in actu"?

Das wird mehrfach mit Entschiedenheit bestritten, weil doch alles „Wirkliche" ganz dieselbe Eigenschaft, frei von „innerem Widerspruch" zu sein, ebenfalls besitzt und besitzen muß.

Hierüber sagt z. B. P. Lehmen S. J. („Lehrb. d. Philos." $I^3$, S. 360):

„Um also urteilen zu können, ob ein Ding einfachhin möglich sei, muß man erkannt haben, daß es [1.] in sich widerspruchslos sei, und daß [2.] eine Ursache da sei, durch welche es verwirklicht werden kann. . . . Das Wirkliche, eben weil es wirklich ist, ist nicht mehr bloß möglich; doch bleibt es, während es wirklich ist, noch einfachhin möglich. . . . Wirklich werden und wirklich sein kann ja nur das, was möglich ist und solange es möglich ist."

Darum würde man nicht behaupten dürfen, ein „Ding", das wegen innerer Widerspruchslosigkeit „in potentia" ist, sei „nicht in actu". Und wenn man allgemein das „Reich der Möglichkeiten" in richtige, nichts Zugehöriges ausschließende Grenzen einschließen will, so muß man das „Gebiet des actus, der Wirklichkeit im Sinne Lehmens mit hinein nehmen.

Was hier „brennend" in Frage steht, das sind die

Voraussetzungen für eine zutreffende Anwendung der Prädikate „möglich" und „wirklich".

Der Mathematiker ist daran gewöhnt, bezüglich der bei einer Aussage in Betracht kommenden „Voraussetzungen" scharf zu unterscheiden zwischen den „notwendigen" und den „hinreichenden". Die von Langenberg erwähnte Voraussetzung für das Zutreffen der „potentia" stimmt augenscheinlich überein mit Lehmens Nr. 1 und ist eine „notwendige", ist aber durchaus noch keine „hinreichende". Zum Hinreichen gehört auch noch Lehmens Nr. 2, bezogen natürlich auf einen sachlich angemessenen Zeitpunkt.

Häufig finden sich auch Einzel-Benennungen gebraucht, wie einerseits „innere oder absolute" und andererseits „äußere oder relative Möglichkeit" und dabei drittens etwa noch die „volle Möglichkeit". Zutreffend sagt Stöckl (Lehrb. II[4], S. 15): „Die innere Möglichkeit besteht darin, daß dasjenige, was als möglich bezeichnet wird, frei ist von innerem Widerspruch; die äußere dagegen darin, daß die vorausgesetzte Ursache imstande ist, dieses innerlich Mögliche in die Existenz überzuführen. Beide Möglichkeiten zusammen integrieren den vollen Begriff der Möglichkeit." — Wo demgemäß das Wort „Möglichkeit" ohne einschränkende Beifügung steht, soll nur die uneingeschränkte, also die volle Möglichkeit gemeint sein.

Die beiden Voraussetzungen Lehmens treffen miteinander zu sowohl im „Reiche der Möglichkeit", als auch im „Gebiet der Wirklichkeit". Für letzteres Gebiet sind sie zwar beide „notwendig", sind aber immer noch nicht „hinreichend" [1]), und eben in diesem Umstande steckt der „kritische", der „ausschließende Gegensatz zwischen Möglichem und Wirklichem. Der „actus" setzt (gemeinschaftlich mit der potentia) den Inhalt von Nr. 1 und Nr. 2 voraus, aber außerdem als:

Voraussetzung Nr. 3

auch noch, daß die in Nr. 2 genannte „Ursache" das betr. „Ding" (nicht bloß verwirklichen könne, sondern) verwirkliche oder verwirklicht habe.

Wer dem „Reiche der Wirklichkeit" bloß überhaupt einen „Gegensatz" beifügen will, kann mit Stöckl (a. a. O. S. 5) schon sagen: „Der Gegensatz des Seienden ist das Nichtseiende (non ens), das Nichts (nihilum)." Will er aber einen besonderen Gegensatz (dem Langenberg den Namen „ordo idealis" gibt) konstruieren, so steht dafür der eben erwähnte scharfe Unterschied zwischen den „hinreichenden Voraussetzungen" zu Gebote. Damit ein Ding in das Reich des Wirklichen hinein gehöre, muß erstens in seinen Bestimmungsstücken kein Widerspruch vorfindlich sein, zweitens muß für das Ding eine „ratio sufficiens", ein „hinlänglich befähigter Grund" [2]) zunächst existieren, drittens muß letzterer in Hin-

[1]) Damit hängt der bekannte Satz zusammen: „Ab actu ad potentiam valet conclusio; non contra." Vgl. T. Pesch, „Instit. log." $II_2$, p. 68.

[2]) Lehmen sagt: „eine Ursache, durch welche das Ding verwirklicht werden kann". Diese Ausdrucksweise enthält eine Unklarheit bzw. eine Ungenauigkeit. — Wer sich veranlaßt oder genötigt sieht, in eine philosophische Erörterung den Begriff „Ursache" hineinzuziehen, muß es mit dem „Kausalitätsgesetz" doch auch in jeder Hinsicht ernst und genau nehmen. — Soll das „Ding" von einer

sicht auf das „Ding" auch etwas *leisten*, er muß das „Gründen" wirklich besorgen, vollziehen bzw. vollzogen haben.

---

„Ursache" überhaupt verwirklicht werden *können*, so muß die Ursache doch eine „*zureichende*" sein. Was alles mag aber wohl dazu gehören, daß die „Ursache" — und hier ist eine *unabsehbare Reihe* von näheren und entfernteren, mittelbaren und unmittelbaren, teils förderlichen, teils hinderlichen Dingen und Zuständen in Betracht zu ziehen — eine *zureichende* sei! Und wenn denn nun diese Vielheit von Ursächlichkeiten wirklich alles in allem *ausreicht*, damit das „Ding" verwirklicht werden *könne*: wie soll es denn zugehen, daß es eben *bloß* verwirklicht werden *kann*, aber doch nicht verwirklicht *wird*? zugehen, daß es „in potentia" verbleibt und nicht „reducitur in actum"?

Man sagt: „Das liegt an Hindernissen."

Aber gerade die Beseitigung von Hindernissen gehört doch entschieden mit dazu, daß die Gesamtheit namens „Ursache" etwas „*Zureichendes*" sei! — Zur hinreichenden Ursache einer Überschwemmung z. B. gehört unter Umständen nicht bloß die Wassermenge, sondern ebensowohl auch die Beseitigung des Dammes, der Dammbruch. Zur hinreichenden Ursache eines Bergsturzes gehört nicht bloß die Massenanziehung der Erde, sondern auch die Beseitigung der stützenden Felsen. Überhaupt wird in vielen Fällen die Beseitigung eines Hindernisses geradezu als die „*nächste* Ursache", als die „causa proxima" eines „Ereignisses" oder auch eines „Dinges" angesehn. Die Ursache des regelmäßigen Abendnebels im Herbst besteht wesentlich in der Beseitigung der Bodenwärme sowie der Luftwärme, die tagsüber den Austritt sichtbarer Feuchtigkeit aus der unsichtbaren Luft hinderte. Der Fingerdruck am Abzug einer Flinte beseitigt ein Hindernis, nämlich die Federsperre, und ist so die „Ursache" des losgehenden Schusses. Eine stillstehende Lokomotive beginnt plötzlich ihre Fahrt. Was ist die „causa proxima"? Der Führer hat durch Kurbeldrehung ein Hindernis des Dampfzutritts zum Kolben beseitigt. — Die Berufung auf „Hindernisse" schlägt also nicht durch!

Wo immer eine „*zureichende Ursache*" *nicht* verknüpft wäre mit der Aktuierung der „Wirkung", da würde offenbar die Herrschaft des Kausalgesetzes aufgehoben sein. *Freiheit* aber vom Zwange des Kausalgesetzes pflegt man doch bloß dort anzunehmen, wo *Willensfreiheit* obwaltet. Darum erscheint bei denjenigen „Ursachen", durch die nach *Lehmen* ein Ding zwar verwirklicht werden *kann*, aber dennoch nicht verwirklicht *wird*,

Wenn bloß die erste (die Langenbergsche) oder die beiden ersten (die Lehmen-Stöcklschen) Voraussetzungen als zutreffend beigebracht werden können, so bleibt die Frage, ob es sich um ein bloßes „non ens" handle oder um mehr, zunächst noch einfach in der Schwebe. Wer dann aber ausdrücklich dieses „Mehr" behauptet, wer einen „ordo idealis" [1]), ein

---

die Beteiligung eines mit Willensfreiheit begabten Wesens erforderlich. Diesem Gedanken möchte ich Ausdruck geben in den Worten „hinreichend befähigt", und ich wählte überdies mit besonderer Absicht statt des engeren Begriffs „Ursache" den weiteren Begriff „Grund". — Ausführliches über alles hier in Betracht Kommende ist zu finden in meinem Buche von der „Grundlegung eines bündigen kosmologischen Gottesbeweises", dessen erste Abteilung überschrieben ist: „Das Kausalgesetz und sein Dienst", die zweite: „Der Satz vom zureichenden Grunde und sein Dienst".

[1]) Wenn man das „?-bare" (vgl. S. 138) für wert erachtet zur Gründung eines eigenen „Reiches", so verleiht man der Sache damit einen gewissen „Nimbus", aber nicht den mindesten Zuwachs an Klarheit. Ebensowenig, wenn man das „Reich" durch die mehrdeutige Vokabel „ordo", und noch viel weniger, wenn man das „possibile = bile-bile" durch das klangvolle Adjektivum „idealis" ersetzt. Solche Benennungsweisen könnte man jedoch als harmlos hinnehmen und denken: Helfen sie nichts, so schaden sie doch auch nichts. Allein letzteres trifft leider nicht zu; sie stiften tatsächlich Schaden, indem sie die Suggestion hervorrufen, als ob sie einen deutlichen, die Klarheit fördernden Gedanken enthielten. Dabei beruhigt sich dann mancher und geht der Sache nicht auf den Grund. Namentlich das Wort „idealis" kann in die Irre führen. Es bedeutet einerseits ein „maximum perfectionis", bezeichnet, wie Mauthner sagt, „etwas Fehlerfreies, etwas Vollkommenes in jeder Art" (man denke z. B. an Idealgase, an ideale Nahrungs-, Lösungs-, Reinigungs-, Heilmittel, an Idealmenschen usw.). In diesem Sinne würde der „ordo idealis" als der Inbegriff des Tadellosen, des Vollkommenen schon eher ein „Reich der Unmöglichkeiten" als der Möglichkeiten umschließen. Andererseits drückt das Wort „idealis" auch eine — allerdings recht unbestimmte — Beziehung zum Geistesinnern, zum „Intramentalen", zum Denkprozeß aus und stimmt auch in dieser Hinsicht keineswegs randdeckend überein mit demjenigen „Möglichen", demjenigen „Potentialen", das zum „Aktualen" in einem „ausschließenden Gegensatz" stehen soll. Denn „aktuale" Dinge, unleugbare „Wirklichkeiten" gibt

ganzes „Reich der Möglichkeiten“ (das nicht eine leere Redensart, ein bloßes Phantom ist) vorweisen will, muß natürlich klarstellen, wodurch die Einwohnerschaft dieses „Reiches“ sich vom „Nichts“ unterscheide. Auch auf diesen Punkt bin ich in dem genannten Kapitel eingegangen.

Langenberg beschreibt die Einwohnerschaft des „Reiches der Möglichkeit“ mit den Worten:

„Dieses Reich der Möglichkeit, der ordo idealis umfaßt demnach alles, was widerspruchslos denkbar, vorstellbar, irgendwie darstellbar ist . . . auch was aus gegebenen Objekten ableitbar und irgendwie durch Zeichen darstellbar ist (vgl. die hervorgehobenen Ausdrücke in obigem [aus Thomas entnommenen] Zitat), es umfaßt die Welt der gedachten Wesenheiten mit allem, was zur Wesenheit gehört und aus ihr sich entwickeln läßt, zu ihm gehören auch die Objekte und Wahrheiten der Mathematik, gleichgültig ob wir sie bereits kennen oder nicht. Die Dinge dieser idealen Welt haben Realität nicht im physischen, sondern im metaphysischen Sinne, sie existieren in demselben Sinne, wie man den Gebilden der Mathematik Existenz beilegt, sie existieren ewig, notwendig, unveränderlich, unabhängig von uns; wir brauchen sie bloß zu finden, zu entdecken oder nachzudenken.“

Leicht erkennbar ist, daß unter solch einer Einwohnerschaft sich zahlreiche Familien befinden, die dem „Gebiet des Aktualen“, so wie Langenberg dieses früher selbst gekennzeichnet hat, ebenfalls angehören[1]), daß also mit dieser „Reichs“-Umgrenzung ein „gegenseitiger Ausschluß“ nicht hergestellt ist. Wenn dieser Ausschluß nun aber doch erzielt werden soll, so fragt sich, durch welche Art von Scheidung Langenberg denn dazu gelangt sei. Die „Voraussetzung

---

es auf dem „intramentalen“ ebensogut wie auf dem „transmentalen“ Gebiet. Darüber später mehr. — „Idealis“ ist eines der Worte, vor deren opalisierendem, schillerndem Schein man sich in acht zu nehmen hat. Was noch insbesondere über die Anwendung dieser dienstbereiten Vokabel auf Raum und Zeit zu sagen wäre, muß für eine andere Gelegenheit aufgehoben bleiben.

[1]) Man müßte sogar fragen, ob bei Auswanderung dieser Familien das genannte „Reich“ nicht etwa völlig entvölkert werde.

Nr. 3“ ist es nicht, die er als Kriterium benutzt, auch verwendet er nicht mehr, den im früheren erwähnten „temporalen Gegensatz“ als Zünglein an der Wage, sondern nimmt einen eigenartigen **Stellungswechsel** vor, der im folgenden Abschnitt näher erörtert werden soll.

## XIII. Langenbergs zweite Stellungnahme zur Verwendung des Potenzialbegriffs.

Übersicht:

A. Wodurch gibt sich Langenbergs Abkehr von seiner ursprünglichen Stellungnahme kund? — Wiederholung einiger früherer kennzeichnenden Sätze L.s über das Aktuale. — Wovon L. nachher „absehen“ will, und was er dadurch aus dem Gebiet des „Wirklichen“ ausscheidet. — Abkehr vom „temporalen“ Gegensatz. Entscheiden soll „lediglich die Natur der Objekte“. Einstweilige Ungewißheit, wie diese „Natur“ das scharfe Trennungsmerkmal denn als ein erkennbares darbiete.

B. Welche Richtung schlägt Langenberg bei seiner neuen Stellungnahme ein? — Erste Andeutung durch eine auffällige Hervorhebung der „gedachten Wesenheiten“. — Zweite Andeutung durch die Bezugnahme auf seine abgekürzte Thomasstelle, in der er die „Gedankendinge“ als bevorzugte verwertet, was nach Ausweis des von L. weggelassenen Textes bei Thomas keineswegs geschieht. — Weitere Andeutungen gelegentlich einer Ausbiegung auf das Gebiet der Mathematik, bei welcher der Verbleib in der Potentialität dem „Wesen der Objekte“ schuldgegeben wird.

C. Wohnt die Eigenschaft der Aktualität auch Gedankendingen bei? — 1. Überleitung. Aussagen L.s, in denen der Anlaß zu dieser Fragestellung liegt. — 2. Einfaches Beispiel zur Erläuterung der Tatsache, daß man den Gedankendingen nicht in Bausch und Bogen die Aktualität absprechen darf. — 3. Weitere Beispiele. — 4. Zeugnisse. Es ist nicht angängig, das Gebiet der Gedankendinge vom „Reich der Wirklichkeit“ einfach auszuschließen und dazu zu verurteilen, daß es „potentiell bleiben“ müsse. — 5. Eine allgemeine Erwägung über die „potentia“ als „Barkeit“.

Um die Änderung in der Stellungnahme Langenbergs deutlich zu machen, seien zunächst einige seiner Sätze von S. 159f.

unter Hervorhebung der wichtigen Worte hier wiederholt, nämlich:

b) „Selbstverständlich gehören nicht bloß die Substanzen, sondern auch alle ihre Eigenheiten und Tätigkeiten, materielle wie immaterielle, zum Aktualen

c) und in demselben Sinne alles, was in der Vergangenheit objektiv existiert hat. Die kommenden Tätigkeiten [hingegen] existieren noch nicht in actu, also in potentia,

d) Denn die beiden Gegensätze sind ausschließend."

Nun soll also die bestimmte Frage aufgeworfen sein:

**A. Wodurch gibt sich Langenbergs Abkehr von seiner ursprünglichen Stellungnahme kund?**

Zur Abkehr von dem Satze b) ist eine Vorbereitung schon erkennbar in Langenbergs bereits (S. 163) angeführten Äußerung: „Man kann von der Fähigkeit des Subjekts, durch welche die betr. Dinge aktuales Dasein empfangen können, gänzlich absehen."

Da spricht L. von der „Fähigkeit des Subjekts", den Dingen Aktualität zu verleihen. Das „Absehen" davon bedeutet die partielle Ausscheidung der Lehmenschen „Voraussetzung Nr. 2", nämlich die Ausscheidung einer der hinreichend befähigten Ursachen. Denn das „Subjekt" gehört doch auch zu den „Ursachen" und ist befähigt Aktualität zu verleihen. Was nach diesem „Absehen" noch unversehrt übrig bleibt und beibehalten wird, ist Lehmens „Voraussetzung Nr. 1", ist die „innere Widerspruchlosigkeit". Aber dieses Beibehalten ist für die Scheidung zwischen Aktualem und Potenzialem, sowie für die Umgrenzung des „Reiches der Möglichkeit" bedeutungslos. Denn diese Umgrenzung und Scheidung hängt gar nicht ab von Nr. 1 und Nr. 2, sondern vom Zutreffen oder Nichtzutreffen der Voraussetzung Nr. 3 (vgl. S. 166). Und eben diese Voraussetzung Nr. 3 ist es auch, von der Langenbergs Satz b) implicite redet, indem er die „Tätigkeiten", nicht aber die „Fähigkeiten“ der Substanzen als das bezeichnet, was zum Aktualen gehört, und was demgemäß auch einem potentiellen „Ding“ zur Aktualität verhilft. Sodann fährt Langenberg fort: „und auch absehen von der Frage, ob sie tatsächlich später [!] Dasein empfangen werden.“

Das deutet hier auf eine Abkehr auch von dem Satze c), in welchem doch eigens der temporale Gegensatz zwischen früher und „später“, zwischen Vergangenheit und Zukunft (vgl. S. 160) in unmittelbare Verbindung gebracht ist mit dem Gegensatz zwischen den Aussagen „in actu“ und „in potentia“! [1])

Gerade diesen Gegensatz — den „ausschließenden“ — auf eine klare, kontradiktorisch bestimmte Grundlage zu stellen: eben das bildet doch die Aufgabe, um die es sich hier handelt! — Soll man nun „absehen“ von dem, was hierüber von L. früher gesagt war, was bleibt dann übrig zum Zusehn, zum „ins Auge fassen“? — Langenberg weist als solches vor: „lediglich die Natur der Objekte“ [2]).

---

[1]) Daß eine Abkehr vom temporalen Gegensatz den Kern der Sache ausschaltet, zeigt sich auch in Aussprüchen anderer Philosophen, die den Gegensatz von actus und potentia gerade mit Hilfe zeitbezüglicher Ausdrücke festlegen. So schreibt z. B. T. Pesch („Instit. log.“ $II_2$, S. 67): „Dicitur ens esse actu, quum vere existit, esse potentia, quod nondum est, potest tamen aliquando esse.“

[2]) An seine Aussage vom „gänzlich absehen“ und „lediglich ins Auge fassen“ knüpft Langenberg noch die Bemerkung: „Auf diese Weise gelangt man zum Begriff der absoluten Potenz, deren Merkmal die innere Widerspruchlosigkeit ist, und die gewöhnlich gemeint ist, wenn es schlechtweg heißt, daß ein Ding nicht in actu, sondern in potentia sei.“ — Ich muß es Langenberg überlassen, seine Aussage über die „gewöhnliche Meinung“ zu vertreten. Eine „gewöhnliche“, dabei aber nachlässige, sachlich unzutreffende Ausdrucksweise hat jedoch bei Untersuchungen, die wissenschaftlich streng sein sollen, keine entscheidende Bedeutung. Und übrigens lassen sich, worauf ich schon hinwies, außer Lehmen noch manche andere Philosophen aufzählen, die bei der Erörterung der „Möglichkeit“ es keineswegs bei der sogenannten „absoluten“ bewenden lassen, d. h. bei der „inneren Widerspruchslosigkeit“. So sagt Kleutgen („Philos. der Vorzeit“ II, S. 684 unter Nr. 918) vom

Durch dieses „lediglich“ wird die Absicht eines Wechsels in der Stellungnahme wohl schon deutlicher erkennbar, aber der von L. gewählte Ausdruck: „die Natur der Objekte“ ist so unbestimmt, daß man daraus vorderhand noch nicht erfährt, was eigentlich gemeint ist.

Welchen Sinn hat hier das Wort „Natur“?

Darüber gibt der Zusatz: „Auf diese Weise gelangt man zum Begriff der absoluten Potenz, deren Merkmal die innere Widerspruchlosigkeit ist“, auch noch keine genügende Aufklärung. Denn wenn die betonte innere Widerspruchlosigkeit zur „Natur“ eines Dinges gezählt werden soll, so gehört sie zur „Natur“ der aktualen Dinge ganz ebensogut wie zur Natur der potentialen und darf daher gar nicht eigens gemeint sein, wo es schlechtweg heißt, daß ein Ding **nicht** in actu, **sondern** in potentia sei.

Was ist es denn nun, das „in der Natur der Objekte“ steckt und diese kontradiktorisch scharfe Scheidung hervorbringt? Nach welcher Richtung geht der Weg?

## B. Welche Richtung schlägt Langenberg bei seiner neuen Stellungnahme ein?

### 1. Erste Andeutung.

Ist über diese Richtung anfangs noch einiger Zweifel wohlbegründet, so darf man eine Andeutung derselben doch schon erblicken in den Worten, mit denen Langenberg an der vorhin erwähnten Stelle fortfährt:

„Dieses Reich der Möglichkeit . . . umfaßt demnach alles, was widerspruchslos denkbar, vorstellbar, irgendwie darstellbar ist

---

hl. Thomas, er „verstehe unter dem Möglichen nicht das bloß logisch Mögliche oder Denkbare, das den Gegenstand der göttlichen Allmacht bildet, und also durch diese sein kann, sondern das real Mögliche, dessen Dasein nicht bloß keinen Widerspruch in sich schließt, sondern in der schon bestehenden Ordnung der Dinge einen hinreichenden Grund hat.“ — Vgl. dazu auch „Grdl. d. kosm. Bew.“ S. 58.

(vgl. die hervorgehobenen Ausdrücke im obigen Zitate), auch was aus gegebenen Objekten ableitbar und irgendwie durch Zeichen darstellbar ist, es umfaßt die Welt der gedachten Wesenheiten mit allem, was zur Wesenheit gehört oder aus ihr sich entwickeln läßt."

Das Kennzeichnende aus diesen Sätzen habe ich unterstrichen, und man sieht daraus, wie der Gedanke sich schon dahin zuzuspitzen scheint, daß das Reich der Möglichkeiten die Welt der gedachten Wesenheiten umfasse.

„Der **gedachten**"!

Welchen besonderen Zweck hat gerade diese Hervorhebung? Soll die Eigenschaft des „Gedachtseins" benutzt werden um den „kontradiktorischen Gegensatz" herzustellen, der die beiden „Reiche", das der Möglichkeit und das der „Wirklichkeit" voneinander trennt?

Oder liegt der Ton vielleicht auf dem Substantivum „Wesenheit"?

Oder soll die Zusammenfügung beider Worte die Entscheidung bringen? —

Will man unter der Benennung „Wesenheiten" reden von „Dingen", die keinen „inneren Widerspruch" aufweisen, und will nun diese Dinge in ein „Reich" versammeln, so mag Langenbergs „Welt der gedachten Wesenheiten" (insoweit es sich dabei um ein vernünftiges „Denken" handelt) zwar in dieses Reich hinein gehören. Aber — und gerade darauf kommt es doch hier an — gehört denn **bloß** diese Welt dazu? Ist nicht auch jedes wirkliche Ding so gut wie jedes mögliche „innerlich widerspruchslos"? ist es nicht zugleich auch „denkbar"? somit ebenso „widerspruchslos denkbar" wie irgendein passend gewähltes Ding aus L.s besonderer „Welt der gedachten Wesenheiten"? [1])

---

[1]) Der Inhalt einer besonderen Fußnote (a. a. O. S. 85) könnte den Anschein erwecken, als ob Langenberg diesen Gedanken ebenfalls ausgesprochen hätte Dort heißt es nämlich im laufenden Text: „Die Existenz, welche Hessenberg hier [für die „Zahl"] verficht, ist identisch mit der oben geschilderten Existenz im ordo

Auf solche Art kann also das „Reich der Möglichkeiten" gar nicht abgegrenzt, gar nicht in einen „ausschließenden Gegensatz" gebracht werden zum „Gebiet des Wirklichen", des Aktualen! Und so bleiben wir denn noch stehen vor der Frage: Aus welcher Veranlassung kommt Langenberg zu der aussondernden Hervorhebung der „Welt der gedachten Wesenheiten"?

2. Zweite Andeutung in einer Bezugnahme auf Thomas.

Durch den in einer Klammer zwischengeschobenen Satz: „vgl. die hervorgehobenen Ausdrücke im obigen Zitat" setzt Langenberg seinen Gedanken ausdrücklich in eine bestimmte Beziehung zu einer von ihm angeführten Tho-

idealis." Dann fügt L. in Sperrdruck bei: „Was Geltung hat, hat ewige Geltung, unabhängig von der logischen Erzeugung durch uns", und knüpft hieran die Fußnote: „Den Begriff der ‚transsubjektiven Existenz' verwenden wir nicht, weil er dasselbe und auch den actus bezeichnen kann." — Diesen „Begriff" also verwendet L. nicht. Meint er damit seinen Inhalt oder seinen Umfang, oder nur seine Wort-Bezeichnung, d. h. den „terminus": „transsubjektive Existenz"? — Der Sinn des L.schen Satzes ist nicht ganz klar. Für den Fall, daß L. den „Umfang", also die unter den genannten „Begriff" fallenden Dinge hat angeben wollen als etwas, das er „nicht verwende", würde man dieses Verfahren als unberechtigt und fehlerhaft ansehen müssen. — L.s Grundangabe: „weil er dasselbe und auch den actus bezeichnen kann", ließe sich auffassen in dem Sinne: Was „transsubjektiv" existiert, das hat erstens diejenige Eigenschaft, die den Dingen des „ordo idealis" eignet, nämlich die „innere Widerspruchslosigkeit", und auch gehört es zweitens zum „actus", gehört in das „Gebiet des Aktualen". Eben das aber ist ein deutlicher Beweis dafür, daß die „innere Widerspruchslosigkeit" gar nicht den Dienst leisten kann, die „beiden Gegensätze" einander gegenüberzustellen und zu kennzeichnen als „sich ausschließende"! — Den Umfang des „Begriffs der transsubjektiven Existenz nicht zu verwenden" erscheint daher als eine nachteilige Außerachtlassung. Ob man den „terminus" (den meines Wissens Georg Cantor eingeführt hat) verwenden will oder nicht, ist eine bloße Vokabelfrage.

masstelle, die er als Rückhalt benutzt, nämlich zu den schon angeführten Worten:

„Ea vero, quae non sunt in actu, sunt in potentia, vel ipsius Dei, vel creaturae sive in potentia activa vel passiva; sive in potentia opinandi vel imaginandi vel quocunque modo significandi."

Die letzten Thomasworte also unterstreicht L., übersetzt sie mit: „denkbar, vorstellbar, irgendwie darstellbar" und knüpft daran seine Aussage von der „Welt der gedachten Wesenheiten" an.

Aber wie? Hat denn etwa Thomas selbst mit obigen Aussprüchen irgend eine besondere oder gar eine ausschließende Beziehung hergestellt zwischen dem Begriff „potentia" einerseits und andererseits den von L. eigens unterstrichenen Worten „opinari, imaginari, significare"? —

Nach L.s Zitat könnte es allenfalls so scheinen, aber bei näherem Zusehen ergibt sich, daß es keineswegs der Fall ist. Denn die in Betracht kommende Thomasstelle geht weiter als Langenbergs Zitat, und ihre Fortsetzung lautet:

„Quaecunque igitur possunt [!] per creaturam fieri, vel cogitari, vel dici, et etiam quaecunque ipse facere potest [!], omnia cognoscit Deus, etiam si actum non sit."

Daraus erhellt deutlich, daß die eigentliche Bezugsetzung zum Begriff der „potentia" vielmehr durch die stammesgleichen verba finita: „possunt" bzw. „potest" hergestellt wird, nicht aber durch die spezialisierenden Genetive: „opinandi, imaginandi usw." Ferner geht daraus hervor, daß diese Genetive keineswegs abgrenzende sind, daß die „gedachten" Wesenheiten durchaus nicht als allein berechtigte hingestellt, sondern nur als einzelne Beispiele vorgeführt werden. Denn Thomas verallgemeinert sie ja selber sofort durch die Worte: „quaecunque per creaturam fieri possunt, quaecumque Deus facere potest." — Also alles, was von Gott oder von der Kreatur gemacht, nicht etwa bloß, was „gedacht" werden kann, ist vor (zeitbezüglich genommen) dem Vollzug des „Machens" nach Thomas „in potentia". Und diese Tatsache der vorherigen Potentialität bildet bei keinem einzigen „widerspruchslos denkbaren Ding" ein Hindernis, daß es nach dem Vollzug jener „Mach"-Tat sich „in actu" befinde, bildet kein Hindernis der nachherigen Aktualität.

Welchen Grund und Zweck Langenberg eigentlich dabei hatte, das „opinari potest" aus dem allgemeinen „facere[1]) potest" durch seine Betonung herauszuheben, und was er mit seinem Ausdruck „lediglich die Natur der Objekte" besonders im Sinne gehabt, ist also noch immer nicht völlig aufgeklärt. Vermuten kann man allerdings hier schon, er wolle (so unbegründet das auch erscheinen mag) „Gedankendinge" überhaupt aus dem „Gebiet des Aktualen" ausscheiden.

3. Weitere Andeutungen.

Deutlicher tritt diese Absicht aus gewissen späteren Stellen hervor, von denen ich hier eine noch erörtern will. — Bei Gelegenheit einer Ausbiegung auf die „Anwendung des Existenzbegriffs in der Mathematik"[2]) sagt L.:

„Der Ausdruck ‚existiert' kann [‚in der Mathematik'] aber auch bedeuten: dieses oder jenes ist nachgewiesen. Die Aktualität, die in diesem Satze liegt, bezieht sich aber nicht auf die Existenzweise der Objekte, die ja ihrem Wesen [!] nach potentiell bleiben [!], sondern auf die Entwicklung der menschlichen Erkenntnis, die von der Möglichkeit zu einem Ergebnis gelangt ist."

Diese Äußerung spricht dafür, daß L. die „Potentialität", die „?—barkeit" in die „Wesenheit der Objekte" verlege, daß er unterscheide zwischen Objekten von einer ersten Art, die „ihrem Wesen nach potentiell bleiben", die ihres „Wesens" wegen nicht aktuell werden können, und andererseits Objekten zweiter Art, die ihrem Wesen gemäß aktuell werden können.

Ist das nicht sehr auffallend?

---

[1]) Schon Occam hat statt des ihm zu unbestimmt vorkommenden Wortes „possibilis" das Wort „factibilis" vorgeschlagen (vgl. „Grundl. des kosm. Gottesbew." S. 55).

[2]) Über diese Anwendung ist meinerseits das Nötige gesagt im 5. Abschnitt des 8. Kapitels meiner Schrift über „Das Endl. u. d. Unendl." S. 75—78.

Bei Langenbergs anfänglicher Stellungnahme war von einer solchen Zweiteilung doch gar keine Rede! Wohl wurden Aktualität und Potentialität (bei d) als sich ausschließende Gegensätze hingestellt, aber keineswegs war damit gesagt, daß auch nur ein einziges potentielles „Ding“ seiner „Natur“ oder seinem „Wesen“ zufolge gar nicht aktuell werden könne. Selbst das schon verdächtige Wort „objektiv“ (vgl. S. 161) schied die „Dinge“ nicht in dieser Weise auseinander, da ja auch Gedankendinge „objektiviert“ werden können. L.s Sätze a, b, c, d ließen also die Auffassung, wie sie u. a. Lehmen vertritt, zu, daß jedes [1]) Ding im Falle erstens kein „innerer Widerspruch“ dem entgegensteht und zweitens ein zu seiner Aktuierung genügend befähigtes Wesen da ist, aktual werden könne, und daß es aktual auch werde in dem Augenblicke, da die befähigte Wirkursache den verwirklichenden Akt setzt.

Sonach hing die Frage: Ist ein Ding D „in potentia“ oder „in actu“? zusammen mit der entscheidenden Frage, ob eine gewisse Tätigkeit eine erst noch „kommende“ oder eine schon „vergangene“ sei. Jetzt aber soll die **Wesenheit** des D darüber entscheiden, ob D in das Gebiet des Aktualen überhaupt eintreten könne oder ein für allemal „potential bleiben“ müsse! —

Dunkel ist der Sinn des Wortes „Wesen“ [2]), wie in den meisten Fällen, so auch hier. Gleiches Dunkel liegt ausgebreitet über Langenbergs Aussage (a. a. O. S. 179) von dem „wesenhaften Unterschiede zwischen dem Aktualen und Potentialen“. Welche „wesentliche“ Eigenschaft des D soll es denn wohl sein, die ihm den „Eintritt“ versperrt? — Eine schon genannte Eigenschaft, nämlich die innere Widerspruchslosigkeit

---

[1]) So u. a. auch T. Pesch (a. a. O. S. 68): „Actum et potentiam circumvagari per omnes entis categorias, saepius ab Aristotele monitum est.“

[2]) Eine eingehende Erörterung über den Streit, der bezüglich des Begriffs der „Wesenheit“ nicht nur zwischen den Philosophen überhaupt, sondern auch zwischen Vertretern der scholastischen Philosophie herrscht, gibt mein Buch über die Grundlegung eines bündigen kosmologischen Gottesbeweises auf S. 169—181.

kann es nicht sein. Außer dieser ist aber, soviel ich sehe, nur noch die in den Worten: opinari, imaginari, significare und die in dem daran angeknüpften Ausdrucke „Welt der gedachten Wesenheiten“ liegende Eigenschaft hervorgehoben. Das bestärkt die Annahme, daß eben die „Gedachtheit“ von D diejenige bei D vorhandene „wesentliche“ Eigenschaft sein soll, die ihm die Türe zum „Gebiet des Aktualen“ verschlossen hält. Noch andere Aussagen L.s haben die gleiche Blickrichtung und sollen an einer späteren Stelle zur Sprache kommen.

Sind die Bezeichnungen: „Natur der Dinge“ und „Wesenheit der Objekte“ wohl auch an sich recht unklar, so beweist die Art, wie L. sie verwendet, doch deutlich das Eine, daß er die Entscheidung zwischen der bloßen Möglichkeit und der Wirklichkeit nicht sowohl in der Verwirklichung, d. h. in der vollzogenen Leistung einer genügend befähigten „causa“ bzw. einer „ratio sufficiens“ sucht, als vielmehr sie gegeben findet in der Eigenart der in Betracht genommenen Dinge, die — je nachdem sie beschaffen — die „Aktualität“ des Dinges entweder zuläßt oder behindert. Eine Behinderung soll allem Anschein nach vorliegen bei den Gedankendingen.

Da Langenberg seine Stellungnahme zum Potentialen bzw. Aktualen auch auf das Gebiet der „unendlichen Mengen“ (bei denen ja auch Gedankendinge beizuziehen sind) überträgt, so müssen wir hier die bestimmte Frage aufwerfen:

### C. Wohnt die Eigenschaft der Aktualität auch Gedankendingen bei?

In ausführlicherer Form könnte die Frage auch folgendermaßen aufgestellt werden: Kann und darf der Umstand, daß irgendein in Betracht genommenes Ding die Eigenheit hat, ein Gedankending zu sein, uns etwa zwingen, ihm die „Wirklichkeit“, die „Aktualität“ abzusprechen?

#### 1. Überleitung.

Zu diesem Abschnitt überleiten kann uns eine von L. gemachte eigenartige Unterscheidung. Das „Reich der Möglichkeit" nennt er den „ordo idealis" und sagt dann: „Die Dinge dieser idealen Welt haben Realität nicht im physischen, sondern im metaphysischen Sinne."

Soll hier der Gegensatz: „physisch-metaphysisch" etwa den Gegensatz: „Naturding—Gedankending" decken? Soll er andererseits dem Gegensatz: „aktual—potential" (denn eben darum handelt es sich doch!) kongruent sein? — Wenn nicht: wozu dann beim vorliegenden Problem überhaupt die Trennung: „physisch—metaphysisch"? Wäre nur Physisches aktual?

Daß Langenberg zu dieser Auffassung gekommen sei, legt (unter manchen andern, auf die ich hier nicht näher eingehen kann) auch eine Stelle von S. 174 seiner Abhandlung nahe. Dort sagt er von „den [!] mathematischen Körpern" aus, daß sie „Gebilde aus dem Gebiet der Potenzialität" (womit für sie nach L. die Aktualität ausgeschlossen ist) seien. L. beschränkt seine Aussage keineswegs auf denkbare oder vorstellbare mathematische Körper, sondern gebraucht den bestimmten Artikel. Das läßt schließen, daß er ein allgemeines Urteil ausspreche, also „die mathematischen Körper" insgesamt dem „Gebiet der Potenzialität" zuweisen will. Um zu erläutern, ob eine solche „Total-Eingemeindung" berechtigt ist, möge

## 2. Ein einfaches Beispiel

dienen. — Beim Unterricht in der Kristallographie lege ich einem Schüler einen aus sechs Glasplatten zusammengefügten Würfel (also ein corpus naturale) vor und fordere ihn auf, sich in denselben einen „mathematischen Körper", und zwar einen Achtflächner, ein „reguläres Oktaeder" (die allgemeine Gestalt eines solchen ist ihm nicht unbekannt) hinein zu denken.

In diesem Augenblick hat das dem vorgelegten Würfel eingelagerte Oktaeder zwei verschiedene Seinsweisen. Im Geiste des Schülers nämlich eine potentielle; denn Lehmens Voraussetzungen Nr. 1 und 2 reichen dazu hin und treffen beide zu. Diese Seinsweise ist auch nur eine potentielle; denn der vom Schüler geforderte Gedanke ist — wie Langenberg bei seiner „ersten Stellungnahme“ sagt — ein noch erst „kommender“.

Im Geiste des Lehrers hingegen trifft auch die Voraussetzung Nr. 3 schon zu. Ich meinerseits habe nämlich das Oktaeder in den betr. Würfel tatsächlich hineingedacht. Dieser Denkakt ist ein vollzogener, das „Gedankending“ steht mir als ein fertiges vor der Seele und hat darin, im deutlichen Gegensatz zur Seele des Schülers, aktuale Existenz. Doch weiter:

Nach kurzer Weile frage ich den Schüler: Haben Sie sich das Oktaeder nun hinein gedacht? —

Er verneint und sagt, er wisse nicht, wie er das machen solle.

Um ihm die Denkarbeit zu erleichtern, öffne ich jetzt die in der Mitte der Glasplatten angebrachten Durchbohrungen und ziehe von je einer nach den benachbarten hin rote Seidenfäden durch den Hohlraum hindurch. Dadurch werden acht Linien versinnbildlicht, die die Kanten des gewünschten Oktaeders vorstellen. In diesem Zustande weise ich den Würfel meinem Schüler nochmals vor. Und nun entsteht in seinem Geiste eine Umwandlung. Er vollzieht jetzt den Denkakt, je drei Kanten durch eine Ebene zu verbinden, und hat damit sofort die ihm gestellte Aufgabe gelöst. Bezüglich des dem Würfel eingeschriebenen Oktaeders ist die Denk-Möglichkeit zur Denk-Wirklichkeit geworden.

Dieses Oktaeder ist keineswegs etwas „Physisches“, ist kein „corpus naturale“; denn acht Seidenfäden sind zwar Naturkörper, aber kein „Oktaeder“. Das Oktaeder ist vielmehr ein „corpus mathematicum“, hat aber mittels des didaktischen Kunstgriffs in der Seele des Schülers die früher nicht vorhandene „Aktualität“ nunmehr gewonnen, die gleiche Aktualität, die es in der Seele des Lehrers schon von vornherein hatte.

Und wie erweist sich beim Schüler die „Aktualität“ des in seinem Geiste klar vorhandenen mathematischen Körpers nachher als eine „in rerum natura“ wirksame Aktualität?

Er geht nach Hause, formt sich einen Würfel aus Knetwachs und stellt aus diesem das „Gedankending“, das eingeschriebene

Oktaeder nun auch noch als etwas „Physisches", als „corpus naturale" dar, indem er den Würfel bis zum Verschwinden seiner Flächen einfach „enteckt".

So können wir demnach in bezug auf die Seinsweise des Oktaeders vier Stufen unterscheiden. Zuerst war es in der Seele des Schülers als „corpus mathematicum" eine „res cogitabilis, es war denk-potentiell, dann eine „res cogitata, es war denk-aktuell. Nachher war es als „corpus naturale" (mit Occam zu reden) eine „res factibilis", es war mach-potentiell, zuletzt aber eine „res facta", es war mach-aktuell. —

Vielleicht genügt vorstehendes Beispiel von „mathematischen Körpern" um darzutun, daß man den „Gedankendingen" nicht in Bausch und Bogen die Aktualität absprechen darf. Wir können aber sehr viel wichtigere „Gedankendinge" in Betracht ziehen:

### 3. Weitere Beispiele.

Als nach Joh. 13, 27 der Heiland beim letzten Abendmahl dem Judas sagte: „Was du tust, das tue bald", da lag beim Verräter der böse Entschluß als Gedankending schon aktual vor. Die Todsünde hatte ihn „der Wirklichkeit nach" schon von Gott getrennt. Der „Satan" war, wie der Evangelist sich ausdrückt, schon „in ihn gefahren". Will man den späteren Judaskuß (um Langenbergs Ausdruck zu gebrauchen) als etwas „Physisches" bezeichnen, so mag man das tun, aber die „Aktualität" der vorherigen Judassünde ist davon unabhängig.

Demgemäß kann etwas lediglich „Gedachtes" schon eine aktuale „culpa" darstellen.

Und so konnte auch umgekehrt eine Seele auf Golgatha gerettet werden durch einen Reuegedanken. War der etwa nicht „aktual"? Mußte er in seiner Eigenschaft als „Gedankending" dem „ordo idealis" angehören? Mußte er „seinem Wesen nach" nun auch „potential bleiben"?

Tausend andere Fälle stehen zu Gebote. Hatten z. B. für den tauben Beethoven seine Melodien und Harmonien nicht schon „Aktualität", bevor sie durch Aufschreiben oder Klingen irgend eine „physische", d. h. sinnlich wahrnehmbare „Aktualität" bekamen? — Überhaupt mag es sich wohl mit den Erzeugnissen der Künste stets so verhalten, daß ihre „Aktualität" im Gedankenbereich des Künstlers beginnt und schon da ist, ehe sie irgendwie in das Reich des „Physikalischen" überhaupt eintreten.

4. Zeugnisse.

Um ferner noch einige hierher gehörige Aussprüche von Philosophen beizufügen, so sagt z. B.

Lipps („Vom Fühlen, Wollen und Denken", 2. Aufl. 1907, S. 11): „Es gibt objektive und subjektive Wirklichkeit."

Mendelssohn erklärt („Morgenstunden" I, 1, S. 12): „Das erste, von dessen Wirklichkeit ich überzeugt bin, sind meine Gedanken und Vorstellungen."

Geyser („Neue und alte Wege der Philosophie" S. 271) führt aus: „Legen wir unseren bisherigen Daseinsbegriff zugrunde, so hat ein Sosein N wirkliches Dasein, insofern es von einem Geiste aktuell gedacht ist."

Gedankendinge haben demnach auf Grund eines vollzogenen Denkakts wirkliches Dasein, gehören somit in das Gebiet des „Aktuellen".

Dann fährt Geyser fort:

„Insofern aber ein Sosein zwar von einem Geiste gedacht werden könnte, es jedoch nicht wird, ist sein Dasein möglich... Die daseinsmöglichen Wesen bedeuten demnach Wesen, die einerseits von keinem Geiste aktuell gedacht worden sind, da sie sonst wirkliche [!] Wesen wären, aber andererseits gedacht werden könnten, d. h. die, wenn gedacht, weder Unsinn, noch Widersinn in ihrem Inhalt enthielten." — —

Eine überreiche Menge von Äußerungen der Philosophen über ihre verschiedenen Sinnauffassungen des Wortes „Wirklichkeit" oder „Aktualität" ließe sich zusammenstellen, aber meines Erachtens genügt das Gesagte schon um darzutun, daß es nicht angängig ist, das Gebiet der „Gedankendinge" vom „Reiche des Wirklichen" einfach und ohne weiteres auszuschließen. Es geht nicht an, ein Sosein N (mit Geyser zu reden) aus dem Grunde, weil es in einem gewissen Zeitpunkte zum „Reiche des Möglichen" gehört und Gegenstand eines Gedankens werden kann (oder gar ist), dazu zu verurteilen, daß es „potentiell bleiben müsse".

5. Allgemeine Erwägung.

Man hat sogar die Frage aufzuwerfen, was es denn überhaupt heiße, daß ein Objekt (wie Langenberg sagt) „seinem Wesen nach potentiell bleibe". Seinem Wesen nach! Soll sein „Wesen" ihm den Erwerb der Aktuierung versagen, ihm aber die Potentialität belassen? —

Dann bleibt es also „potentiell", bleibt „im Reiche der Möglichkeit", bleibt „möglich", bleibt „?—bar". Aber worin besteht diese seine „Barkeit" denn überhaupt? Hat sie noch einen verständlichen Sinn?

Jeder Einwohner des „Reiches der Möglichkeit" muß doch als grammatisches Objekt irgendeines transitiven Zeitworts dienen können, sonst wäre es überhaupt nicht „?—**bar**". Nun braucht er aber nur zum Objekt irgend eines Gedankens gemacht worden zu sein, dann gehört er — nach Langenbergs ursprünglicher Aussage von der Ausdehnung des „actus" auf die „Tätigkeiten der Substanzen" — schon zum Aktualen. Er besitzt also Aktualität als gedachtes Objekt, als Gedankending, besitzt die gleiche folgenschwere Art von Aktualität, wie sie derjenige Gedanke besaß, wegen dessen der Satan in Judas fuhr, und die Seele des Dismas ins Paradies gelangte.

## XIV. Langenbergs Stellungnahme zu einer Verbindung des Potenzbegriffs mit dem Begriff der Unendlichkeit.

Übersicht:

A. Allgemeine Vorbemerkung. — Die Zusammenstellung zweier mehrdeutigen Begriffe vertieft das Dunkel und fördert die Uneinigkeit. — L. scheidet die ursprüngliche Bedeutung der „Endlichkeit" hier nicht von der metonymischen und irrt daher in der Meinung, die Aussage von der Unendlichkeit verlange stets einen „substantiven Begriff". Bei übertragenen Bedeutungen kann es auch ein verbaler sein, und das trifft gerade bei den „Mengen" zu.

B. Beispiele von Mengen.

Erstes Mengenbeispiel. — Die Berufung des Thomas auf gerade und ungerade Zahlen. Dabei hat Th. die „Unendlichkeit" behauptet, ohne den Zusatz „in potentia" beizufügen. — L. meint, es sei wegen dessen Selbstverständlichkeit geschehen; es handele sich eben um „abstrakte [Gedanken-] Dinge". Thomas selbst aber hat diesen Grund nicht angegeben. — L. erwähnt auch ein gewisses Dreieck. Im Anschluß an dieses sind bezüglich der Aktualität und Potentialität vier verschiedene Gesichtspunkte auseinanderzuhalten. — Stellungnahme der Mathematik zur aufgeworfenen Frage.

Zweites Mengenbeispiel. — Eine längere Ausführung L.s wird in 5 Abschnitten vorgeführt, und jeder davon einzeln besprochen. Bei Nr. 3 bringt L. ein eigenartiges „Potentialitäts-Axiom" vor. — Das thomistische Beispiel vom „palmus" wird physikalisch weiter ausgebaut und liefert aktual-unendliche Mengen.

Drittes Mengenbeispiel. — L. stellt seinerseits Fragen auf über gewisse, in meinem Buche erwähnte Fälle und findet diese „raffiniert konstruiert". Dabei urteilt er, die vorgewiesene Aktualität sei nur ein „Kleid", sei nur ein „ausgebreiteter Schatten", während sie in Wahrheit den Kern der Sache bildet. Grund. Das thomistische „sensibiliter patet" trifft zu. — Sehr verkehrt ist auch L.s wiederholte Verquickung der Begriffe „Punkte" und „Teile". Schluß.

### A. Allgemeine Vorbemerkung.

Wenn der unklare Ausdruck „das Potentiale", das „Mögliche" in ein und derselben Aussage vereinigt steht mit dem vieldeutigen Wort „Unendlichkeit", dann erwächst daraus schon von vornherein für das Verständnis eine Häufung der Schwierigkeiten, eine Vertiefung des Dunkels und darum auch ein verstärkter Anlaß zu allerlei Hader. So wendet sich denn auch Langenberg (a. a. O. S. 86) lebhaft gegen „die Gepflogenheit neuerer Schriftsteller, sogar ein actualiter oder potentialiter infinitus ohne Bedenken zu handhaben, einen Sprachgebrauch, der sich in deutschen wie in lateinischen Abhandlungen finde". Anschließend daran führt er aus:

„Was bedeutet überhaupt in einem solchen Falle das Adverbium [z. B. „actua l i t e r"]? Häufig stößt man auch auf die unbestimmte Fassung, das aktual (oder potential) Unendliche oder ‚aktual unendlich". Wenn hier nicht wieder das Adverbium vorliegt, so mag sie eine etwas lässige Abkürzung für die unendliche Menge aktualer oder potentialer Dinge sein, in den meisten Fällen aber führt die Ausdrucksweise zu Irrtümern, indem in das Mengenwort[1]) die Nebenbegriffe fertig und werdend eingeschleppt werden, was unter allen Umständen zu verwerfen ist. ‚Unendlich' ist wie ‚viel', ‚jeder', ‚alle' ein Ausdruck, der seinen vollständigen Sinn erst in Verbindung mit einem substantiven [!] Begriff, z. B. Gegenstand, Ding, Mensch erhält."

Diese Behauptung L a n g e n b e r g s mag zutreffen, so oft das Wort „unendlich" in seiner u r s p r ü n g l i c h e n Bedeutung steht. Das „Substantivum", um welches es sich dann handelt, ist etwas räumlich oder zeitlich A u s g e d e h n t e s, und der Gegensatz „endlich—unendlich" bezieht sich auf die Frage: Besitzt dieses Ausgedehnte ein „E n d e" (im Sinne der aristotelischen Definition des „πέρας" bzw. eine „Grenze" im Sinne K i l l i n g s) oder besitzt es ein solches n i c h t? Wird das Wort unendlich hingegen — wie es gerade bei „Mengen" der Fall — in ü b e r t r a g e n e r Bedeutung angewandt, so sind es eben auch nicht mehr die „Gegenstände" selbst, von denen das „Unendlichsein" gilt, sondern die T ä t i g k e i t e n, die Handlungen, die mit oder an den Gegenständen vorgenommen werden. Darum gehört in solchen Fällen zur Sinnvervollständigung des Wortes „unendlich" gar nicht die Beifügung eines „S u b s t a n t i v u m s", sondern die eines Z e i t w o r t s. Letzteres heißt bei Mengen, wie in unserm Abschnitt VII dargelegt wurde, „z ä h l e n".

„Unendlich" wird eine „M e n g e von Gegenständen" nicht etwa dann bzw. deswegen genannt, wenn bzw. weil den „G e g e n s t ä n d e n" das Ende fehlt, sondern wenn bzw. weil in betreff ihrer M e n g e n - Natur (deren Inbetrachtnahme durch Z ä h l e n geschieht) sich Endlosigkeit herausstellt. Genauer:

[1]) Gemeint ist das Wort „unendlich". — Unter den von den Grammatiken aufgeführten neun oder zehn W o r t a r t e n findet sich die Benennung „Mengenwörter" wohl kaum.

Wenn die Eigenart der „Menge" dem Zählenden die Überzeugung aufnötigt, daß das Zählen nicht beendet werden kann, weil hinter jedem beliebigen Element immer noch weitere, ungezählte sich dem Zählgeschäft darbieten (vgl. S. 99), dann wird die Eigenschaft dieser Tätigkeit durch „kausale Metonymie" auf das Objekt übertragen[1]). Diese Auffassung steht in Einklang mit der Definition des Thomas: „Infinitum est, cujus quantitatem accipientibus semper est aliquid extra sumere," insofern nämlich das Verbum „sumere" bzw. „accipere", nicht aber irgendein Substantivum die richtige Sinnergänzung zum „infinitum" bildet. — Wessen ist „kein Ende"? — des „Nehmens"! „Semper est aliquid extra sumere"; für das „sumere" gibt es immer noch ein „aliquid".

Klar wird die ganze Sachlage sofort, wenn man bei Aussagen über „Mengen" und die unterscheidende Eigenart ihrer Mengennatur das mehrdeutige Wort „unendlich" glatt ausmerzt und es (meinem Vorschlage gemäß) ersetzt durch „nicht restfrei zählbar".

Zugleich ist damit aber auch die richtige Anwendung des Begriffs „potential" oder „möglich" gegeben. Das bei dem Hilfs-Zeitwort „posse = vermögen" fehlende Haupt-Zeitwort schwankt dann nämlich nicht herum zwischen den Verben: „opinari, imaginari, significare, quaecumque facere", sondern heißt einfach „zählen". Und so lautet auch bezüglich der Zählobjekte, die entscheidende Frage wiederum einfach: Sind von der gewählten Sorte welche da — in der Innenwelt oder Außenwelt — oder sind keine da. Ob und inwieweit in letzterem, dem verneinenden Falle, von ihnen noch bejahende Aussagen gemacht werden können, hängt ab von Lehmens schon erwähnten „Voraussetzungen Nr. 1 und Nr. 2".

---

[1]) Ähnlich wie z. B. Goethe das Band des Windsacks „ängstlich" nennt, weil dessen „Lösung" durch „Aeolus" die causa davon ist, daß die Menschen „ängstlich" werden. Oder wie einige Lisztsche Klavierstücke „schwer" genannt werden, weil die Spiel-Betätigung an ihnen für viele Menschen eine „schwer" ausführbare Sache ist. (Vgl. hierzu S. 90 u. S. 96 Anmerk.)

### B. Beispiele einzelner Mengen.

Soll unsere Betrachtung noch eingehen auf Mengen im einzelnen, so ist über solche schon im früheren, namentlich im elften und zwölften Kapitel so manches gesagt, daß ich mich in dem hier vorliegenden damit begnügen möchte, bloß noch einige wenige mir beachtenswert erscheinenden Besonderheiten ins Auge zu fassen.

#### Erstes Mengenbeispiel.

Den Abschnitt, der bei Langenberg (a. a. O. S. 176) die Überschrift trägt: „Das Unendliche in der Menge“, leitet er ein mit den (von mir in drei Abteilungen getrennten) Sätzen:

α) „Nach unserer bisherigen Darstellung bedarf es wohl kaum der Erinnerung, daß Thomas für das Gebiet der Arithmetik unendliche Mengen angenommen hat.

β) Der Zusatz in potentia kann dabei fehlen,

γ) weil es sich ja um abstrakte Dinge handelt (vgl. 7 ad 3).“

An der Stelle (S. Th. III, q. 10, a. 3), worauf L. hier durch den Zusatz „7 ad 3“ verweist, sagt Thomas bezüglich des „Gebietes der Arithmetik“, d. h. bezüglich der Zahlen:

> „Et hoc etiam videmus in numeris accidere: nam species numerorum parium sunt infinitae, et similiter species numerorum imparium: et tamen numeri pares et impares sunt plures quam pares; sic igitur dicendum est, quod infinito simpliciter, et quoad omnia nihil est majus: infinita autem secundum quid determinatum non est aliquid majus in illo ordine: potest tamen accipi aliquid aliud majus extra illum ordinem.“

Was Langenberg in seinem Satze α) aussagt, trifft insofern zu, als Thomas sowohl die Menge der paarigen als die der unpaarigen Zahlen für „infinit“ erklärt.

Bezüglich des Satzes β) trifft zu, daß Thomas die Einschränkung „in potentia“ tatsächlich weggelassen hat.

Bezüglich des Satzes γ) aber, der den Grund für diese Weglassung angeben will, ist festzustellen, daß die von L. hier eigens beigezogenen Worte des hl. Thomas diese Grundangabe **nicht** enthalten!

Langenberg sagt unter $\beta$), der Zusatz „in potentia" könne dabei fehlen.

Aber warum, wenn es in der bewußten Absicht des Thomas lag, diese so wichtige Einschränkung zu machen, durfte sie dann in der Aussprache fehlen? —

Vermutlich, weil sie sich im vorliegenden Falle, nämlich bei „abstrakten Dingen", schon von selbst verstehe!

Aber warum ist es denn schon selbstverständlich, daß von „abstrakten Dingen" lediglich die „Potentialität" ausgesagt werden kann? —

Auf diese bestimmte Frage sehe ich vom Standpunkte Langenbergs (soweit er mir erkennbar) keine andere Antwort als: Weil „Abstrakta" doch ihrem „Wesen" nach Gedankendinge sind und als solche das „Gebiet der Potenzialität" nicht verlassen, darüber nicht hinauskommen können. —

Den im vorigen Kapitel besprochenen „Andeutungen" dieses absonderlichen Standpunktes mag eine hier in Betracht kommende noch beigefügt werden, die sich auf S. 177 seiner Abhandlung befindet. Dort heißt es:

„Sie [nämlich gewisse „Schnittpunkte"] gehören von vornherein zum Denkobjekte und existieren mit diesem selbst in potentia."

Soll also durch die „Zugehörigkeit" zu einem „Denkobjekte", zu einem Gedankending, vielleicht schon von vornherein entschieden sein, daß sie „in potentia", nicht aber „in actu" existieren? — L. fährt jedoch fort:

„Nun kann ein Dreieck, sei es als Fläche, sei es als Umriß betrachtet, auch in actu existieren, z. B. an einer gut behauenen Steinpyramide. Wie steht es dann? Sobald irgend eine quantitative Betrachtung, z. B. die geometrische, einsetzt, haben wir von dem konkreten Gegenstand die geometrische Ausdehnung bereits abstrahiert [!], und diese ist jetzt der eigentliche Denkgegenstand [!], es liegt also genau dasselbe potentielle [!] Objekt vor uns, wie vorhin."

„Also"! Was ist mit diesem folgeziehenden „also" ausgesagt? — Weil ein „Denkgegenstand" vorliegt, darum liegt (nach L.) ein „potentielles Objekt" vor uns. — Reicht diese Stelle nun hin zur Kennzeichnung des Standpunktes: Gedankendinge sind immer nur potentielle Objekte, nie aktuale?

Jetzt aber sei L.s Frage: „Wie steht es dann?" auch meinerseits aufgestellt. Ich antworte darauf: Dann liegen vier verschiedene Dinge vor, die man, um genau zu sein, richtig auseinander halten muß.

Erstens der Stein. Seine Aktualität mag wohl unbestritten sein.

Zweitens eine dreieckige „Fläche", ein kontinuierliches zweidimensionales räumliches Grenzgebilde, das aber nicht etwa den steinernen Körper begrenzt! Denn, mag die „Pyramide" auch noch so „gut behauen" sein, so hat sie doch — wenigstens gemäß der Anschauung, daß die Materie den Raum diskontinuierlich erfüllt — keineswegs eine kontinuierliche Fläche zur Grenze. Diese „Fläche" ist vielmehr Grenzgebilde eines mathematischen Körpers, welch letzteren man sich in ungefährer Deckung mit der Ausdehnung der Pyramide im Raume vorhanden denkt. Sie hat dieselbe heißumstrittene Seinsweise, die der Raum selber hat, von dem Thomas ja (vgl. S. 146) anschaulich beschreibt, wie ein „Körper" sich in ihn hineinschleichen und ihn auch wieder verlassen könne. — Ob mit dieser thomistischen Aussage vom „subintrare" und „deserere" auch die „Aktualität", die „Wirklichkeit" des Raumes ausgesagt ist, mag jeder sich selber fragen. —

Drittens der Umriß des Dreiecks. — Dieser ist ein kontinuierliches Grenzgebilde an der genannten Fläche, und was bezüglich der „Aktualität" der letzteren gesagt ist, gilt auch von ihrem Umriß.

Viertens liegt der auf die drei vorgenannten Gegenstände gerichtete Denkakt (von L. „quantitative Betrachtung" genannt), also ein „Gedankending" vor. Dieses war einzuschätzen als ein „potentielles", ein „mögliches" und zugleich ein „nicht-wirkliches", „nichtaktuales" in einer Zeit, da es (gemäß L.s erster Stellungnahme) noch ein „kommendes", künftiges, denkbares aber ungedachtes Gedankending war (wie z. B.

die tangentenlosen Kurven vor Weyerstraß, die mehrblättrigen Windungsflächen vor Riemann u. dgl.) [1]. Sobald aber jenes Gedankending im Geiste eines genügend befähigten Wesens fertig „gedacht" vorlag, besaß es eben diejenige folgenreiche und verantwortungsvolle „Aktualität" oder „Wirklichkeit", die den vollzogenen Gedanken überhaupt eigen ist.

Dadurch ist die „Potentialität" des Gegenstandes Nr. 4 aber keineswegs völlig und allgemein zerstört! Sie bleibt bestehen, doch nicht etwa als eine unverlierbare Potentialität, die in seinem „Wesen" (als Gedankending) begründet läge, sondern als die Möglichkeit, daß der verwirklichende Denkakt zu irgend einer Zeit von irgend welchem Denker immer wieder von neuem gesetzt und wiederholt werden kann [2]. Aber jedesmal, so oft dies geschieht, liegt auch wieder ein aktuales Gedankending, ein Erzeugnis geistiger Werkstatt vor, nicht minder, wie Langenbergs Pyramide als solche „aktual" wird oder geworden ist in der Werkstatt des Steinmetzen. —

Mag nun Langenberg mit geringerer oder größerer Deutlichkeit und Entschiedenheit den „abstrakten" Objekten, den unbenannten Zahlen oder andern Gedankendingen den Eintritt in das „Gebiet des Aktualen" versagen, so bietet doch zunächst die von ihm beigezogene Stelle des Thomas keine feste Stütze seiner Stellungnahme dar. Bleibe dahingestellt, ob Thomas irgend anderswo gesagt hat, Zahlen dürften nur „in potentia" als unendlich gelten, und zwar ausdrücklich deswegen, „weil es sich um abstrakte Dinge handelt": jedenfalls befindet solch eine Aussage sich in Widerspruch mit der

Auffassung der modernen Mathematik von Mengen abstrakter Gegenstände.

---

[1]) Erwähnt u. a. in Auerbachs „Taschenbuch", 1913, S. 110 bzw. 131.

[2]) Wie ja z. B. Erfindungen, die Erfindung des Pulvers, der Schrift, des Papiers, des Porzellans u. dgl. lange Zeit hindurch Wirklichkeit hatten, „möglich" blieben und von neuem „wirklich" wurden.

Schon in meinem Buche über das Endliche und das Unendliche habe ich (S. 109) auf einschlägige Äußerungen Gutberlets hingewiesen, und es genügt, wenn ich aus dessen Metaphysik (Münster 1906, S. 229) hier folgendes anführe:

„Mit vielem Scharfsinn verteidigt der geniale Mathematiker G. Cantor die aktuale [!] unendliche Menge und hat sogar eine Mathematik der transfiniten Zahl [!] geschaffen und in zahlreichen Schriften erklärt und begründet. In einem umfangreichen Werke, ausgerüstet mit allen Mitteln mathematischer Fachwissenschaft, hat L. Couturat eingehend die Möglichkeit einer aktual [!] unendlichen Größe nachgewiesen. Er kommt zu folgendem Schlusse: Alle Argumente, welche seit Jahren gegen die Möglichkeit der unendlichen Zahl [!], oder besser der unendlichen Zahlen gerichtet worden sind, beruhen auf zwei durchaus falschen Prinzipien: 1° die unendliche Zahl ist die größte von allen Zahlen; 2° alle unendlichen Zahlen sind einander gleich.... Im übrigen hat die Aufstellung der transfiniten Zahlen endgültig über jene zwei Prinzipien entschieden und ihnen eine tatsächliche Widerlegung angedeihen lassen. Diese wahrhaft geniale Schöpfung löst alle Schwierigkeiten, welche man im numerischen [!] Unendlichen gefunden hat und zerstreut die zahlreichen Mißverständnisse, welche Jahrhunderte lang diesen Begriff entstellt haben."

Nach diesen auch von Gutberlet mit erkennbarem Beifall begrüßten Äußerungen Couturats ist anzunehmen, daß die moderne Mathematik nach Cantors Vorgang unendliche „numerische" Mengen in dem Sinne behandelt, daß sie ihr keineswegs als selbstverständlich „potentielle", sondern als aktuale Gedankendinge gelten. „Gedankendinge" zu sein, „Abstrakta" zu sein hindert ihre „Aktualität" nicht.

## Zweites Mengenbeispiel.

Dieses möchte ich anschließen an eine längere Ausführung, die Langenberg der vorhin erwähnten auf S. 182 folgen läßt. Um sie leichter und eingehender besprechen zu können, teile ich sie in fünf numerierte Abschnitte und unterstreiche einzelne Ausdrücke, auf die es mir besonders ankommt. Die von L. selbst unterstrichenen Worte stehen hier in Fettdruck.

1. „Wenn gefragt wird, wieviel Teile, Punkte ein gegebenes Kontinuum habe, so kommt es nicht darauf an, ein stoffliches Ding zu untersuchen; wir sondern nämlich die Ausdehnung als Denkobjekt von dem Substrat ab, und so stellt sich in allen Fällen eine Tätigkeit rein mathematischer Art heraus, und auch das Objekt gestaltet sich zu einem mathematischen. Die Teile oder Punkte eines Kontinuums, z. B. des Weges, den ein Punkt eines Pendels zurücklegt, sind ja keine Dinge, die der Empirie unterliegen.

2. Ob man aktuale Körper oder Wege oder gedachte, ob man reale oder vorgestellte oder mathematische Ausdehnung, wirkliche oder gedachte Bewegungen in den Kreis der Untersuchung zieht, macht grundsätzlich für die Frage nach der Menge der Teile u. dgl. keinen Unterschied, in allen Fällen wird ein Objekt untersucht, welches von vornherein ein mathematisches ist, oder durch die Tätigkeit der Abstraktion als solches gewonnen wird. Die Elemente des in Frage stehenden Kontinuums haben in dem einen wie in dem andern Falle dieselbe mathematische Existenz, sie sind in potentia.

3. Dies würde schon daraus folgen, daß jedes mathematische Objekt ein potentiales ist, daß alles, was sich aus einem solchen ableiten läßt oder sich durch logische Gliederung an ihm feststellen läßt, erst recht potenzialen Charakter hat, ist klar, braucht aber als Sonderstufe der Potenzialität nicht hervorgehoben zu werden.

4. Aus den angeführten Gründen ist es auch überflüssig, von der ‚Einführung' von Punkten u. dgl. zu reden, sie **sind** in dem angegebenen Sinne bereits **da**.

5. Freilich kann man die Reflexion auf das subjektive Voranschreiten, Bestimmen, Finden, Teilen u. dgl. lenken, aber der potenziale Charakter der Betrachtungsobjekte wird dadurch nicht erst geschaffen, die Elemente sind bereits darin und werden durch das Denken wohl **erfaßt**, aber nicht **erzeugt**. Das Gebiet des Potenzialen oder Möglichen hängt nicht von unserm **jeweiligen** Denken ab."

Bezüglich des Abschnitts Nr. 1 darf angemerkt werden, daß bei der Frage, „wieviel Teile ein Kontinuum (z. B. ein den Erben hinterlassenes Rittergut oder eine zu prüfende Erzschicht) habe", es sehr wohl auch „darauf ankommen kann, ein stoffliches Ding zu untersuchen", und daß es sich daher nicht gerade „in allen

Fällen“ bloß handelt um „eine Tätigkeit“, die „rein mathematischer Art“ ist. Doch dies nur nebenher. — Die Aussage, „das Objekt gestalte sich zu einem mathematischen“, kann irreführen. -- Sodann sei hier noch einmal auf S. 24 verwiesen, wo der große Unterschied erklärt ist, der bei einem Kontinuum beachtet werden muß zwischen dem, was man „Teil“, und dem, was man „Punkt“ desselben nennt.

Bezüglich des Abschnitts Nr. 2 trifft die Notwendigkeit dieser Unterscheidung ebenfalls zu. Außerdem aber ist noch ein anderer Unterschied zu betonen, derjenige nämlich, der besteht zwischen einerseits dem **Objekt** eines Gedankens, beispielsweise dem „corpus unius palmi“ des hl. Thomas, dem Wege des Merkur um die Sonne, der Blitzbahn, die ein elektrischer Funke im Lykopodium (Lichtenbergsche Figuren) erzeugt, dem Richtungswechsel einer Windfahne usw., und andererseits dem **Gedanken**, der sich mit diesem „Objekt“ beschäftigt. Die Frage, ob „potential“ oder „aktual“, betrifft sowohl jedes von diesen „Objekten“ eigens für sich, als auch jeden solchen „Gedanken“ eigens für sich. Die Möglichkeit oder Wirklichkeit von kontinuierlichen Körpern, kontinuierlichen Bewegungen, kontinuierlichen Richtungswechseln hängt nicht im mindesten ab von der Möglichkeit oder Wirklichkeit des Darandenkens. Falls das „Denken“ speziell im „Abstrahieren“ bestehen soll, so mag vor dem Vollzug des Denkakts bloß seine Möglichkeit behauptet werden, nach dem Vollzug aber liegt seine Wirklichkeit vor. Gleichgültig ist es dabei auch, ob das „abstrahierende“ Denken gerade ein „mathematisches“ ist oder irgend ein anderweitiges, z. B. ein ästhetisches oder gar ein technisches.

Im Abschnitt Nr. 3 liegt — gemäß der blank hingestellten apodiktischen Form, wie L. dort redet — ein eigenartiges Axiom vor, dessen Gedankeninhalt sich (unter Berücksichtigung des vorhin S. 189 erwähnten L.schen Satzes) in übersichtlicher Weise etwa folgendermaßen ausdrücken läßt:

Wenn das Objekt eines Gedankens von mathematischer Art ist, dann ist immer

1) der Gedanke an und für sich selbst betrachtet,
2) das Objekt des Gedankens,
3) alles, was sich aus diesem Objekt ableiten oder an ihm logisch feststellen läßt,

potentiell, ist möglich, ist nie aktuell, nie wirklich.

Von der Überzeugungskraft dieses Axioms [1]), das ich der eingehenden Erwägung des Lesers empfehle, gilt, was im früheren von der Überzeugungskraft der Axiome überhaupt gesagt worden ist.

Daß die „Potenzialität" sich nach L. in „Stufen" (niedrigeren und höheren) aufbaue, ist ebenfalls beachtenswert; manchem wird es verwunderlich sein.

Wenn L. im Abschnitt Nr. 4 sagt, die Punkte seien bereits da, so ist zur Erzielung genügender Klarheit zu fragen: **Wo** sind sie denn **da**? Außerhalb des denkenden Geistes? Oder innerhalb desselben als Gedankendinge? — In dem einen wie in dem andern Sinne kann die Aussage vom „da sein" aufgefaßt werden, und die eine Ortsangabe schließt die andere an und für sich nicht aus. Wo immer aber das Dasein behauptet wird, da wird damit, solange das Wort Dasein noch seinen angeborenen Sinn behält, nicht die bloße Möglichkeit, sondern die Wirklichkeit des „Daseienden" behauptet.

Bezüglich des Abschnitts Nr. 5 ist wieder auf den eben erwähnten Unterschied der beiden „wo?" hinzuweisen. „Der Charakter der Betrachtungsweise", nämlich ob „potential" oder

[1]) Leicht ist zu erkennen, wie der Inhalt dieses Axioms den eigenartigen Anschauungen und Aussagen Langenbergs Richtung gegeben hat. Daher sein Satz: „Jedes mathematische Objekt [und wäre es das Sphäroid der Erde, der Flug des Halleyschen Kometen oder einer Mörserkugel, die optische „Kraft" eines Linsen-, die elektrodynamische eines Stromsystems, der thermische „Effekt" einer Oxydation, der mechanische einer Stromschnelle, die Kristallographie der Soda, die Stöchiometrie ihrer Fabrikation usw.] ist ein potentielles Objekt" und entbehrt daher (wegen des nach Langenberg „ausschließenden Gegensatzes") der „Wirklichkeit".

„aktual“, ist, im Falle diese Objekte sich außerhalb des Betrachtenden befinden, von dem „subjektiven Voranschreiten“ der Betrachtung unabhängig. Sind die Objekte aber Gedankendinge des Betrachters, so hängt die Potentialität gerade von dem „jeweiligen Denken“ insofern ab, als jedes „Potentiale“ oder Mögliche durch den Akt der Verwirklichung zur „Aktualität“ gelangt. Hiervon sind Abstraktionen und andere Gedankendinge ebensowenig ausgeschlossen, wie die Erzeugnisse irgend einer nicht geistigen Werkstatt.

Um hierfür ein erläuterndes Beispiel anzuführen, greife ich noch einmal auf das „corpus unius palmi“ des Thomas zurück. Th. ließ jenes corpus in den zweiten Raumpalmus „subintrare“ durch allmähliches Verschieben. Dabei nahm der Körper unzählig viele Lagen, seine Vorderfläche unzählig viele verschiedene „Stellen im Raume“, „infinita loca“ ein, die ausnahmslos in dem zweiten räumlichen „palmus“ vorfindlich sein mußten, widrigenfalls der „Körper“ mit seiner Front sich nicht hätte „hineinschleichen“ können. Und von diesem ganzen Vorgang sagt Thomas ausdrücklich: „sensibiliter patet“, was ich durchaus zutreffend finde.

Nun möchte ich den Versuch durch eine Abänderung noch etwas augenfälliger machen.

Als „corpus“ diene ein Zinkstab von einem Meter Länge. Er wird auf eine Unterlage gelegt, die ein Kopfende des Stabes durch ein Widerlager festhält, das andere aber freiläßt. Der Stab werde, etwa durch Stromzuführung, allmählich erwärmt. Dann geschieht das „subintrare“ der Vorderseite genau so, als ob der ganze Stab verschoben würde, er dehnt sich nämlich aus. Die Erwärmung wird bis auf 400 Grad gesteigert. Der Stab ist nicht geschmolzen, seine Vorderfläche aber um ungefähr 12 Millimeter vorwärts gerückt.

Wieviele „Stellen im Raume“ hat sie während dessen „actualiter“ eingenommen?

„Infinita loca“ sagt Thomas; denn „inter quaelibet duo extrema loca sunt infinita loca media“.

Bei jeder einzelnen Lage der Vorderfläche hatte der Stab, da die Rückfläche liegen blieb, eine besondere Länge. Wieviele Längen hat er also in der Zwischenzeit gehabt? —

Hätte ich den Stab nicht erwärmt, so wäre jede dieser Längen eine für ihn mögliche gewesen, insofern er sie bekommen konnte durch den Akt einer hinreichend befähigten Ursache. Da nun aber infolge meines Willensentschlusses die zugeführte Stromenergie als nächste causa efficiens tatsächlich wirkte, so sind diese Längen nicht bloß mögliche geblieben, sondern wirkliche geworden, und zwar ausnahmslos alle.

Daß ich meinerseits unter den mancherlei Eigenschaften des Stabes nicht etwa die chemische Zusammensetzung oder das Gewicht oder die Farbe, die Härte usw., sondern die Ausdehnung, und diese nur in bezug auf eine Dimension in Betracht zog, daß ich von allen andern Besonderheiten abstrahierte, daß ich die einzig betrachtete Eigentümlichkeit des Stabes seine „Länge" nannte und diese Länge durch Messung und Zählung der Maßeinheiten „mathematisch"[1]) bestimmte, das schließt eine Reihe von Denkakten ein, aber durch diesen Umstand wird nicht im allermindesten etwas geändert an der Tatsache, daß der betrachtete Stab während der betr. Zeit ebensoviele verschiedene Längen gehabt, als seine Vorderfläche „loca" eingenommen hat. Diese Tatsache würde genau ebensogut bestehen bzw. bestanden haben, wenn überhaupt kein Mensch sich „mathematisch" mit ihr beschäftigt hätte. Was die mathematische Behandlung bewirkt, ist wohl unser Wissen um gewisse

[1]) Das „Langsein" ist nicht minder, wie z. B. das „Schwersein", „Hartsein", „Zähsein" eine Eigenschaft des betr. Körpers, die an und mit dem Körper wirklich ist. Jedes von diesen Worten bezeichnet eine besondere Art von „Wirklichem", von „Daseiendem". Die Mathematik besorgt daran weiter nichts, als daß sie mit Hilfe eines ihr eigenen Werkzeugs, nämlich der Zahlen, ein Hilfsmittel darbietet, um bei diesen Eigenschaften die Verschiedenheiten bequem vergleichbar zu machen. Das tut sie bezüglich der „Länge" nicht anders, als bezüglich der Schwere und Härte. Und sie tut es ganz unbeschadet der „Wirklichkeit" dieser Eigenschaften körperlicher Dinge.

Besonderheiten bei der Tatsache, nicht aber die Tatsache selbst. Beides: war es vor einem gewissen Zeitpunkte potential und „kommend", so ist es nach diesem Zeitpunkt aktual. Die Verwirklichung ist vollzogen. Und so oft der beschriebene Versuch von jemand wiederholt wird, hat die „Potentialität" die „Aktualität" zur zeitlichen Folge. —

Wiederum ebenso, wie das, was Thomas das „subintrare" in die „infinita loca" nennt, vollzieht sich beim nachherigen Ausschalten des Stromes allmählich auch das thomistische „deserere". Die ganze Menge von „Längen", die der „Körper" einmal gehabt hat, wird nun rückwärts von neuem „aktual" je für einen zugeordneten „locus" der Vorderfläche und je für ein zugeordnetes „nunc" in „tempore mensurante". Das „Denken" kann diese Tatsache „erfassen", allein da ihr Vollzug ein vom Denken unabhängiger ist, so kann das Denken dem „Betrachtungsobjekte" überhaupt keinen „Charakter" (davon redet L. in Nr. 5) aufprägen, weder einen „potentialen", noch einen „aktualen".

Außerdem aber ist darauf hinzuweisen, daß menschliches Denken an und für sich, auch mathematisches, solch einen „Charakter" in tausend Fällen wechselt, indem auf den „potentiellen„ der „aktuale" folgt. Ich brauche nur an das Denken über gewisse „Gesetze", „Prinzipien", „Probleme", „Methoden" usw. zu erinnern. In vielem, was diesen Namen trägt, steckt ein „Gedanke", der vor einem gewissen Zeitpunkte als „potential" bezeichnet werden darf, insofern an seiner Verwirklichung bloß noch ein menschlicher Willensakt bzw. eine Aufeinanderfolge von Willensakten fehlte, der aber dann durch den Eintritt der letzteren Aktualität erwarb, eine Aktualität, aus der sich nachher ungezählte andere Aktualitäten, gedankliche und auch physische, z. B. Produkte der Chemie, des Hoch-, Tief-, Berg-, Maschinenbaues usw. entwickelt haben. — Wäre ein gewisser „Gedanke" in der Seele Diesels nicht aktual geworden, so gäbe es heute keine Turbinendampfer.

Drittes Mengenbeispiel.

An letzter Stelle sollen hier bloß noch einige (von mir weiter numerierte) Sätze erwähnt werden, die bei Langenberg auf die vorhin angeführten (a. a. O. S. 182) folgen und lauten:

6) „Wieviel Punkte auf einem Kurvenabschnitt berührt ein sich bewegender Massenpunkt? Wieviele Punkte hat die Spitze eines Uhrzeigers nach Zurücklegung eines vollen Kreisumfanges durchlaufen? Wieviel Winkel haben die beiden Uhrzeiger (unter Annahme einer kontinuierlichen Bewegung!) [1]) gebildet?

7) Entfernen wir die ‚aktuale' Einkleidung (dies ist überhaupt bei sämtlichen, oft raffiniert konstruierten Beispielen in der Literatur zu empfehlen) so stellt sich die Frage heraus:

8) Wieviel Punkte oder Teile [!] hat ein gegebenes Kontinuum vom mathematischen bzw. philosophischen Standpunkte aus? Die Antwort wird sich je nach dem logischen Gesichtspunkte verschieden gestalten. Zunächst lautet sie: Das Kontinuum hat keine Teile..."

Vorab möchte ich ein Wort sagen über L.s Klammereinschaltung bei Nr. 7. Da L. dort vorgezogen hat, den oder die Namen der Leute, die so „raffiniert" (!) gehandelt haben) nicht anzugeben, so sei auch hier kein Name genannt. —

In dieser Nr. 7 spricht L. von der „aktualen Einkleidung", und an einer späteren Stelle (S. 183) sagt er noch, es werde „der Schatten der Aktualität über das Ganze ausgebreitet". Ich möchte fragen: Wieso ist das in Rede stehende „Aktuale" hier „Kleid"? Wieso ist es „Schatten"? — Vielmehr bildet gerade das Aktuale den eigentlichen Redegegenstand, den Kern der Sache! Und den soll man, um eine „mutatio elenchi" zu ver-

---

[1]) Langenberg selbst hat dieses Ausrufungszeichen dahin gesetzt. Warum? — Er scheint der irrigen Meinung zu sein, daß es für die Menge dieser Winkel einen Unterschied mache, ob die Zeigerbewegung „kontinuierlich" oder von Pausen (wie sie der Pendelschlag bewirkt) unterbrochen sei.

meiden, durchaus nicht beiseite schieben, nicht „entfernen", sondern festhalten und ihm strack, unverwandten Blicks ins Auge schauen!

Die Winkel der Uhrzeiger sind in ihrer „Aktualität", in ihrem „wirklichen" Vorhandensein sicht-, tast- und ausmeßbar, ebenso wie die Länge eines Lineals in ihrer Aktualität sicht-, tast- und ausmeßbar ist. Daß der Mathematiker sich mit diesen Dingen so oder so beschäftigen kann, und ob er es tut oder nicht, ändert an dieser „Aktualität" auch nicht das mindeste! — Die Neigung der Sonne gegen den Horizont ist etwas Aktuales. Sie wird als „Winkel" bezeichnet. Ihre je nach der Tageszeit wechselnde „Wirklichkeit" beobachtet auch der Indianer und verwertet sie mannigfach, obschon der Wilde keine Ahnung von der „Mathematik" hat. — Und hilft nicht die Wirklichkeit von Winkeln am Fixsternhimmel dem Ingenieur, in einen Berg von zwei Seiten so hineinzubohren, daß die Bohrungen in der dunklen Mitte aufeinanderstoßen? —

Nicht „Kleid" ist diese Aktualität, nicht „Schatten", sondern etwas tatsächlich Gegebenes, das der Mensch zum Gegenstande seines Gedankens machen kann, wenn er will, ebenso wie die Berge und die Sterne selber, und dessen er sich auf verschiedene Weise zu verschiedenen Zwecken bedienen kann. Bei einem Fixstern sind Rektaszension und Deklination, Farbe und Parallaxe aktuale, wirkliche Dinge. Daß letztere ein „Winkel" ist, aus dem der „Mathematiker" den Abstand des Sterns vom Beobachter errechnet, ändert an der Aktualität des Körpers und seiner Eigentümlichkeit nichts. Um 3 und um 9 Uhr stehen die Zeiger der Uhr „actualiter" senkrecht aufeinander. Nennt man diesen Richtungsunterschied einen „rechten Winkel", bezeichnet der „Mathematiker" ihn mit $\frac{1}{2}\pi$, teilt er ihn in 90 Grad, gibt er ihm einen sinus und cosinus bei und knüpft allerlei Formeln daran, so ändert das an der „Aktualität" des von den Zeigern in den angegebenen Augenblicken gebildeten Winkels gar nichts. Die betr. Zeigerstellung, ihr Richtungsunterschied, der „Winkel", den sie bilden, ist — „quod sensibiliter patet" — etwas Wirkliches. Und genau so ist auch in jedem beliebigen andern Augenblick der zugehörige Winkel etwas an dem Zifferblatt der Uhr wirklich Vorhandenes, ist als „wirklich vorhanden" der Beobachtung, der Empirie zugänglich. Daß die Fühlungnahme der Mathematik mit diesen Dingen bei letzteren eine plötzliche „Denaturierung", eine „Entwirklichung" zur verhängnisvollen Folge habe: wem ist das einleuchtend?

Und wo liegt der Grund, es zu behaupten? — Das mag wohl eine recht ernste Gewissensfrage sein! —

Sogar mit dem vom hl. Thomas erfundenen Einheitskörper bzw. im Gedankenanschluß an ihn läßt sich die „Aktualität der Winkel" vor Augen stellen.

Hängt man den stromdurchflossenen Zinkstab an zwei Drähten wagerecht auf, so bilden die Drähte soviel verschiedene Winkel miteinander, als der Stab beim Erwärmen verschiedene Längen bekommt. Noch augenscheinlicher aber wirkt das „corpus", wenn man an seinem freien Ende so, wie manche Kompendien es abbilden, einen „Fühlhebel" anbringt: dann führt der Stab automatisch die verschiedenen „Winkel", die seinen verschiedenen „Längen" entsprechen, dem Auge vor und mißt sie zugleich durch Zeigerverschiebung vor einem eingeteilten Quadranten. Auch hier handelt es sich wiederum nicht um „Kleid" oder „Schatten", sondern um sinnlich wahrnehmbare Wirklichkeiten. Wer diese Wirklichkeiten nicht bemerkt, wer sie mit Langenberg ins „Schattenland" verbannt, sie aus der Betrachtung „entfernt", hat damit eben den Gegenstand entfernt, der zur Betrachtung vorgelegt war, und auf den es am meisten ankommt! —

In der Sprache der Mengenlehre würde man sagen, es lägen hier vier verschiedene Mengen vor, deren Elemente einander eineindeutig zugeordnet sind. Jeder solche Quadrupel besteht aus den Mitgliedern: „nunc", „locus", „longitudo", „angulus". Die Zuordnung heißt „quot—tot", und die Reihenfolge der vier Glieder, die den Quadrupel bilden, ist beliebig.

Der Abschnitt Nr. 8 muß dem Abschnitt Nr. 6 zum unmittelbaren Vergleich gegenübergestellt werden.

Der Abschnitt Nr. 6 beginnt mit „Punkten“ und redet nicht von „Teilen“. Auch der Abschnitt Nr .7 redet noch nicht von „Teilen“. Der Abschnitt Nr. 8 beginnt damit, daß er „Punkte“ und „Teile“ nebeneinander stellt. Zum Schlusse aber spricht er nur noch von „Teilen“, und in einem langen Passus, der bei L. auf S. 183 dahinter kommt, ist lediglich von „Teilen“ die Rede. Auf diese Weise wird zuerst eine Verquickung heterogener Gebilde, dann aber eine völlige Verschiebung vollzogen. Von „Punkt“-Mengen braucht nicht zu gelten, was von Mengen gilt, deren Elemente „Teile“ sind, und ebenso umgekehrt.

Dargelegt ist das im früheren mehrfach und ebenfalls in meinem Buche über „Das Endliche und das Unendliche“. Auch in betreff der „Winkel“ halte ich es für genügend, auf die eingehenden Erörterungen in den Kapiteln XIV und XV dieses Buches zu verweisen, und glaube hiermit meine Besprechung der Meinungsäußerungen, die Langenberg an seine Auslegung der Lehre des hl. Thomas vom Unendlichen angeknüpft hat, beschließen zu dürfen. Wäre wohl noch einiges zu sagen über L.s Hinweis (a. a. O. S. 189) auf zwei besondere Stellen bei „Isenkrahe, Das Unendliche“, wie u. a. auch über gewisse Bemerkungen in betreff der „reinen Ausdehnung“ und der „potentia permixta actui“, so halte ich hierzu doch einen anderen Anlaß und einen anderen Zusammenhang für geeigneter.

## XV. Kurze Zusammenfassungen.

Als sprachliche Hilfsmittel eines Beweises dienen Worte und daraus zusammengefügte Sätze. Der Sinn der benutzten Worte wird vom Beweisenden entweder als gegeben betrachtet (Benutzung als Grundbegriff) oder durch Definition festgelegt (Benutzung als Arbeitsbegriff). Die Richtigkeit der vorkommenden Sätze wird entweder ohne Beweis vorausgesetzt (Benutzung als Axiom) oder eigens bewiesen. — Prüft man die Unterlagen eines Beweises, so gelangt man rückwärts schreitend (mit oder ohne die Zwischenstufe von bewiesenen Voraussetzungen) jedesmal zu axiomatisch hingestellten Aussagen. Diese haben keineswegs immer einen allgemeinen Inhalt, sondern können auch ganz „singuläre Urteile" sein. Und die genaue Zergliederung solcher Letztaussagen führt (mit oder ohne die Zwischenstufe der definierten Arbeitsbegriffe) stets zurück auf Begriffe, die als Grundbegriffe verwendet werden. — Alles Vertrauen, das der Beweisende selber in die überzeugende Wirkung seines Beweises setzt, kann er nur stützen einerseits auf die Geltung und Kraft der von ihm benutzten sachlichen Unterlagen, andererseits auf die Geltung seiner eigenen Person als Instanz für die Verläßlichkeit der ohne Beweis hingestellten Aussagen. Unter dem letzteren Gesichtspunkte ist in der Wissenschaft da, wo es sich um Beweise handelt, überhaupt die Geltung eines Mannes zu beurteilen, und so auch insbesondere der Name des Thomas von Aquin als eines der bedeutendsten Denker, die je gelebt haben. — Eine genaue und planmäßig durchgeführte Untersuchung seiner Lehre hat sich die bestimmte Herausschälung der von ihm benutzten Axiome, Definitionen und Grundbegriffe zum Ziel zu setzen. Soll die Untersuchung ohne Voreingenommenheit geschehen, so muß man bei Thomas ebenso wie bei jedem andern älteren oder neueren Schriftsteller das vorliegende Material — ob lieb oder leid — so belassen, wie man es gegeben findet und sich hüten, ihm irgend einem Wunsche zulieb in sprachlicher wie in sachlicher Hinsicht eine besondere Bedeutung zu nehmen oder aufzuzwingen. Derartige Bemühungen sind, wo sie erkennbar werden, überall zu tadeln.

### Erste Abteilung: Der unkörperliche Raum.

1. Die logische Grundlage aller Erörterungen über das Unendliche bildet der Begriff „Ende oder Grenze", „finis oder terminus", „*πέρας*" oder „*τέλος*". Aristoteles definierte ihn. Als Grundbegriffe verwendete er dabei namentlich: *ἔσχατον*, *ἔσω* und *ἔξω*. Thomas benutzte, soweit ersichtlich, diese Definition, und eine Reihe von Philosophen schlossen sich ihm mehr oder weniger bewußt und mehr oder weniger genau an.

2. Killing erweiterte in seiner preisgekrönten „Einführung in die Grundlagen der Geometrie" den Begriff der „Grenze" durch Hinzufügung der gemeinschaftlichen Grenze mehrerer Gebilde, schärfte ihn zu und entwickelte ihn mannigfach weiter. Ich selbst gab in meinem Buche über „Das Endliche und das Unendliche" im Anschluß an Killing der Definition des Grenzbegriffs eine genaue Form. Den wichtigen Satz, daß bei jedem räumlichen Gebilde einerseits und dem zugehörigen Grenzgebilde andererseits die Anzahl der „Dimensionen" eine ungleiche ist, hatte Thomas schon in der Hand, sprach ihn aber nicht aus. Killing stellte ihn auf und gab ihm eine mathematisch scharfe Form. Unmittelbar daran knüpfte er noch einen zweiten, ebenso wichtigen Satz über die gleiche Anzahl der Dimensionen eines ausgedehnten Ganzen und seiner Teile. Durch dieses Sätzepaar Killings ist der Unterschied zwischen den Grenzgebilden (z. B. Punkten) und den Teilen eines Kontinuums mit aller Genauigkeit grundgelegt. Die bei Philosophen vielfach vorgekommene Außerachtlassung dieser fundamentalen Verschiedenheit hat zu folgenschweren Fehlern geführt.

3. Was die Unendlichkeit unkörperlicher räumlicher Gebilde betrifft, so stimmt die Auffassung des hl. Thomas mit der modernen Mathematik darin überein, daß ein räumliches Gebilde zugleich in einer Hinsicht endlich und in anderer Hinsicht unendlich sein könne. Ferner darin, daß (um mich der Ausdrucksweise Langenbergs zu bedienen) „es in der ein- und zweidimensionalen Ordnung beliebig viele unendliche Dinge geben könne". In dieser Aussage stecken vier Axiome, deren inhaltliche Verschiedenheit durch folgende Trennung deutlich wird:

1. Eindimensionale Raumgebilde dürfen als unendliche in Betracht gezogen werden.
2. Unendliche eindimensionale Raumgebilde dürfen in beliebiger Anzahl in Betracht gezogen werden.

3. Zweidimensionale Raumgebilde dürfen als unendliche in Betracht gezogen werden.
4. Unendliche zweidimensionale Raumgebilde dürfen in beliebiger Anzahl in Betracht gezogen werden.

Aus diesen — auch modern geometrischen — Unterlagen läßt sich aber, wie in einer streng geordneten Folge von Schlüssen gezeigt wird, für den „von Thomas nicht eigens behandelten dreidimensionalen unkörperlichen Raum" der Satz ableiten, daß ein dreidimensionales räumliches Gebilde ebenfalls als unendlich in Betracht gezogen werden kann, sowie auch deren beliebig viele, falls sie nicht zugleich nach allen Seiten hin unendlich sind. Diese Einschränkung fällt aber weg, wenn sich die Anzahl der Dimensionen des Raumes um eine Einheit erhöhen läßt.

**Zweite Abteilung: Die Körperwelt.**

4. Bezüglich der körperhaften räumlichen Gebilde verficht Thomas den Satz: „Impossibile est, aliquod corpus naturale infinitum esse." Sein Beweis gründet sich einerseits auf terminologische Festsetzungen, andererseits auf physikalische Axiome. Die Terminologie verwendet vornehmlich die Worte: corpus, finis, terminus, figura und superficies. Als Definition von „figura" kann der Satz gelten: „Est enim figura, quae termino vel terminis comprehenditur." Hier spielt „terminus" die Rolle eines Grund-, „figura" die eines Arbeitsbegriffs. Faßt man den Satz: „Superficies est terminus corporis finiti" als Definition auf, so dienen terminus, corpus und finis als Grundbegriffe, während superficies als definierter Arbeitsbegriff herauskommt. Gilt aber umgekehrt superficies als ein durch die Anschauung oder sonstwie gesicherter Grundbegriff, so enthält der Satz: „omne corpus superficiem habet" eine Definition des Arbeitsbegriffs „corpus" in dem Sinne: Was keine „superficies" hat, wird nicht „corpus" genannt. Letztere Definition drückt Langenberg aus in der Form: „Jeder Körper muß seinem Begriffe [!] nach eine Oberfläche haben",

und fügt noch die Einschränkung hinzu, unter „Oberfläche“ sei „etwas Geschlossenes“ zu verstehen. — Stimmt das zwar mit gewissen modernen Anschauungen nicht überein, so mag es doch wohl der Auffassung des Thomas entsprechen. Dann haben wir als terminologische Unterlage seines Beweises die Definition:

> Unter einem Körper (sei es ein materieller, sei es ein mathematischer) ist zu verstehen ein Gebilde, das von einer zusammenhängend geschlossenen Fläche umgrenzt wird.

Hinzu kommen als physikalische Beweisunterlagen zwei Axiome, die sich folgendermaßen aussprechen lassen:

1. In der materiellen Welt (im Kosmos) gibt es Dinge D von der kennzeichnenden Eigenschaft, daß jedes für sich („Körper“ genannt) bloß innerhalb einer zusammenhängend geschlossenen Raumfläche Dasein hat.

2. Materielle Dinge, denen das Kennzeichen der Dinge D nicht eigen ist, gibt es im Kosmos nicht.

Daß diese „Terminologie“ und diese Axiome miteinander den Schluß auf die räumliche Endlichkeit jedes „corpus naturale“ formell erzielen, liegt auf der Hand.

In der modernen Naturlehre hat nicht nur der Begriff „superficies“ seine bei Thomas vorausgesetzte Festigkeit verloren, sondern es wird namentlich auch die Zuverlässigkeit des Axioms Nr. 2 in Frage gestellt.

5. Noch auf sonstige Weise, nämlich mit andern terminologischen und axiomatischen Hilfsmitteln, will Langenberg das erstrebte Ziel erreichen. In den Vordergrund stellt er die Arbeitsbegriffe „Individuum“ und „bestimmen“. Der erstere war bereits von Thomas mit Hilfe des Grundbegriffs „distinguere“ definiert worden durch die Erklärung: damit irgend ein Etwas die Bezeichnung „Individuum“ verdiene, müsse es zwei Forderungen erfüllen, nämlich erstens „in sich ununterschieden“ sein. Damit sind augenscheinlich alle Sammelbegriffe ausgeschlossen. Zweitens müsse es von allen andern Etwassen

verschieden, dürfe also mit sonst nichts vertausch- oder verwechselbar sein. — Dieser Definition haben sich mehrere Philosophen, namentlich hinsichtlich der zweiten Forderung, angeschlossen.

Der Sinn des Wortes „bestimmen" ist ebenfalls mit dem Grundbegriff „distinguere" und durch dessen Vermittlung dann auch mit dem Begriff „Individuum" verknüpft, aber durch ein sehr dehnbares, sehr verschieden beurteiltes Band.

Daß es überhaupt gelingen könne, irgend ein Etwas bis zum „Individuum", das heißt also bis zur restlosen Unverwechselbarkeit zu „bestimmen", wird von Vertretern der Philosophie teils bestritten, teils unter Benutzung von Orts- und Zeitangaben behauptet, teils zu guter Letzt Gott anheimgegeben. —

Was Thomas betrifft, so läßt sich aus seinen Äußerungen über den Arbeitsbegriff „Individuum" wiederum einerseits eine terminologische Festsetzung, eine „Definition", andererseits eine physikalische Aussage, ein „Axiom" herausschälen und unterscheiden. Die Definition bildet in der Reihenfolge die zweite und lautet, wie vorhin angegeben:

> Unter einem Individuum ist zu verstehen ein Etwas, das in sich ununterschieden, von jedem sonstigen Etwas aber unverwechselbar verschieden ist.

Das physikalische Axiom bildet in der Reihenfolge das dritte und hat den Inhalt:

> Jeder materielle Körper ist durch irgend etwas unverwechselbar unterschieden von allen, was sonst noch existiert; kurz: er existiert individuell.

Wer nun aber bei diesem Axiom sich schon am Ziele glaubt und unmittelbar auf die „räumliche Begrenztheit" des Körpers schließen wollte, würde einen logischen Sprung machen. Denn die Aussage von der individuellen Unverwechselbarkeit ist nicht gleichbedeutend mit der Aussage von der räumlichen Begrenztheit, obschon die Verwandtschaft der Ausdrücke: „distinguere, dividere, terminare, unterscheiden, trennen, begrenzen“ den Schein einer Übereinstimmung in der Bedeutung hervorbringen kann. In der Mathematik ist der Begriff „eindeutig bestimmt“ oder „unverwechselbar bestimmt“ ein ganz anderer als der Begriff „räumlich begrenzt“. Langenbergs Äußerungen aber legen die Annahme nahe, daß er aus der seinerseits so eigenartig betonten „Individualexistenz“ einen unmittelbaren Schluß ziehe auf die räumliche Begrenztheit. Außerdem aber schlägt er sich mit Hilfe des Grundbegriffs „Abstand“ eine Brücke in Gestalt eines Axioms, das mathematisch geformt lauten würde:

> Wenn von einem unverwechselbar gegebenen Raumpunkte A, der einen Massenpunkt beherbergt, auf einer unverwechselbar gegebenen Geraden nach einer unverwechselbar gegebenen Richtung hin ein zweiter Raumpunkt B, der ebenfalls einen Massenpunkt beherbergt, einen unendlichen Abstand hat, dann ist der Ort des Punktes B verwechselbar mit andern Orten, und der Meßwert des Abstandes AB ist verwechselbar mit andern Werten.

Wer — wie namhafte Mathematiker es getan haben — den in diesem Axiom liegenden Gedanken nicht anerkennt, wird urteilen, daß Langenbergs Übergang von der Individualexistenz zur räumlichen Begrenztheit in der Tat einen logischen Sprung bedeutet.

6. Der Versuch, bei dem Einzelkörper von seiner „Individualexistenz“ zur „räumlichen Begrenztheit“ überzuschreiten oder zu springen, würde, selbst wenn er einwandfrei gelänge, immer noch zu keiner Entscheidung über die Begrenztheit des Kosmos verhelfen. Letztere erstrebt Langenberg, indem er das, was er „Bestimmtheit nach Zahl und Größe“ nennt, ohne weiteres aussagt von „jedem in der Natur vorkommenden Individuum oder einer Sammlung solcher“, somit vom „Individuum“ unvermittelt auf das Kollektivum springt. Bei diesem Verfahren stützt er sich, soviel ich sehe, nicht auf Thomas. Dafür, daß Thomas

den Sprung nicht gemacht hat, spricht einerseits seine Definition des Begriffs „Individuum", andererseits ein von ihm geäußerter Gedanke über die zwei einzigen Arten von Bewegung, die ein ins Unendliche ausgedehnter Körper machen könne.

Unvermittelt zum Kollektivum hinüber schreitet L. an anderer Stelle mit den Worten: „Die Individualexistenz mit ihren Folgen müssen wir auch beim Kosmos annehmen," ferner da, wo er sein „Abstandsaxiom" verallgemeinert und sagt: „Was für zwei beliebige Massenpunkte gilt [nämlich, daß sie nur einen begrenzten Abstand haben können], ist entsprechend auch vom Kosmos auszusagen." Mit dieser Beifügung ergänzt L. das Abstandsaxiom durch einen axiomatischen Zusatz, der eine Beziehung des Kosmos zum Raume ausdrückt, aber nicht mit genügender Klarheit ausgesprochen ist. Wie ließe sich der in eine genauere Form bringen? — Wollte man sagen: „Es gibt eine Grenze desjenigen Raumes, der Massenpunkte beherbergt," so würde man eben das, was noch erst bewiesen werden muß, axiomatisch schon vorausgesetzt haben. Um unter Vermeidung dieses Fehlers der Sache eine Unterlage zu geben, könnte man das Zusatzaxiom in die Worte kleiden:

> Es ist ein vollziehbarer bzw. ein zutreffender Gedanke, daß der Raum — oder daß dessen Aufnahmefähigkeit für Massen — nicht hinausreiche über eine vorhandene rings geschlossene Grenzfläche.

Mit der Aufstellung eines solchen Axioms hat man aber ein Gebiet betreten, auf dem die hervorragendsten Philosophen und Naturforscher von alter Zeit bis auf den heutigen Tag in heftigem Kampfe liegen. Allgemeiner Beifall für ein solches Axiom ist gar nicht zu erwarten.

### Dritte Abteilung: Mengen bei Thomas.

7. Der Übergang vom Einzelkörper zum Kosmos kann vermittelt werden durch den Begriff der „Menge". Soll das geschehen,

so ist zunächst die Änderung zu beachten, die in diesem Falle die Begriffe „endlich—unendlich" erfahren. Nicht in der ursprünglichen Bedeutung werden sie dann verwandt, sondern in einer übertragenen. Die Sinnunterlegungen dieser Worte müssen also sorgfältig unterschieden werden, was in gewissem Umfange auch schon bei Thomas geschehen ist. Seine Gedanken und Entwicklungen (die mir bei Abfassung meines mehrerwähnten Buches nicht vorlagen) treten in meinen Darlegungen teils in einer zugeschärfteren Form, teils in systematischer Vereinfachung auf, dazu noch mit einigen sachlichen Erweiterungen, z. B. in bezug auf gekrümmte Raumformen, die „endliche" Gebilde sind, ohne ein „Ende" zu besitzen, und von denen Thomas, soviel ich gefunden habe, nicht redet.

Der Sinn des Wortes „endlich" ist entweder erstens — unmittelbar anknüpfend an das ἔσχατον des Aristoteles und an die Definition des Begriffs „Ende" — der „ursprüngliche", oder zweitens — anknüpfend an den Begriff der Vermehrbarkeit — ein „metaphorischer", oder drittens — anknüpfend an die Vornahme von Meß- oder Zählakten — ein „kausal metonymischer". Diese letztere Sinnunterlegung trifft zu bei den „Mengen".

8. Die bei Thomas vorliegende Kennzeichnung des Begriffs „Menge" findet sich bei der neueren Mathematik in etwas zugeschärfterer Form vor. — Bezüglich der „Endlichkeit" einer Menge kommt es darauf an, ob letztere aus ausgedehnten oder nichtausgedehnten Elementen besteht. Wenn aus ausgedehnten, so ist das aristotelische ἔσχατον, das ἔσω und ἔξω, sowie Killings Grenzauffassung in Betracht zu ziehen. Eine einschlägige von E. Hartmann kundgegebene Anschauung entspricht nicht den exakten Anforderungen. Wenn aus nichtausgedehnten Elementen, so ist die Endlichkeit metonymisch zu nehmen. „Unendlich" darf eine Menge dann genannt werden, wenn ihre Eigenart dem Zählenden die Überzeugung aufnötigt, daß hinter jedem beliebigen gezählten

Element in ihrem Vorrat immer noch ungezählte übrig bleiben.

Nun stellt Thomas die Behauptung auf: „Impossibile est, esse multitudinem infinitam actu“ und bietet dafür zwei Beweise dar. Beim ersten dient ihm zur terminologischen Stütze eine weitere Definition, die in der Reihenfolge die dritte ist. Den Arbeitsbegriff „numerus“ definiert er nämlich mit den Worten:

„numerus est multitudo mensurata per unum“,

wonach die „Zahl“ bei ihm von vornherein etwas fertig Gemessenes und somit „Endliches“ bedeutet. Diesem terminologischen Gebot ordnet er dann auch die „Menge“ unter mit der Aussage: „species multitudinis sunt secundum species numerorum“.

Mögen nun in dieser Terminologie noch mancherlei Unklarheiten stecken, so leidet es doch keinen Zweifel, daß sie überhaupt sachlich wertlos wäre, wenn Thomas ihr nicht auch einen physikalischen Sinn beigemessen hätte. Wendet man seine terminologischen Festsetzungen an auf die materielle Welt, so ergibt sich daraus als viertes physikalisches Axiom der Satz:

Alle im Kosmos vorhandenen Dingmengen haben die Eigenschaft, daß sie der Zählung ihrer Elemente ein Ende aufzwingen.

Hiernach ersieht man leicht, daß die vorgelegte These:

„Impossibile est, esse multitudinem infinitam actu“,

insofern sie nicht im Terminologischen stecken bleiben, sondern einen kosmischen Inhalt haben soll, in der Tat von Thomas hier nicht eigentlich bewiesen ist, da ja die Voraussetzung den Inhalt der Behauptung schon axiomatisch in sich enthält.

Bei Langenbergs Auslegung dieses ersten Beweises ist eine gewisse Verschiebung des thomistischen Gedankenganges erkennbar. —

Der zweite Beweis des hl. Thomas für obige These ruht in letzter Instanz auf der wiederum axiomatisch hingestellten Grundlage:

Die Welt ist erschaffen worden, und zwar von einem Wesen, dem es unmöglich war, nicht restfrei abzählbare Mengen materieller Dinge zu erschaffen.

Langenbergs Auslegung desselben zieht durch den Ausdruck „unbestimmtes Objekt“ das „Abstandsaxiom“ in die Sache hinein.

9. Die Frage, ob die im Kosmos vorhandene Menge von Einzeldingen „endlich“, d. h. „restfrei abzählbar“ sei oder nicht, erscheint dem Naturforscher als eine „quaestio facti“, eine Tatsachenfrage, deren Entscheidung (da sie ja nicht Gegenstand einer „Offenbarung“ ist) auf kosmischem Gebiet zu erstreben, nicht schon mit gewissen Darbietungen der „Metaphysik“ geleistet sei. Nun erhob Langenberg gegen „einige Jünger der exakten Wissenschaft“ den Vorwurf antiapologetischer Voreingenommenheit. Beeinflußt seien sie nämlich durch die Absicht, das sogenannte „Entropieargument“ zu entwerten. — Ist diese Unterstellung als Waffe schon bedenklich wegen ihrer Zweischneidigkeit, so kann ihr im vorliegenden Falle gegenübergehalten werden, daß die Unbegrenztheit des Kosmos behauptet worden ist von Naturforschern und Philosophen, die den Entropiebeweis noch gar nicht gekannt haben, und von solchen, die sie mit dem Entropiebeweise vereinbar finden. Ferner, daß sie behauptet worden ist und wird von solchen, die zugleich ihren Glauben an die Welterschaffung durch Gott offen bekannt haben, und von solchen, die sie gerade aus den Attributen dieses Schöpfers herleiten wollen.

Aus diesem Vorkommnis entnehme ich den Rat, man möge bei Beurteilung kosmischer Untersuchungen mit der Unterstellung von „Tendenzen" vorsichtig sein und das Streben vor allem auf die Erkundung und genaue Darstellung der sachlichen Unterlagen richten.

10. Mit der Auffassung der modernen Mathematik stimmt es überein, daß Thomas aussagt, zwischen zwei beliebigen „nunc", zwei beliebigen „puncta" und zwei beliebigen „loca" gebe es unendlich viele nunc, puncta, loca. Diese verknüpft er untereinander durch einen Gedanken, den man heutzutage als „eineindeutige Zuordnung" bezeichnet. Die im Raume vorhandenen „loca" benutzt er dabei als voneinander verschiedene Herbergen, in die ein „Körper" eintreten, und die er auch wieder verlassen könne. Demgemäß schreibt er dem Raume ein vom Dasein der Körper unabhängiges Dasein zu. In dieser Auffassung stimmen Aussprüche des Thomas mit der Anschauung Newtons und der modernen Realisten überein. Nichtübereinstimmung hingegen liegt vor hinsichtlich eines „motus non continuus" und einigen Verwendungen des seit Aristoteles schon umstrittenen Begriffs der „δύναμις" bzw. „potentia".

Die Tatsache der Körperbewegung erzwingt den Begriff des Orts-Wechsels und damit die Forderung einer Verschiedenheit von Orten. Thomas benutzt diese Verschiedenheit ohne nach Sinn und sachlicher Unterlage derselben eigens zu fragen. Ebenso wie mit der Verschiedenheit der „loca" verfährt er auch mit der Verschiedenheit der „nunc". Damit läßt er den eigentlichen Kern des Raum- und Zeitproblems unerörtert. Dieser wird festgelegt durch das Doppel-Axiom: Im Welt-Dasein geben sich uns Etwasse kund, die wir „Orte" bzw. „Raumpunkte" nennen, und die an sich genommen untereinander verschieden sind, ohne daß zur Beschreibung dieser Verschiedenheit kennzeichnende Worte zur Verfügung ständen. Ebenso gibt es im Welt-Geschehen Etwasse, die wir „Zeitpunkte" oder „Augenblicke" nennen, und über deren Verschiedenheit das Gleiche auszusagen ist. — Auf dieses Axiom stützt sich eine zugeschärfte Definition des Raumes.

11. Wenn Thomas den unbestimmten Sinn des im Worte „potentia" enthaltenen Hilfszeitworts „posse" durch Beifügung der Hauptverba „dividere", „augere", „addere" genauer festlegt und in dieser Fassung auf „Mengen" anwendet, dann entsteht der Begriff der endlos vermehrbaren (heutzutage als „indefinit" oder „uneigentlich unendlich" bezeichneten) Menge, wie er bei der Teilung eines Kontinuums herauskommt, und wie ihn auch die moderne Mathematik vertritt. Wenn Thomas aber auch dem Punkt-Besitz eines Kontinuums (der in gar keiner notwendigen Abhängigkeit vom „Teilen" steht) die Einschränkung des „in potentia" aufzwingt, so widerspricht ihm die Mathematik. — „A parte rei" (wie Gutberlet sich ausdrückt) ist diese Menge eine aktual unendliche. Neben ihr steht „a parte sumentis" eine potentiell unendliche, indefinite Menge, nämlich die Menge der Inbetrachtnahmen. Es liegen somit zwei verschiedene Mengen gleichzeitig vor; die Auffassung des Thomas erfährt dadurch eine sachlich notwendige Ergänzung. —

Um die „multitudo actu infinita" abzuwehren, führt Thomas noch drei besondere Erwägungen ins Feld, ohne aber sein Ziel auf einwandfreie Weise zu erreichen. Beim ersten und zweiten Vorgehen benutzt er Beispiele, deren Verallgemeinerung ungenügend begründet ist; bei der dritten Methode legt er dem Beweise ein „Mengen-Axiom" unter, welches das Demonstrandum schon in die Voraussetzung schiebt. —

Im Hinblick auf ein von Thomas mit seinem „corpus unius palmi" vorgeführtes Experiment sowie auf Ergebnisse der neueren Mathematik erscheint es nötig, die übliche aristotelisch-scholastische Definition des „infinitum" von einer darin noch vorhandenen Unbestimmtheit durch Zuschärfung zu befreien.

**Vierte Abteilung: Mengen bei Langenberg.**

12. Langenberg zeigt eine eigene Art, die Begriffe „actus" und „potentia", auf die er besonders großen Nachdruck legt, aufzufassen und auf Mengen anzuwenden. Sein Standpunkt läßt aber Veränderungen erkennen. Bei seiner ersten Stellungnahme nimmt er in den Umfang des Begriffs „actus" oder „Wirklichkeit" (unter der Bezeichnung: „das objektiv Existierende") uneingeschränkt die „Substanzen" nebst deren „materiellen und immateriellen Eigenheiten und Tätigkeiten" auf. Zwischen dem „actus" und der „potentia" behauptet er einen „ausschließenden Gegensatz" und bringt diesen in eine unmittelbare Beziehung zu jenem zeitlichen Gegensatz, der besteht zwischen dem, was in der Gegenwart geschieht oder in der Vergangenheit geschehen ist, und dem, was in der Zukunft noch „kommt". Zur Erklärung des Begriffs „potentia" zieht er den Anfang einer Thomasstelle heran, in der von der „potentia opinandi vel imaginandi vel quocunque modo significandi" die Rede ist, und verwendet diese Worte später, um eine besondere Beziehung der „potentia" zu den „gedachten Wesenheiten" zu begründen. Vom Schluß dieser Thomasstelle sieht er ab, sieht ferner ab von der Wirksamkeit des Subjekts und deren Wirklichkeits-Folgen, faßt nur die Beziehung des Potenzbegriffs zum Objekt ins Auge und gelangt so zu der „inneren Widerspruchslosigkeit des Objekts" als kennzeichnender Eigenschaft der Potentialität. Diese Kennzeichnung bringt aber erstens keinen „ausschließenden Gegensatz" zwischen „actus" und „potentia" hervor, zweitens bedeutet sie eine zwar notwendige, aber noch keine hinreichende Voraussetzung für die „Möglichkeit" eines Objekts. Dabei fehlt nämlich noch die Bezugsetzung zum Kausalgesetz, die von andern Philosophen mit Recht hinzugenommen zu werden pflegt, und die auch zur Kennzeichnung des „ausschließenden Gegensatzes" (unter Bei-

fügung zeitbezüglicher Angaben) ein brauchbares Mittel liefern kann.

**13.** Eine Abkehr von der anfänglichen Stellungnahme tritt in Langenbergs Äußerungen erst nach und nach hervor. Einerseits deutet die Ausschaltung derjenigen Wirklichkeiten, die zufolge der Fähigkeiten des Subjekts entstehen, darauf hin, andererseits der Verzicht auf das temporale Hilfsmittel zur Herstellung des „ausschließenden Gegensatzes" zwischen actus und potentia. Diesen Gegensatz sucht L. statt dessen in der „Natur" und „Wesenheit" der Objekte. Er redet von Objekten, die „ihrem Wesen nach potentiell bleiben". Als diejenige „wesentliche" Eigenschaft aber, die ein Ding in der Potentialität festhalten und am Erwerb der Aktualität hindern soll, wird — anschließend an das abgekürzte Zitat aus Thomas — die „Gedachtheit", die Gedankennatur des Objekts hingestellt. Diese Stütze bietet jedoch keinen Halt. Thomas kann für solche Absonderung nicht verantwortlich gemacht werden, da er seinem „opinari" und „imaginari" selber schon sofort verallgemeinernd das „quaecunque facere potest" beigefügt, die Gedankendinge also an jener Stelle keineswegs vorgeführt hat als Objekte, die zum Begriff der „potentia" in irgend einer **besonderen** Beziehung ständen. —

Daß auch Gedankendingen Aktualität zukommen kann und mit Recht beigelegt wird, zeigt eine Reihe von Beispielen und von Urteilen namhafter Philosophen. — Will man gewissen Dingen oder Dinggruppen den Erwerb der Aktualität versagen, so muß man ihnen in gleichem Umfange auch die „Potentialität" aberkennen.

**14.** Hat Langenberg die „Potentialität" — absehend von ihrer Beziehung zur Zeit und zum Kausalgesetz — als eine „wesentliche", eine „bleibende" Eigenschaft gewisser Gegenstände dargestellt, so findet er dementsprechend auch in Betreff der „Unendlichkeit", daß diese nur von Gegenständen („Substantiven") auszusagen sei. Dabei läßt er außer acht, daß das Wort „unendlich" bei seiner Anwendung auf Mengen in einer übertragenen Bedeutung steht und die erforderliche Klarheit gewinnt nicht durch Beifügung eines Ding-, sondern eines Zeitwortes.

Bezüglich der Zahlen-Menge führt L. einen Ausspruch des Thomas an, bei der die „Unendlichkeit" behauptet wird ohne den Zusatz: „in potentia", was L. auf die Selbstverständlichkeit der „Potentialität" bei „abstrakten Dingen" (Gedankendingen) zurückführt. Diese Grundangabe findet sich in der betr. Thomasstelle nicht vor.

Bei Inbetrachtnahme eines konkreten Körpers sondert L. die auf dessen räumliche Ausdehnung bezüglichen „Denkgegenstände" ab, verweist sie ohne weiteres in das Gebiet des „Potentialen" und verweigert ihnen auf diesen Grund hin jede „Aktualität". Richtiger wäre gewesen, bei den Gedankendingen nicht minder wie bei den konkreten die Aktualität, statt sie von vornherein auszuschalten, vielmehr von dem Zutreffen der notwendigen und hinreichenden Bedingungen abhängig zu machen. — Jedenfalls aber setzt sich jeder, der der Zahlenmenge die aktuale Unendlichkeit einfach aberkennt, in Gegensatz zur Auffassung der modernen Mathematik, wie sie in Äußerungen ihrer hervorragendsten Vertreter dargelegt ist. —

Langenberg geht noch einen Schritt weiter indem er der mathematischen Betrachtung eine eigenartige **Einwirkung** zuschreibt auf die Dinge, de ihr unterliegen. Die Anschauung, daß den Gedankendingen ihrem „Wesen" zufolge der Erwerb der Aktualität versagt bleibe, baut er noch aus durch ein besonderes Potentialitäts-Axiom, welches die Behauptung ausspricht:

> Wenn das Objekt eines Gedankens von mathematischer Art ist, dann ist nicht nur der Gedanke an sich selbst, sondern damit auch das Objekt des Gedankens, sowie

alles, was sich aus diesem Objekt ableiten oder an ihm logisch feststellen läßt, nur potential, nur möglich, nie aktual, nie wirklich.

Demnach würde sich an gewissen bei wirklichen Dingen vorhandenen wirklichen Eigenschaften oder Zuständen ein eigenartiger Vorgang vollziehen als Folge ihres Kontaktes mit einer mathematischen Betrachtung. Nach Eintritt dieses Kontaktes soll jene Wirklichkeit nur mehr als „Kleid" und „Schatten" gelten können, die betrachteten Objekte aber (z. B. tatsächliche Lagen, Längen, Richtungen, Winkel) sollen in Gesellschaft der übrigen Gedankendinge dem Reich des Potentialen, des bloß „Möglichen" verfallen sein.

Die Unhaltbarkeit dieser Anschauung wird verdeutlicht durch eine physikalische Weiterführung des von Thomas erfundenen Experiments mit dem „corpus unius palmi", sowie durch den Hinweis auf zahlreiche mathematische Gedankendinge, deren eigene unleugbare Wirklichkeit dadurch erhärtet wird, daß sie eine unabsehbare Menge von andern Wirklichkeiten tatsächlich zur Folge gehabt hat.

Weitere Ausführungen Langenbergs über „Mengen" lassen die strenge Scheidung zwischen solchen, deren Elemente Teile, und solchen, deren Elemente Punkte eines Kontinuums sind, vermissen. Die Verquickung beider widerspricht den Sätzen Killings, bewirkt Unklarheit und verleitet zu irrigen Folgerungen.

Trier, im Februar 1918.

---

## Verzeichnis der angeführten Schriften.

Arrhenius, Svante: „Die Vorstellung vom Weltgebäude im Wandel der Zeiten". Leipzig 1908.

Auerbach, Felix, Prof. Dr., und Rothe, Rudolf, Prof. Dr.: „Taschenbuch für Mathematiker und Physiker". Leipzig 1909, 1911, 1913.

Becher, Erich, Prof. Dr.: „Weltgebäude, Weltgesetze, Weltentwicklung". Berlin 1915.

Börner, H., Dr.: „Lehrbuch der Physik". 2. Aufl. Berlin 1898.

Boscowich, Roger, Joseph, S. J.: „Philosophiae naturalis Theoria, redacta ad unicam legem virium in natura existentium". Wien 1759.

Cantor, Georg, Prof. Dr.: „Grundlagen einer allgemeinen Mannigfaltigkeitslehre". Ein mathematisch-philosophischer Versuch in der Lehre des Unendlichen. Leipzig 1883.

— „Über die verschiedenen Standpunkte in bezug auf das Aktualunendliche". Abhandlung in der Monatsschrift: „Natur und Offenbarung". München 1886, S. 46—49.

— „Zum Problem des aktualen Unendlichen". Abhandlung in „Natur und Offenbarung", 1886, S. 226—233.

Chrysostomi, Johannis: Archiepiscopi Constantinopolitani Opera omnia quae exstant. Accurante et denuo recognoscente J.-P. Migne. Parisiis 1862.

Couturat, L.: „Die philosophischen Prinzipien der Mathematik". Übersetzt von Karl Siegel. Leipzig 1908.

Czolbe, H.: „Die Grenzen und der Ursprung der menschlichen Erkenntnis". Jena und Leipzig 1865.

Dedekind, Richard, Prof. Dr.: „Stetigkeit und irrationale Zahlen". 3. unveränderte Aufl. Braunschweig 1911.

Duhamel-Schlömilch: „Lehrbuch der analytischen Mechanik". 2. Bde. Leipzig 1858—61.

Eisler, Rudolf, Prof. Dr.: „Wörterbuch der philosophischen Begriffe". 3 Bde. 3. Aufl. Berlin 1910.

Erdmann, Benno, Prof. Dr.: „Logische Elementarlehre". I. Bd. 2. Aufl. Halle 1907.

Euler, Leonhard: „Briefe an eine deutsche Prinzessin über verschiedene Gegenstände aus der Physik und Philosophie". 2 Bde. Leipzig 1773.

Freiligrath, Ferdinand: „Gedichte". 49. Aufl. Stuttgart 1896.

Gerlach, W.: Besprechung des „Handbuchs der Radiologie" von Erich Marx, Bd. IV in der Wochenschrift: „Die Naturwissenschaften", Berlin 1917, S. 673 f.

Geyser, Joseph, Prof. Dr.: „Grundlagen der Logik und Erkenntnislehre". München 1909.

— „Neue und alte Wege der Philosophie". Münster 1916.

Goethe, „Gedichte und Dramen". Hempelsche Ausgabe. Berlin 1868.

Gregorii, Theologi, vulgo Nazianzeni, opera quae exstant omnia. Accurante et recognoscente J.-P. Migne. Parisiis 1885.

Grimm, Jakob und Wilhelm: „Deutsches Wörterbuch". Bd. I, Leipzig 1854.

Gutberlet, Constantin, Prof. Dr.: „Allgemeine Metaphysik". 4. Aufl. Münster 1906.

— „Lehrbuch der Apologetik", Münster 1888. Bd. I, 3. Aufl. Münster 1903.

— „Bemerkung zu der Abhdl. von Cantor „Zum Problem des aktualen Unendlichen" in „Natur und Offenbarung", Münster 1886, S. 231.

Hagemann, Georg, Prof. Dr.: „Logik und Erkenntnislehre". 8. Aufl., durchgesehen und stellenweise neu bearbeitet von Prof. Dr. Adolf Dyroff. Freiburg 1909.

— „Metaphysik". 7. Aufl., durchgesehen und teilweise umgearbeitet von Prof. Dr. Joseph Anton Endres. Freiburg 1914.

Hartmann, Eduard, Prof. Dr.: Rezension der Schrift von C. Isenkrahe: „Das Endliche und das Unendliche" im „Philos. Jahrb. der Görresgesellschaft", S. 71—79. Fulda 1916.

— „Erwiderung" im „Philos. Jahrbuch der Görresgesellschaft", S. 327 bis 331. Fulda 1916.

Hessenberg, Gerhard, Prof. Dr.: „Mengenlehre". In Auerbach-Rothes Taschenbuch für Mathematiker und Physiker. Leipzig 1911.

Heyne, Moriz: „Deutsches Wörterbuch" Bd. I, 3. Aufl. Leipzig 1905.

Hilbert, David, Prof. Dr.: „Grundlagen der Geometrie". 3. Aufl. Leipzig 1909.

Homer, „Ilias".

Isenkrahe, Caspar, Prof. Dr.: „Das Rätsel von der Schwerkraft". Braunschweig 1879.

— „Energie, Entropie, Weltanfang, Weltende". Trier 1910.

— „Das Endliche und das Unendliche". Münster 1915.

— „Über die Grundlegung eines bündigen kosmologischen Gottesbeweises". Kempten 1915.

— „Über die Begriffe: Grenze, Anfang und Ende". Abhandlung im „Philos. Jahrb. der Görresgesellschaft", S. 313—327. Fulda 1916.

— „Über den Zusammenhang der sogenannten Ätherstoßtheorie mit einigen Sonderfragen der kosmischen Physik". Abhdl. in der Wochenschrift „Die Naturwissenschaften". Berlin 1915, S. 488 bis 492.

— „Zum Problem der Evidenz". Kempten 1917.

Kälin, Bernard O. S. B.: Rezension der Schrift von Dr. Hessen über die „Begründung der Erkenntnis nach dem hl. Augustinus" im „Philos. Jahrb. der Görresgesellsch.", S. 216—224. Fulda 1917.

Kant, Immanuel: „Kritik der reinen Vernunft". Ausgabe von Kehrbach. Leipzig, ohne Jahreszahl.

Killing, W., Prof. Dr.: „Einführung in die Grundlagen der Geometrie". 2 Bde. Paderborn 1893—1898.

— und Hovestadt, H., Prof. Dr.: „Handbuch des mathematischen Unterrichts". Leipzig 1910.

Kleutgen, Jos. P. S. J.: „Die Philosophie der Vorzeit". 2 Bde. Innsbruck, 2. Aufl. 1878—79.

Langenberg, Gerhard, Prof.: „Des hl. Thomas Lehre vom Unendlichen und die neuere Mathematik". Abhandlung im „Philos. Jahrb. der Görresgesellschaft", S. 79—97 und S. 172—191. 1917.

Lehmen, Alfons, S. J.: „Lehrbuch der Philosophie". Bd. I, 3. Aufl. 1909. Bd. II, 2. Aufl. 1905. 3. Aufl. herausgegeben von P. Beck S. J. 1911. Bd. III, 2. Aufl. 1906, 3. Aufl. (Beck) 1912.

Lipps, Theod., Prof. Dr.: „Vom Fühlen, Wollen und Denken". 2. Aufl. 1907.

Mauthner, Fritz: „Wörterbuch der Philosophie". 2 Bde. München und Leipzig 1910.

Mendelssohn, Moses: „Morgenstunden oder über das Dasein Gottes". Berlin 1785.

Müller, Al. Dr.: „Zur Analyse des Raumes". Abhdl. im Philos. Jahrb. d. Görresges. Fulda 1903.

— „Das Problem des absoluten Raumes und seine Beziehung zum allgemeinen Raumproblem". Braunschweig 1911.

Newton, Isaak: „Philosophiae naturalis principia mathematica". London 1687. Deutsch von Wolfers, Berlin 1872.

Palmieri, X.: „Institutiones Philosophicae". Rom 1874.

Pesch, Chr. S. J.: „Theologische Zeitfragen". Freiburg 1900.

Pesch, Tilmann S. J.: „Institutiones logicales". 3 Bde. Freiburg 1888—1890.

Rosenberg, Karl, Prof. Dr.: „Lehrbuch der Physik". Wien 1906.

Rosenberger, Ferdinand, Dr.: „Die Geschichte der Physik". 3 Bde. Braunschweig 1882—1890.

Sanders, Daniel, Dr.: „Handwörterbuch der Deutschen Sprache". 3. Aufl. Leipzig 1883.

Sawicki, Franz, Prof. Dr.: „Die Wahrheit des Christentums". 2. Aufl. Paderborn 1913. 3. Aufl. 1918.

Schiller, „Wallenstein". Hempelsche Ausgabe. Berlin 1868.

Schönflies, Arthur, Prof. Dr.: „Die Entwicklung der Lehre von den Punktmannigfaltigkeiten". Leipzig 1900.

Söhner, Ernst Eugen: „Ewiger Stoff — Ewige Schöpfung". Abhandlung in der Monatsschrift: „Natur und Offenbarung", S. 727 bis 744. München 1906.

Stöckl, Albert, Prof. Dr.: „Lehrbuch der Philosophie". 2 Bde. Mainz, Kirchheim, 4. Aufl. 1876; 6. Aufl. 1887; 8. Aufl. herausgegeben von Wohlmuth 1905—1912.

Study, E., Prof. Dr.: „Die realistische Weltansicht und die Lehre vom Raume". Braunschweig 1914.

Thomae Divi Aquinati „Summa Theologica", Romae ex typographia Forzani et Socii 1894. 6 Bde.

— „Summa contra Gentiles". Romae 1894.

Thomson, William: „Vorlesungen über Elektrodynamik und die Theorie des Lichtes", deutsch herausgegeben von Prof. B. Weinstein. Leipzig 1909.

— „On the dynamical theory of heat". Mathematical and physical Papers. Cambridge 1882—1890.

Tongiorgi, Salvator, S. J.: „Institutiones philosophicae", Editio altera. 3 Bde. Brüssel 1862.

Uphues, G. K.: „Psychologie des Erkennens", I, 1893.

Weber, Heinrich, Prof. Dr. und Wellstein, Josef, Prof. Dr.: „Enzyklopädie der Elementar-Mathematik". 3 Bde. Leipzig 1903 bis 1907.

Weigand, Karl, Prof.: „Deutsches Wörterbuch". Gießen 1909.

Willems, Chr., Prof. Dr.: „Institutiones philosphicae". Vol I. Trier 1906.

Zigliara, Thomas Maria: „Summa philosophica". 3 Bde. Rom 1876.

Zimmermann, Otto S. J.: „Das Selbstsein Gottes". Abhandlung in den „Monatsblättern für den kathol. Religionsunterricht an höheren Lehranstalten", S. 225—261. Köln 1916.

Zöllner, Friedrich, Prof. Dr.: „Erklärung der universellen Gravitation". Leipzig 1882.

# Namen- und Sachregister.

Otto Wigand'sche Buchdruckerei G. m. b. H. Leipzig

Prof. Dr. C. Isenkrahe

# Untersuchungen über das Endliche und das Unendliche

mit Ausblicken auf die philosophische Apologetik

ZWEITES HEFT:
Die Lehre des hl. Thomas vom Unendlichen, ihre Auslegung durch Prof. Langenberg und ihr Verhältnis zur neuzeitlichen Mathematik

A. MARCUS & E. WEBERS VERLAG / BONN 1920

**Otto Ritschl:**

**DIE EVANGELISCH-THEOLOGISCHE FAKULTÄT ZU BONN** in dem ersten Jahrhundert ihrer Geschichte 1819 1919. *Preis 14,— Mark*

**LUTHERS RELIGIÖSES VERMÄCHTNIS UND DAS DEUTSCHE VOLK.** Ein Vortrag (29 S.) 1918. *Preis 5,— Mark*

**REFORMATION UND EVANGELISCHE UNION.** Akadem. Festrede zu kirchlichen Doppeljubiläum am 31. Oktober 1917 (32 S.) 1917. *Preis 5,— Mark*

**DIE CAUSALBETRACHTUNG IN DEN GEISTESWISSENSCHAFTEN** (IV, 138 S.) 1901. *Preis 14,— Mark*

**DIE FREIE WISSENSCHAFT UND DER IDEALISMUS AUF DEN DEUTSCHEN UNIVERSITÄTEN.** Akadem. Festrede 1905. (32 S.) *Preis 4,— Mark*

**SYSTEM UND SYSTEMATISHCE METHODE** in der Geschichte des wissenschaftlichen Sprachgebrauchs und der philosophischen Methodologie 1906. *Preis 10,—Mark*

**Hans Lietzmann:**

**LUTHERS IDEALE IN VERGANGENHEIT UND GEGENWART.** Rede zur Reformationsfeier der Universität Jena am 31. Oktober 1917 (16 S.) 1918. *Preis 2,60 Mark.*

**DER WELTHEILAND.** Eine Jenaer Rosenvorlesung mit Anmerkungen (IV, 59 S.) 1909. *Preis 7,— Mark*

**Meinhold, Prof. D. Johs.:**

**STUDIEN Z. ISRAELITISCHEN RELIGIONSGESCHICHTE.** Band I: Der heilige Rest, Teil I Elias, Amos, Hosea, Jesaja (VIII, 160 S.) 1903. *Preis 20,— Mark*

**DIE BIBLISCHE URGESCHICHTE,** 1. Mose 1—12, gemeinverständlich dargestellt (IV, 129 S. und 16 S. Übersetzung) 1904. *Preis 18,— Mark*

**Sachsse, Prof. D. Eugen:**

**EINFÜHRUNG IN DIE PRAKTISCHE THEOLOGIE.** Eine zeitgemäße Erörterung neuer Probleme und brennender Fragen (VIII, 111 S.) 1914. *Preis 15,— Mark*

**Loeschcke, Gerh.:**

**JÜDISCHES UND HEIDNISCHES IM CHRISTLICHEN KULT.** Eine Vorlesung (IV, 36 S.) *Preis 4,— Mark*

**Rademacher, Prof. Dr. Ludw.:**

**DAS JENSEITS IM MYTHUS DER HELLENEN.** Untersuchungen über antiken Jenseitsglauben (152 S.). *Preis 21,— Mark*

**Sell, Prof. D. Karl:**

**DIE ENTWICKLUNG DER WISSENSCHAFTLICHEN THEOLOGIE IN DEN LETZTEN FÜNFZIG JAHREN** (30 S.). *Preis 5,— Mark*

Kolibri 360 GmbH
Ferdinand-Jühlke-Straße 7
99095 Erfurt, Deutschland
produktsicherheit@kolibri360.de